Amelie Funcke, Maria Havermann-Feye

Training mit Theater

**Von der Einzelszene bis zum Unternehmenstheater:
Wie Sie Theaterelemente erfolgreich
ins Training bringen.**

managerSeminare Verlags GmbH, Bonn

Amelie Funcke, Maria Havermann-Feye

Training mit Theater
Von der Einzelszene bis zum Unternehmenstheater: Wie Sie Theaterelemente erfolgreich ins Training bringen.

© 2004 managerSeminare Verlags GmbH
Endenicher Str. 282, D-53121 Bonn
Tel: 02 28 / 9 77 91-0, Fax: 02 28 / 9 77 91-99
e-Mail: info@managerseminare.de
http://www.managerseminare.de

ISBN 3-936075-17-4

Lektorat: Ralf Muskatewitz
Cover: Silke Kowalewski
Druck: druckhaus köthen GmbH, Köthen

Das Programm

V. Akt Bühne frei:
Wie Sie Menschen fürs Spiel begeistern

VI. Akt Szenenapplaus:
Wie Sie gutes Theater schaffen und auswerten

VII. Akt Fundus:
Wie Sie das Spiel kreativ ausstatten

VIII. Akt Vorhang zu

Vorhang auf

‚Vorhang auf, Spot an!' – und schon befinden Sie sich auf der Schwelle zu einer anderen Welt: der des Theaters. Die Inszenierung ist neu, das Thema viel versprechend, die Bühne gut ausgeleuchtet … Schnell, nehmen Sie Platz! In der ersten Reihe wurde für Sie reserviert. Lehnen Sie sich zurück und lassen Sie sich mit hinein nehmen ins Bühnengeschehen.

Es geht los – der erste Akt beginnt. Präsentiert wird Ihnen der Nutzen, den Sie haben werden, wenn Sie sich auf das Theaterspiel einlassen.

,Das Was bedenke, mehr bedenke Wie.'
(J. W. v. Goethe, Faust II, 2. Akt)

Denn hinter diesem Buch steckt die Erkenntnis, dass in Trainings und Unternehmensveranstaltungen Ziele dann viel wirksamer erreicht werden können, wenn neben den zweifellos wichtigen Inhalten (WAS) auch der Aspekt des ‚Lebendigen Lernens' (WIE) nicht vernachlässigt wird.

Natürlich gibt es mehrere Möglichkeiten, wie lebendiges Lernen inszeniert und wirksam gestaltet werden kann – verschiedene Bücher und Veröffentlichungen beschäftigen sich von unterschiedlichen Ansätzen her mit dieser Thematik.

Eine dieser Möglichkeiten fehlt aber bisher noch: Es ist eben die gezielte Nutzung der Methoden, Elemente und Formen des Theaters für Trainings und Unternehmensveranstaltungen.

Das geschieht bisher recht wenig, denn – welche Ironie (!) – die einen Profis (Trainer/innen) trauen sich nicht an die Methode Theater heran, die anderen Profis (Theaterleute) trauen sich nicht an Unternehmen heran. Ausnahmen bestätigen die Regel.

Deshalb sprechen wir mit diesem Buch die folgenden Lesergruppen an:
▶ Trainer/innen (als Kundige im Business und nicht Kundige im Bereich Theater)
▶ Theaterleute und Theaterpädagog/innen (als Kundige im Bereich Theater und nicht Kundige im Business)
▶ Personalentwickler/innen und Unternehmer/innen (als potenzielle Kunden)

Sie alle werden wir mit dem Theater und seinen Elementen vertraut machen – auf etwas andere Weise als gewohnt. Denn Theater wird hier weder als ein kulturelles Ereignis noch als eine pädagogische Methode betrachtet, sondern als ein Instrument, ein Arbeitsmittel, mit dem Unternehmens- und Trainingsziele erreicht werden können.

Theater ist ein Arbeitsmittel, mit dem Unternehmens- und Trainingsziele erreicht werden können.

So möchten wir Sie:
- ▶ informieren – z.B. über Methoden der Theaterarbeit und warum sie so gut funktionieren, über Formen, Einsatz- und Anwendungsmöglichkeiten, über die Kunst des ,TheaterHandwerks', wie Szenenaufbau und -gestaltung.
- ▶ vom Nutzen und der Machbarkeit überzeugen und Ihnen Anregungen geben, wie Sie andere für Theater gewinnen können: Teilnehmer, ein Publikum, Kunden.
- ▶ mit Hilfestellungen ausstatten, z.B. wie Sie Theaterelemente mit Zielen und Inhalten verknüpfen, wie Sie Gruppen anleiten, größtmöglichen Nutzen aus Szenen ziehen oder wie Sie Unternehmenstheaterprojekte organisieren.

Durchgängig werden wir:
- ▶ Sie immer wieder herausfordern, selbst kreativ zu werden, über den Tellerrand zu schauen und die Techniken und Ideen für Ihre Zwecke passend zu machen und weiter zu entwickeln.
- ▶ Ihnen Mut zur Anwendung machen und Sie durch viele praktische Beispiele und Anregungen bei der Umsetzung unterstützen.

Warum eigentlich lebendige Trainings und Veranstaltungen?

Seit Jahren, teilweise Jahrzehnten sind aus unterschiedlichen wissenschaftlichen Disziplinen Erfahrungen und Erkenntnisse darüber bekannt, wie das Lernen funktioniert und von welchen Bedingungen und Faktoren Aufnahmebereitschaft und Lernerfolg abhängen. Niemand bestreitet diese Einsichten, niemand kommt daran vorbei – und dennoch werden sie immer noch zu wenig oder halbherzig in Seminaren, Veranstaltungen und (Change-)Prozessen berücksichtigt.

Dabei geht es, egal ob nun ein Training stattfindet oder ein Unternehmen einen Veränderungsprozess initiieren will, immer um offene Augen und Ohren, um Aufnahme-, Lern-, Gesprächs- und Veränderungsbereitschaft, um Inhaltsvermittlung, das Anstoßen von Denkprozessen und/oder die Förderung von Kreativität. Grund genug also, den dies betreffenden Erkenntnissen Aufmerksamkeit zu widmen und sie bei der Planung und Umsetzung zu berücksichtigen.

Stichpunkte sind:
- ▶ Das Wissen darum, dass Lernen begünstigt wird, wenn beide Gehirnhälften angesprochen werden.
- ▶ Die Bedeutung der Beteiligung von Emotionen an Denkprozessen, am Lernerfolg und daran, ob eine Erkenntnis zu einem bestimmenden Handlungsfaktor wird.
- ▶ Forschungen über die Funktionsweise des Gedächtnisses und darüber, wie ein Lerninhalt ins Langzeitgedächtnis gelangt.
- ▶ Erkenntnisse über unterschiedliche Wahrnehmungstypen und Lernkanäle.
- ▶ Einsichten über Faktoren, die das Lernen fördern oder behindern, z.B. die Bedeutung einer positiven, stressfreien Atmosphäre.

Solche Einsichten sind nicht neu – gelehrt wird nicht erst seit gestern und Erfahrungen dazu gemacht wurden schon vor sehr langer Zeit. So formulierte Horaz (65 – 8 v. Chr.) die folgenden drei Ansprüche an eine gute Rede. Sie muss in der Lage sein zu:

- ▶ erfreuen (delectare),
- ▶ bewegen (movere),
- ▶ belehren (docere).

Durch das ,Erfreuen' werden die Teilnehmer oder das Publikum ,abgeholt', können Gemeinschaft werden, die Kanäle werden weit, der Mensch öffnet sich und wird aufnahmebereit für das Kommende.

Ob Horaz mit dem ,Bewegen' die körperliche Bewegung oder einen inneren Vorgang gemeint hat, mag offen bleiben. Denn beides macht Sinn. Körperliche Bewegung baut Stress ab, fördert die Sammlung und Konzentration. Das innere Bewegen, z.B. durch das

Erzeugen von Betroffenheit, schafft die Brücke vom Thema zur Persönlichkeit, erzeugt Neugierde und motiviert.

Bleibt das ‚Belehren', dessen Sinn in der Regel nicht in Frage gestellt wird.

Berücksichtigt man solche Einsichten, so hat das Konsequenzen, und zwar für ...
- den Veranstaltungs- oder Seminaraufbau, die Phasen und ihre Aufgaben, sowie die Prozessgestaltung,
- die Wahl der Methoden und Vorgehensweisen,
- die Dramaturgie und Inszenierung.

Warum ausgerechnet Theaterarbeit?

Theater ist ein sehr kraftvolles Instrument. Wie wenige Methoden wirkt es:
- Kontakt stiftend, kommunikativ und integrierend,
- anregend und motivierend,
- Horizont erweiternd, Experimentierlust und Kreativität fördernd,
- ansprechend und sinnlich: Es fordert den ganzen Menschen mit all seinen Sinnen.

Darüber hinaus verfügen Theaterelemente über die zusätzlichen Qualitäten ...
- des unmittelbaren Erlebens und der Beteiligung der Emotionen.
- der Beschleunigung: Das wirklich wichtige Thema liegt schneller auf dem Tisch und kann bearbeitet werden.
- des Entdeckens neuer Lösungen, Möglichkeiten, Fähigkeiten und Talente: Menschen ‚erkennen' und wachsen über sich selbst hinaus.

(Hierzu empfehlen wir den Abschnitt: Wozu denn das ganze Theater?, S. 117).

Und: Theater ist vielseitig anwendbar, unendlich variierbar und kann sowohl im kleinen Detail wie auch im großen Stil eingesetzt und genutzt werden.

Theaterarbeit, so wie wir sie in diesem Buch verstehen, umfasst zahlreiche Elemente und Methoden.

Wir zählen dazu:
- ▶ Theaterkategorien
- ▶ Theaterformen
- ▶ Szenische Arbeit
- ▶ Körper-, Wahrnehmungs-, Atem-, Stimm-, Sprechübungen
- ▶ Ausdrucksübungen
- ▶ Imaginationsübungen
- ▶ Darstellende Übungen und Spiele

Und flankierend auch:
- ▶ Kennenlern- und Kontaktspiele
- ▶ Kreativitätsspiele und -übungen

Der Einsatz von Theaterelementen im Training, die Initiierung und Begleitung von Veränderungsprozessen mit den Mitteln des Theaters bringt, wie sich zeigen wird, einen elementaren Nutzen, und zwar allen Beteiligten: Teilnehmern, Trainern, Kunden und Unternehmen.

Entscheidend für den Erfolg aller Theatervarianten und -elemente ist die Einbindung in ein Gesamtkonzept.

Entscheidend für den Erfolg aller Theatervarianten und -elemente ist aber immer die konsequente Verknüpfung mit Inhalten und Zielen und die Einbindung in ein Gesamtkonzept.

Hinweise zur Handlung im Buch

Dieses Buch ist modular aufgebaut. Entgegen üblicher Theaterstücke können Sie sich bei uns die Handlung zusammenstellen, wie Sie wollen. Orientieren Sie sich anhand der Ankündigungen im Programm. Alle Akte und Szenen stehen für sich. Sie brauchen nichts gesehen zu haben, um etwas anderes zu verstehen. Querverweise führen Sie zu verwandten Gedanken oder Themen. Greifen Sie sich also das heraus, was Sie neugierig macht und interessiert – oder was Sie gerade brauchen.

Unser ‚Stück' hat zwei Handlungsstränge: Auf der einen Seite dreht es sich immer wieder um Einsatzmöglichkeiten von Theaterelementen *im Training* – auf der anderen Seite um das *Unternehmenstheater* und seinen Nutzen für Unternehmen.

Damit Sie sich gut orientieren können, haben wir die beiden Handlungsstränge durch diese beiden Zeichen immer wieder am Rand gekennzeichnet:

Bevorzugter Einsatz im Training

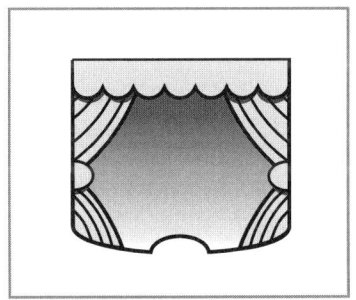

Bevorzugter Einsatz im Unternehmenstheater

Bevor sich der Vorhang wieder schließt, kommen sieben Akte zur Aufführung, die wir jetzt kurz vorstellen (da Sie sich jetzt schon mitten im ersten Akt befinden, wird hier auf eine Kurzpräsentation desselben verzichtet):

**Zweiter Akt: Künstlerische Freiheit –
Wie Sie Theater ins Training bringen**
Betrachtungen von Gesetzmäßigkeiten, Gewohnheiten, Elementen und Formen von Theater – und Übertragung auf Trainings und Veranstaltungen. Oder auch eine Einführung in die unverzichtbare Kunst des ‚Blicks über den Tellerrand'. Jedenfalls ganz praktisch und mit vielen Beispielen.

**Dritter Akt: Der Spielplan –
Wie Sie Theater ins Unternehmen bringen**
Eine Beschreibung und Kategorisierung von Unternehmenstheater. Wirkung und Nutzen sowie Argumentationsstrategien für den Einsatz von Theaterarbeit und -elementen in Unternehmen und Training.

Vierter Akt: Hinter den Kulissen –
Wie Sie den Mäzen überzeugen

Hier finden Sie Strategien, detaillierte Schritte, Maßnahmen und Argumente, um auf Kunden zuzugehen, sie anzusprechen und für das Unternehmenstheater zu gewinnen.

Fünfter Akt: Bühne frei –
Wie Sie Menschen fürs Spiel begeistern

Vorgehensweisen, Methoden und Anleitungen zur Vorbereitung der Gruppen auf die Darstellungs- und Bühnensituation sowie Überlegungen zum Umgang mit den Teilnehmern.

Sechster Akt: Szenenapplaus –
Wie Sie gutes Theater schaffen und auswerten

Alles dreht sich um das Thema Szene. Handwerkszeug und jede Menge variabler Ideen zu Szenenaufbau, -entwicklung, -gestaltung und -auswertung.

Siebter Akt: Fundus –
Wie Sie das Spiel kreativ ausstatten

Ein Sammelsurium an nützlichen Listen und Zusammenstellungen. Zum Nachschlagen, zum Informieren oder für den schnellen Gebrauch. Jederzeit ergänzbar durch eigene Ideen.

Dann schließt sich der Vorhang.

Ein Wort noch in eigener Sache und zum Abschluss des ersten Aktes: Viele Vorgehensweisen, Methoden, Erfahrungen stammen aus unseren Aufzeichnungen, die über Jahre gesammelt wurden und immer wieder ergänzt werden. Es finden sich darin auch Ideen und Zitate, die von der Herkunft nicht mehr nachvollziehbar sind. Wir haben so sorgfältig wie möglich nach Quellen recherchiert und diese angegeben, möchten aber nicht ausschließen, dass uns das ein oder andere durchgegangen ist ...

Nun ist es soweit – der Vorhang öffnet sich zum zweiten Akt.

Viele Anregungen und viel Vergnügen wünschen Ihnen
Maria Havermann-Feye und Amelie Funcke

Künstlerische Freiheit

Wie Sie Theater ins Training bringen

Der Platzanweiser empfiehlt:

Wie kann ich in jedem Training vom Theater profitieren?

*„Die ganze Welt ist ein Theater
und das Leben die Bühne,
auf der das Stück gespielt wird."*

Ein solcher Vergleich des Theaters mit dem ‚richtigen Leben' birgt manchen interessanten Gedanken und kann zu reizvollen Erkenntnissen (ver-)führen. Ebenso spannend ist der Vergleich des Theaterspiels mit dem Trainingsalltag. Denn Trainingssituationen bieten aufschlussreiche Parallelen zu Bühnensituationen. Viele Praktiken und Gesetze des Theaters lassen sich unmittelbar auf das Seminar übertragen. Ein Blick auf die Gemeinsamkeiten ist vor allem deshalb nützlich, weil es neue Zugänge und Erkenntnisse über Gestaltungsmöglichkeiten zu entdecken gibt, durch die Sie interessante Anregungen für Ihre Arbeit als Trainer/in gewinnen können: Verstehen Sie ein Training als Theaterstück, betrachten Sie den Seminarraum als Bühne, planen Sie eine Seminardramaturgie, als ob ein Stück zu schreiben ist – sofort eröffnen sich Ihnen neue, Gewinn bringende Sicht- und Vorgehensweisen für eine lebendige, interessante und nachhaltige Seminargestaltung.

Verstehen Sie ein Training als Theaterstück, betrachten Sie den Seminarraum als Bühne, planen Sie eine Seminardramaturgie, als ob ein Stück zu schreiben ist ...

Gemeinsame Ziele

Trainer wie Regisseure entscheiden, welches „Stück" gespielt wird, und sie tun gut daran, dabei auf Zeitgeist und Tradition zu achten. Sie führen ihr Publikum behutsam bis herausfordernd an den Stoff oder die Rolle heran. Beide müssen etwas wagen, wenn sie sich von anderen abheben wollen.

Trainer wie Schauspieler müssen auf der Bühne hundertprozentig präsent sein. Um gut arbeiten zu können, brauchen sie einen tragfähigen Kontakt zum Publikum und eine saubere Trennung zwischen Rolle und Person.

Sowohl in der Welt des Theaters, als auch des Trainings geht es um diese Ziele:

▶ Die Zielgruppe soll etwas „lernen", es gibt eine Botschaft. Und damit diese ankommt, ist es notwendig, Herz und Geist anzusprechen.
▶ Es geht im Verlauf immer darum, Motivation zu erzeugen, zu steigern oder zu halten. Daher sind ein gutes Stück, eine stimmige Szenenfolge und Dramaturgie, evtl. sogar Spezialeffekte sinnvoll.

Die Inszenierung – Dramaturgische Elemente im Training

Genau wie im Theater hat auch im Training die gekonnte Inszenierung und gute Präsentation eine erhebliche Wirkung auf das Gruppenklima, auf die Lernbereitschaft und die Akzeptanz von Inhalten und Methoden. Wie also können Sie Ihre Trainingssequenzen unvergesslich in Szene setzen?

▶ Den Ablauf in Szene setzen

Entscheidend für Theaterszene und Seminarablauf ist der Aufbau: Stringent, logisch, lebendig, rhythmisch und phasengetreu soll er sein.

Phasengetreu heißt:
1. Ein Einstieg, der geeignet ist, die Zielgruppe neugierig zu machen und eine Ahnung von dem Kommenden vermittelt.
2. Die Schritt-für-Schritt-Entwicklung, vom Einfachen hin zum Komplexen.
3. Der Spannungshöhepunkt / der Kernpunkt.
4. Der Schluss / die Auflösung.

Für die Planung und Ausschmückung einer Seminareinheit können Sie von den Szeneschreibern einiges abgucken:

▶ Ein Szeneschreiber baut eine Szene vom Höhepunkt aus – dort stellt er sich geistig hin, blickt hinüber zum Anfang und plant dann Schritt für Schritt den Verlauf:

Skizze nach Herbert Giffei [1]

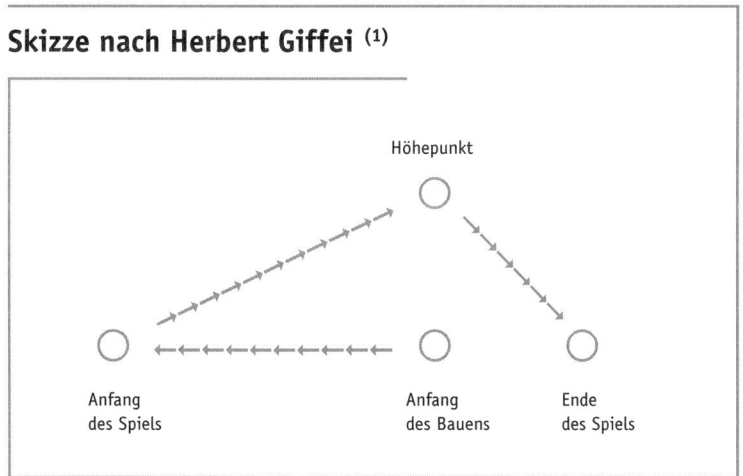

Höhepunkt

Anfang
des Spiels

Anfang
des Bauens

Ende
des Spiels

▶ Viele Theater-Szenen verfügen über zwei parallele Handlungsstränge (Spiel und Gegenspiel), die sich bis zum Höhepunkt auseinander entwickeln und dann zusammengeführt werden *(Querverweis: Zeichnung in „Wie macht man eine Szene",* *S. 233)*. Übersetzt auf das Seminar heißt das: Planen Sie ebenfalls neben den Inhalten, die Sie vermitteln, eine zweite Handlung, eine ‚Rahmenhandlung' ein, die als roter Faden dient. Grundlage können begleitende Geschichten oder einfache Bilder oder Modelle sein, die geeignet sind, einen komplexen Trainingsinhalt zu beschreiben und ihn zu verankern helfen. Beispielsweise eignet sich das Bild einer Bergbesteigung als ‚Rahmenhandlung' für ein Führungsseminar, weil viele Aspekte eines Führungsthemas (Visionen, Ziele, Vorbereitung, Planung, Vorgehen, Verantwortung, Delegation, Kontakt, Kooperation) an diesem Beispiel verdeutlicht werden können.

▶ Den Seminarraum als Bühne nutzen

„Seminarräume besitzen in der Regel schon eine ideale Aufteilung für Inszenierungen: Die Teilnehmer sitzen im ‚Zuschauerraum' und der Trainer agiert auf der ‚Bühne' vor der Gruppe. Um ihn herum die ‚Kulissen': Moderationswände und Flip-Chart" (2). Je nach beabsichtigter Wirkung können Sie diese ‚Bühne' immer wieder neu gestalten. Handlungsparameter sind dabei nicht nur Thema, Ziel und Methodik, sondern auch die Gesetzmäßigkeiten des Bühnenraums:

Statische und dynamische Mittelpunkte

Wenn Sie sich als Person präsentieren, einen Inhalt vortragen oder eine Visualisierung auf einer Pinwand oder einem Flipchart ins Zentrum rücken wollen, wählen Sie als Standort den ‚statischen Mittelpunkt'. Er befindet sich genau in der Mitte der Bühne, also dort, wo die Raumdiagonalen aufeinander treffen. Dieser Punkt ist der optimale Ort, um Informationen zu ‚senden'. Denn wer (oder was) hier steht, wirkt zwar statisch, zieht aber die volle Aufmerksamkeit der Gruppe auf sich, während der Raum dahinter kaum noch wahrgenommen wird (das so genannte Ende der Aufmerksamkeit).

Skizze nach Werner Müller [3]

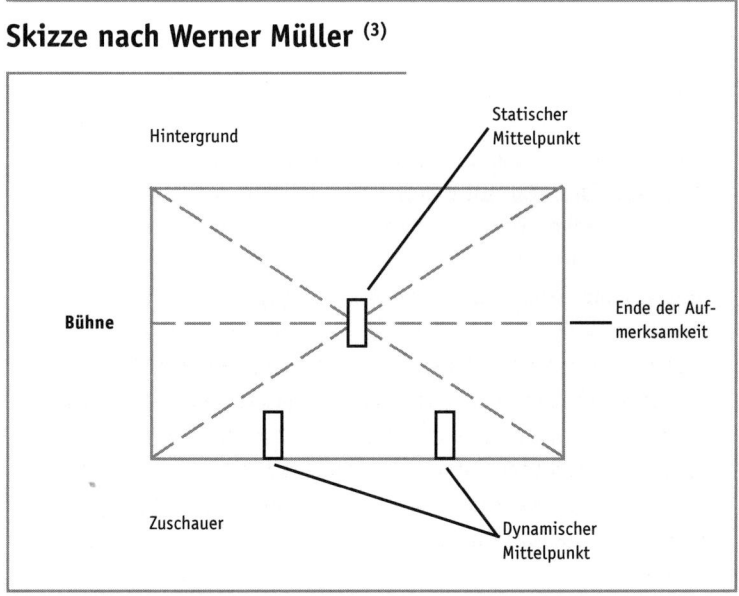

Doch Vorsicht: Der statische Mittelpunkt ist ein reizvoller, aber auch gefährlicher Standort. Suchen Sie ihn auf, so brauchen Sie viel Sicherheit und Stehvermögen. Denn hier können Sie zwar all' die positiven Energien (Zustimmung, Sympathie, Freude, Anerkennung), die Ihnen die Gruppe entgegenbringt, am besten aufnehmen und genießen – jedoch sind die negativen Energien (Skepsis, Antipathie, Desinteresse, Widerstand, etc.) an diesem Punkt am schwierigsten auszuhalten, denn sie treffen Sie schutzlos und frontal. Nicht zufällig stehen deshalb zum Beispiel Politiker im Bundestag hinter einem Rednerpult. Es dient nicht nur der Ablage des Redemanuskripts, es hat auch eine wichtige Schutzfunktion. Ohne diese Barriere wäre die Konfrontation mit den Missbilligungen, Angriffen, Zwischenrufen, die Politiker/innen in jeder Rede stets entgegengebracht werden, nur schwer auszuhalten.

Wenn Sie also nicht ganz sicher sind, tun Sie gut daran, den Inhalt, visualisiert auf Flipchart oder Pinwand, in den Mittelpunkt zu rücken und sich selbst direkt daneben zu platzieren. Die Energien der Gruppe konzentrieren sich dann auf die Sache, Sie selbst geraten ‚aus der Schusslinie'. Probieren Sie es aus – der Wechsel des Standortes wirkt Wunder!

So geraten Sie aus der Schusslinie: Wenn Sie nicht ganz sicher sind, dann rücken Sie den Inhalt in den Mittelpunkt und platzieren Sie sich selbst direkt daneben.

Weitere wichtige Orte auf Ihrer Bühne sind die ‚dynamischen Mittelpunkte'. Sie befinden sich etwa im goldenen Schnitt (= im Verhältnis 2:1) links und rechts vom Bühnenrand. Von hier aus haben Sie die meiste Ausstrahlung und können zu den Teilnehmenden leicht Kontakt aufnehmen.

Durch ein Kreis-Setting heben Sie die Wirkungen der statischen und dynamischen Mittelpunkte auf.

▶ Mit Requisiten und Materialien die Szene aufwerten

Passende, effektvolle Requisiten oder originelle Gegenstände im Trainingsgepäck sind vielseitig einsetzbar und werten Inszenierungen und Präsentationen auf. Mit dem richtigen Blick lässt sich dazu im Seminarraum und in Fluren viel Brauchbares entdecken. Mit einem betont anderen Tisch, einem besonderen Stuhl, einem Blumenkübel oder ähnlichem können Sie z.B. Rollenspiele aufpeppen und Präsentationen interessanter machen. Eine Säule wird zur

Präsentationsfläche, die Unterteilungen der Fenster bieten unterschiedliche Ausblicke, Wandbilder sind die Grundlage für eine Reflexionseinheit oder werden zur Metapher für Veränderungsprozesse (2).

Für alle eingesetzten Requisiten gilt: Alle diese Dinge senden Signale aus. Nicht nur über das Verhalten der Akteure, sondern auch über das Aussehen und die Beschaffenheit der Materialien werden Gefühle von Wertschätzung und Respekt oder Geringschätzung und Abwertung transportiert. Unsere Empfehlung: Nutzen Sie daher schöne, animierende Requisiten von guter, ansprechender Qualität.

Ansprüche an Requisite und Materialien [2]

1. Wertschätzung ausdrücken, Respekt und Qualität signalisieren
▶ Guter Karton / Schrift
▶ Laminierung
▶ Große Formate
▶ Funktionsfähige und robuste Gegenstände

2. Originell und witzig sein, mit auflockerndem Schmunzeleffekt
▶ Aus der Arbeitswelt der Teilnehmenden
▶ Scherzartikel und andere Effekte

3. Animierend sein, Anziehungskraft und Motivation erzeugen
▶ Schön, angenehm anzufassen

4. Atmosphäre gestalten, Stimmung erzeugen / verdichten
▶ Passend zum Thema, stimmig zur Atmosphäre

5. Angemessen sein
▶ Am Ziel orientiert, passend im Aufwand

▶ Die Situationen musikalisch untermalen

Wie im Theater unterstreicht passende Musik im Seminar Situationen, prägt Stimmungen und erzeugt Bilder und Assoziationen.

Durch Musik können Sie beruhigen, aufmuntern, Signale setzen, Überleitungen schaffen, Humor verbreiten und den Ernst aus Situationen herausnehmen. Sogar die Akzeptanz der Gruppe für die nächste Arbeitseinheit kann über eine pfiffige Musikidee unterstützt werden.

Holen Sie beispielsweise eine Gruppe mit dem Hit ,Bruttosozialprodukt' aus der Pause, dann haben Sie einen wunderbaren Auftakt zu einem beliebigen Teamspiel, einer kooperativen Aufgabe oder einer neuen Runde im Planspiel geschaffen. Die Musik bringt die Gruppe in Stimmung und unterstützt positiv und humorvoll deren Motivation.

Die nächste Szene ist eingeleitet.

Achten Sie bei der Auswahl von Musik darauf, dass die Stücke ansprechend und populär sowie geeignet sind, Fantasien auszulösen. (2)

▶ Die Macht der Bilder nutzen

In der Welt der Darstellung wird ständig mit Bildern gearbeitet. Sie werden nicht nur durch die sichtbaren Elemente (Szene, Kulissen) sondern auch durch die hörbaren Elemente (Sprache, Musik) erzeugt.

Wie Bilder im Training platziert werden (2)

- ▶ Als Ausgangspunkt einer Informationspräsentation. Die Bilder sind der Einstieg und liefern eine thematische Ausgangsbasis oder den Problemaufriss.

- ▶ Als Begleitung und Unterstützung einer Informationspräsentation. Dabei kann immer wieder Bezug auf das Bild oder Elemente desselben genommen werden.

- ▶ Als Zusammenfassung des Gesagten. Sie stehen am Ende Ihrer Informationspräsentation, präzisieren die Inhalte und bringen sie nochmals auf den Punkt.

Durch ein passendes Bild bringen Sie eine Aussage schnell und treffend auf den Punkt. Kognitive und emotionale Auffassung treffen sich, häufig klingen Erinnerungen und Erfahrungen an. Diese Fähigkeiten machen Bilder interessant für die Inhaltsvermittlung im Training. Nicht immer können die Bilder einen Sachverhalt im Detail aufnehmen – aber Kernaussagen oder eine Philosophie werden aufgegriffen und verankert, der Rückgriff erleichtert.

Bühnenweisheiten

Wir beenden die erste Szene mit einigen Bühnenweisheiten. Doch um gleich einem Missverständnis vorzubeugen: Die auf den Folgeseiten aufgeführten Bühnenweisheiten gehören nicht zum offiziellen Repertoire oder Wortschatz eines jeden Schauspielers oder Regisseurs. Unsere Weisheiten sind vielmehr Leitsätze, beliebte Sinn-Sprüche oder geflügelte Worte, die uns im Laufe der Jahre in der Theaterarbeit mit verschiedenen Schauspielern, Regisseuren oder Theatermachern begegnet sind und seither begleiten.

Quellen:

(1) Herbert Giffei in: GIFFEI, Herbert (Hrsg.) Theater machen. Otto Maier Verlag, Ravensburg 1982.
(2) Zur Seminarinszenierung:
FUNCKE, Amelie und RACHOW, Axel: REZEPT-Buch für lebendiges Training. Seminare inszenieren - Spiele einsetzen - Teilnehmer begeistern. managerSeminare Verlags GmbH, Bonn 2002.
(3) Zu Bühnengesetzmäßigkeiten:
MÜLLER, Werner: Spielmann, Clown, Theatermacher. Verlag J. Pfeiffer/E. Wewel, München 1994.

Bühnenweisheiten	Unser Kommentar	Ideen zur Anwendung im Training
‚Die Zuschauer/innen haben immer Recht.'	Dieser Satz fiel blitzschnell immer dann, wenn nach einer Szenenprobe ein Schauspieler dem Feedback zum Verständnis der Szene oder zu seiner Darstellung widersprechen wollte. Dahinter steckt ein unbedingter Respekt vor dem Publikum und seiner Wahrnehmung. Im Zweifel hat sich der Schauspieler dem Eindruck und dem Urteil des Zuschauers zu beugen – und ist er auch noch so der Meinung, dass er das nicht gespielt (oder verdient) hat.	Häufig erliegen Seminarteilnehmer, wenn sie für eine Präsentation oder Gesprächsübung Feedback bekommen, einem heftigen Rechtfertigungsdrang. Dieser versperrt Augen und Ohren für die häufig wichtigen und nützlichen Beobachtungen und Hinweise, die durch das Feedback zur Sprache kommen. Der Spruch ‚Die Zuschauer/innen haben immer Recht' kann Respekt vor der Wahrnehmung des Feedbackgebers lehren und darüber hinaus entlasten, weil kein Gerangel um das Rechthaben entsteht: wer Recht hat, ist vorbestimmt. Cool bleiben, zurücklehnen und Beine hoch, gut zuhören, nachdenken und innerlich über Annahme oder Ablehnung des Gesagten entscheiden – das ist die Devise für den Feedbacknehmer. Eine Rechtfertigung hat er nicht nötig – und sie ist auch tatsächlich nicht nötig, denn der Zuschauer hat ja ohnehin Recht.
‚Kein Talent verschwenden.'	Theaterproben können sehr kraftraubend sein. Sein ganzes Talent immer wieder mit voller Kraft einzusetzen und zu entfalten, kostet einen Schauspieler viel Energie. ‚Kein Talent verschwenden' rief ein Regisseur bei den Szenenproben für ein Musical deshalb immer, wenn die Probenden nicht die volle Konzentration der Wartenden hatten.	‚Warten Sie noch. Verschwenden Sie nicht Ihr Talent.' ist für die Autorin zum geflügelten Wort in den Trainingssituationen geworden, in denen z.B. ein/e Teilnehmer/in Ergebnisse präsentiert und nicht die volle Aufmerksamkeit der Gruppe hat. Meist wird diese Art der Intervention von beiden Seiten mit Überraschung registriert. Denn diese Reaktion fällt aus dem Rahmen, allgemein erwartet wird die übliche, an die Gruppe gerichtete Bitte um Ruhe.

Bühnenweisheiten	Unser Kommentar	Ideen zur Anwendung im Training
,Kein Talent verschwenden.' (Forts.)	Aus demselben Grund arbeitete dieser Regisseur auch häufig mit Stellproben („bitteschön, ohne Talent", wie er sich auszudrücken pflegte), bei denen nur das Einnehmen der Plätze, die Auf- und Abgänge probiert und das Zusammenspiel angedeutet wurde.	Dass natürlich dem Menschen, aber eben auch dem Einsatz seines Talentes respektvolle Aufmerksamkeit gebührt, ist für viele Seminarteilnehmer ein neuer, einleuchtender Aspekt.
,Lampenfieber gehört dazu.'	Die berühmtesten, renommiertesten Schauspieler/innen kennen trotz langjähriger Berufserfahrung immer noch das Lampenfieber. In Schauspielerkreisen wird es als selbstverständlich akzeptiert und sogar hoch geschätzt. Denn, so heißt es, wer kein Lampenfieber kenne, sei zu cool und könne kein ambitionierter, sensibler Darsteller sein.	Dieser Satz macht Mut und stärkt den Rücken bei Präsentationen, Vorträgen oder vor wichtigen Kundengesprächen. Denn das Wissen um das andauernde Lampenfieber erfahrener Berufsschauspieler hilft dabei, das eigene Lampenfieber als normal und gegeben anzunehmen und lösungsorientiert damit umzugehen. (Auch zum Umgang mit Lampenfieber können Sie eine Menge von Schauspieler/innen abgucken.) Manchmal gelingt es über diese Bühnenweisheit sogar, das Lampenfieber als Stärke umzudeuten, denn es weist hin auf eine gehörige Portion Motivation (man fiebert ja förmlich den Auftritt herbei) und auf eine sensible Wahrnehmungsfähigkeit.

Bühnenweisheiten	Unser Kommentar	Ideen zur Anwendung im Training
‚Die Pausen sind genauso wichtig, wie die gespielten Noten.‘	Ein Spruch, der ursprünglich wohl Musikern ans Herz gelegt wurde, um diese zu mahnen, mit den Pausen genauso engagiert umzugehen wie mit den Noten.	Die Bedeutung von Lernpausen für Gehirnleistung und Lernerfolg bestreitet heute niemand mehr. Es ist aber ein Unterschied, ob Sie eine Pause als eine Unterbrechung oder als Teil einer Gesamtkomposition verstehen. Nehmen Sie die Pausen genau so wichtig, wie die Arbeitseinheiten – die Teilnehmenden tun es ohnehin. Besonderes Engagement für die Pause können Sie zeigen, indem Sie diese z.B. im Ablaufplan deutlich ausweisen, eine anbieten, wenn Sie Müdigkeit oder Unkonzentriertheit bemerken, oder die Teilnehmer ermuntern, Pausen einzufordern, falls nötig.
‚Die abwesenden Personen sind häufig weitaus bedeutsamer für die Handlung als die Anwesenden.‘	Ein interessantes Phänomen aus vielen Theaterstücken, nicht nur bekannt aus ‚Warten auf Godot‘.	Es kommt vor, dass Teilnehmende im Training von Beginn an aus unerfindlichen Gründen im Widerstand sind. Dieser Leitsatz erinnert daran, dass die Gründe für das Verhalten des Teilnehmers weder im Training selbst liegen, noch etwas mit den Anwesenden zu tun haben müssen. Mehr noch: Die ‚abwesende Beeinträchtigung‘ von außen vermag Motive und Handlungen eines Teilnehmers u.U. so stark zu steuern, dass der Trainer nur wenig dagegensetzen kann.

Bühnenweisheiten	Unser Kommentar	Ideen zur Anwendung im Training
‚Paroli bieten.‘	‚Paroli‘ nannte eine Regisseurin eine Form des Feedbacks für Darsteller/innen nach einer Szenenprobe. ‚Paroli‘ war aber mehr als Feedback. Es beinhaltete nämlich nicht nur die Rückmeldung über das Beobachtete, sondern bot ganz bewusst auch Raum für eine lebendige, kontroverse Auseinandersetzung (Paroli bieten) im Zusammenhang mit der Erarbeitung einer Rolle oder Szene.	Wenn Teilnehmende präsentieren, Kunden- oder Kritikgespräche simulieren, Arbeitsergebnisse vorstellen, gibt es meist anschließend ein Feedback. Dieses unterliegt den bekannten Feedbackregeln, die dafür sorgen sollen, dass fair und wertungsfrei rückgemeldet wird. Nicht selten bleibt vor lauter Vorsicht die inhaltliche Auseinandersetzung auf der Strecke. Diese Lücke können Sie durch die Einführung von ‚Paroli‘ schließen. Es kann ergänzend zum Feedback, z.B. im Anschluss daran, in ritueller Form die kontroverse, aber kränkungsfreie inhaltliche Auseinandersetzung über das Gesehene ermöglichen.
In eine Rolle schlüpfen: 1. angucken 2. sich verlieben 3. sich distanzieren	Dieses Vorgehen empfahl ein Regisseur als Leitfaden zur Erarbeitung einer Rolle. Zunächst wird die Rolle neugierig von außen betrachtet, dann folgt die Symbiose: um eins zu werden mit der darzustellenden Figur, kriechen Sie förmlich völlig in sie hinein. Erst der dritte Schritt bringt die Professionalität: das abermalige Distanzieren und die wiederholte und immer wieder erneute Betrachtung von außen.	Die Beherrschung dieses Dreierschritts – vorwärts und rückwärts – scheint uns grundlegend wichtig für das Herangehen an die eigene Berufsrolle. Die Methode nützt Ihnen aber auch, wenn Sie z.B. neuen Konzeptideen oder Methoden näher kommen wollen, eine Präsentation erarbeiten oder eine Existenz gründen: Durch das Verlieben können Sie den Gegenstand wirklich durchdringen und lernen ihn richtig verstehen, doch erst durch das erneute Distanzieren erreichen Sie den Abstand, den Professionalität benötigt.

Bühnenweisheiten	Unser Kommentar	Ideen zur Anwendung im Training
‚Eine katastrophale Generalprobe ist die Voraussetzung für eine gelungene Premiere.‘	Jede Person, die schon einmal auf der Bühne gestanden hat, kennt das: Völlig misslungene Generalprobe, Riesenpanik vor dem großen Auftritt – und dann klappt's auf einmal, alles läuft wie am Schnürchen, Riesenerfolg. Neben dem Quäntchen Glück liegen die Gründe sicherlich in der gerade noch rechtzeitigen Erkenntnis der gravierendsten Fehler und der erhöhten Konzentration aller Beteiligten. Wer Theatererfahrung hat, weiß also nach einiger Zeit: Es gibt überhaupt keinen Grund, wegen einer verpatzten Generalprobe die Ruhe, die Freude und das Vertrauen auf eine tolle Premiere zu verlieren.	Eine echte Mutmach-Weisheit, die die vielen misslungenen Rollenspiele in Seminaren in ein neues Licht zu rücken vermag. Denn Rollenspiele sind ja gewissermaßen die Generalprobe für die Ernstsituation. Streben Sie also nicht möglichst fehlerfreie, sondern möglichst fehlerreiche Rollenspiele an, denn alle Schwachpunkte, die dort ans Licht kommen, sind regulierbar. Sie können noch rechtzeitig vor der ‚Premiere‘ im Berufsalltag bearbeitet werden.

Szene zwei

Wie setze ich Theaterelemente in gängige Trainings ein?

Theaterelemente werden als aktivierende Methodik im Seminar mehr und mehr entdeckt, zum Beispiel als darstellende Spiele, als Übungen aus dem Schauspieltraining oder in Form von Theaterszenen. Kein Wunder, denn sie selbst beinhalten ja auch ‚Entdeckerqualitäten‘, das heißt, durch ihre Anwendung werden folgende Effekte erzielt:

▶ Die Teilnehmer entdecken verborgene Talente und Fähigkeiten (darstellende Spiele, Schauspielübungen).
▶ Die Teilnehmer entdecken neue, überraschende Zusammenhänge und Lösungen (Theaterszenen).

Theaterelemente beinhalten ‚Entdeckerqualitäten‘ und ‚Beschleunigungsqualitäten‘.

Die zweite große Qualität ist die der ‚Beschleunigung‘: Sie kommen einfach schneller zum Punkt. Das sieht auf den ersten Blick nicht immer so aus, denn natürlich braucht der Einsatz eines darstellenden Spiels oder die Entwicklung und Präsentation einer Szene auch Zeit. Aber auch ein herkömmlicher Vortrag oder eine ‚normale‘ Gruppenarbeit brauchen Zeit. Und die entscheidenden Stichworte sind Intensität und Nachhaltigkeit: Das mit allen Sinnen Erarbeitete und Erlebte wirkt viel intensiver, sitzt eben doch weit tiefer und verankert sich leichter und nachhaltiger.

Über diese grundlegenden Qualitäten hinaus hat jedes einzelne Spiel, jede einzelne Übung ihre eigenen Effekte, die Sie nutzen können *(siehe Methoden-Matrix auf S. 39)*. Sie haben sogar noch weit mehr Möglichkeiten, denn Sie steuern die Wirkung der Methoden auch darüber, wie und in welchem Zusammenhang Sie diese einsetzen. Da gibt es eine Menge Gestaltungsspielraum, natürlich innerhalb des ‚Sinn-Rahmens‘, den das einzelne Spiel oder die Übung vorgibt. Sie können zum Beispiel mit darstellenden Spielen die Gruppe neu motivieren *und* gleichzeitig Inhalte wiederholen.

Andere spielerische Methoden intensivieren den Kontakt der Teilnehmenden untereinander *und* trainieren gleichzeitig die Stimme oder korrigieren die Körperhaltung. Dieser Doppeleffekt ist es, der den Einsatz von Theaterelementen so interessant macht – und der dazu führt, dass die Teilnehmenden diese Methodik auch akzeptieren. Es ist deshalb unser Anspruch, diesen Doppeleffekt immer wieder zu suchen und zu nutzen, ihn wenn möglich sogar zu einem Dreifach- oder Vierfacheffekt zu machen.

Der Doppeleffekt macht den Einsatz von Theaterelementen interessant und führt zur Akzeptanz bei den Teilnehmenden.

Das Schöne am Einsatz von Theaterelementen ist: Egal, wie Sie kombinieren, Sie profitieren zusätzlich stets vom Spaßeffekt.

Die Wirkung von Theaterelementen

Mit Hilfe des TZI-Dreiecks sortiert, ergeben sich drei grundlegende Blickwinkel, wie Sie mit Theaterelementen Wirkung erzielen können:

Der Einzelne:
- ▶ Fähigkeiten entdecken und ausbauen
- ▶ Persönlichkeit entwickeln
- ▶ Energie aufbauen
- ▶ Selbstwahrnehmung schärfen
- ▶ Zusammenhang Körper – Seele erleben

Die Gruppe:
- ▶ Kontakte fördern
- ▶ Gruppe bilden / Team werden
- ▶ Atmosphäre schaffen
- ▶ Synergie erleben

Die Sache:
- ▶ Thema einleiten / überleiten / fokussieren / abschließen
- ▶ Inhalte be- und verarbeiten / Lernerfolg sichern
- ▶ Lernerfolg kontrollieren
- ▶ Ziele / Lösungen finden
- ▶ Transfer fördern

Wirkungen von A-Z
▶ Aktivierend
▶ Aufdeckend
▶ Auflockernd
▶ Ausgleichend
▶ Befreiend
▶ Einleitend
▶ Einübend
▶ Ermutigend
▶ Fokussierend
▶ Gruppen bildend
▶ Kontakt stiftend
▶ Lernerfolg sichernd
▶ Öffnend
▶ Persönlichkeit bildend
▶ Stimulierend
▶ Transfer schaffend
▶ Überleitend
▶ Vorbereitend
▶ Wahrnehmung fördernd
▶ Zielführend

Einsatzmöglichkeiten von Theaterelementen

Besonders sinnvoll ist der Einsatz von Theaterelementen:

▶ in jedem Fachtraining (darstellende Spiele),

▶ in jedem Verhaltenstraining, in dem Körpersignale, Stimme, Sprache, Auftritt und Präsenz von Bedeutung sind (darstellende Spiele, Schauspielübungen, Theater-Szenen),

▶ in jeder Veranstaltung, in der kreativ an Visionen gearbeitet wird oder Lösungen entwickelt werden sollen (darstellende Spiele, Theaterszenen).

▶ Darstellende Spiele im Fachtraining

In vielen Fachtrainings fehlt es an Abwechslung und an lebendigen Elementen, um den Seminarablauf aufzulockern, die Teilnehmenden zu motivieren und das Lernklima zu fördern. Häufig sitzt man den ganzen Tag. Im Vordergrund steht der meist trockene Stoff, der vermittelt werden muss. Noch immer wird gerne ‚frontal' gearbeitet, im Vortragsstil, mit einseitigem Medieneinsatz.

Ein Extrembeispiel ist das EDV-Training: Die Räume sind in der Regel pickepacke voll und nicht veränderbar, die Sitzordnung ist völlig unflexibel und orientiert sich an den Bildschirmen, von denen möglichst viele im Raum untergebracht sind. Die Teilnehmenden kommen kaum untereinander in Kontakt, denn die Aufmerksamkeit wechselt zwischen Bildschirm, Beamer und Trainer. Auf der einen Seite übt der Computer natürlich Faszination und Anziehungskraft aus – auf der anderen Seite sind das lange Sitzen und der ständige Blick auf den Monitor für viele Teilnehmende ungewohnt und oft quälend. Mit fortschreitender Dauer des Seminars sinkt die Konzentration und das Unbehagen steigt, Anfangsängste, Fremdheitsgefühle in der Gruppe werden nicht aufgelöst, der Kopf nicht wirklich frei – keine gute Prognose für den Lernerfolg.

Mit *darstellenden Spielen* wirken Sie der einseitigen Beanspruchung von Körper und Sinnen entgegen und erhalten die Lernfähigkeit Ihrer Teilnehmenden. Und wenn Sie dabei den Doppeleffekt nutzen und sichtbar machen, finden Sie auch schnell deren Akzeptanz.

▶ Sie können mit darstellenden Spielen neu motivieren, anregen, auflockern und in Kontakt bringen ...

▶ und gleichzeitig den Lernerfolg sichern, indem Sie Fachbegriffe wiederholen ...

▶ und gleichzeitig die Einleitung oder Überleitung zu einem neuen Themenbereich gestalten ...

▶ und gleichzeitig einen Kerngedanken fokussieren ...

▶ und gleichzeitig die Transferarbeit gedanklich anregen ...

▶ usw...

Nehmen Sie sich dazu künstlerische Freiheit. Spiele lassen sich auf die unterschiedlichsten Konzepte maßschneidern. Sie können sie Ihren Inhalten anpassen. *(Siehe hierzu auch: Wie bereite ich eine Gruppe auf das Theaterspielen vor, S. 187.)*

Beispiel:

Thema:
Auflockern + Fachbegriffe wiederholen

Methode:
EDV-Pantomime

Material:
Karten mit Fachbegriffen

Einzeln oder in Paaren werden pantomimisch Fachbegriffe dargestellt, die von den Zuschauern erraten werden müssen. Die Begriffe können vom Trainer vorbereitet sein oder aus der Gruppe kommen.

▶ Theaterelemente im Verhaltenstraining

Genauso wie im Fachtraining, können Sie darstellende Spiele natürlich im Verhaltenstraining einsetzen. Aber weil in Verhaltenstrainings – z.B. in Kommunikation, Rhetorik, Rede- und Auftrittstraining, (Selbst-)Präsentation, Moderation, Verhandeln, Gesprächsführung, Train-the-trainer immer auch Körpersignale, Stimme, Sprache, Auftritt und Präsenz eine wesentliche Rolle spielen, passen Übungen aus dem Schauspieltraining und Theaterszenen wunderbar ins Konzept. Über diese Elemente können Sie auf einfache, wirkungsvolle und elegante Weise:

▶ für Ausdrucksmöglichkeiten und Wirkungen der Körpersprache sensibilisieren,

▶ mit Körpersignalen experimentieren, z.B. für Gesprächs- oder Vortragssituationen,

▶ die Selbst- und Fremdwahrnehmung thematisieren und schärfen,

▶ eine ökonomische Atem- und Sprechtechnik einüben (Atem-, Stimm- und Sprechübungen),

▶ an einer Auftritts-Dramaturgie arbeiten (z.B. für Präsentationen),

▶ Auftritts-Sicherheit vermitteln,

▶ den Mut und die Fähigkeit zur Improvisation und Flexibilität fördern, z.B. im Umgang mit unvorhergesehenen Schwierigkeiten,

▶ die Balance zwischen der Liebe und Nähe zum Gegenstand oder Thema und professioneller Distanz thematisieren *(vgl.: Wie kann ich in jedem Training vom Theater profitieren?, S. 15)*,

▶ ein Gefühl für umfassende Präsenz entwickeln,

▶ gegenseitiges Feedback über die persönliche Wirkung initiieren,

▶ Transfer anregen,

▶ Tages-, bzw. Seminar-Feedback initiieren,

▶ Lösungen entwickeln und ausprobieren.

Unabhängig von solchen Inhalten können Sie auch den Prozess selbst zum Thema machen: indem Sie beispielsweise die Entwicklung eines kurzen Theaterstückes als beobachtbare und auswertbare Teamaufgabe inszenieren *(vgl.: Welche Theaterformen passen in Training und Unternehmen?, S. 41 und Beispiel 5 auf S. 35, selbes Kapitel).*

Wie setze ich Theaterelemente in Verhaltenstrainings ein? (Fünf Beispiele)

Beispiel 1:
Seminar: Rhetorik
Ziel: Möglichkeiten finden und testen zum Umgang mit unfairen Angriffen und anderen schwierigen Situationen

Mit Vorliebe bearbeitet die Autorin dieses Thema mit der szenischen Methode des ‚Forumtheaters‘.

Im ‚Forumtheater‘ werden Szenen zu beliebigen Themen entwickelt, die anschließend auf der Bühne gespielt werden. Das Besondere ist, dass die Szenen jederzeit durch das Publikum unterbrochen oder gestoppt werden können. Denn die Zuschauer/innen sind aufgefordert, Handlungs- und Lösungsvorschläge zu machen, die sie dann im Rollentausch auf der Bühne ausprobieren können.

Beispiel 1:

Thema:
Umgang mit schwierigen Situationen

Methode:
Forumtheater

▶ In Kleingruppen schwierige Situationen sammeln.
▶ Ein bis zwei Situationen in kurze Szenen umsetzen (ohne Lösung).
▶ Szenen im Plenum präsentieren, zwischendurch stoppen und ggf. wiederholen.
▶ Durch wiederholten Rollentausch mit Lösungsideen experimentieren.

Konkret können Sie die Methode zum Thema ‚Schwierige Situationen in Gesprächen' auf folgende Weise einsetzen:

Die Teilnehmenden tragen zunächst in Kleingruppen zusammen, welche Situationen sie als schwierig erleben. Je nach Zeitrahmen und Größe der Gesamtgruppe wählt jede Kleingruppe ein bis zwei Situationen aus und setzt diese in eine kurze Szene um. Die Szene endet mit der schwierigen Situation, eine Lösung muss nicht geboten werden. Im Plenum werden die einzelnen Szenen präsentiert und anschließend mit der ganzen Gruppe bearbeitet. Dies geschieht, indem der Ablauf immer wieder gestoppt wird und jede Person, die an irgendeiner Stelle eine weiter bringende Handlungsidee hat, diese durch Rollentausch ausprobiert. Sie tritt über die Grenze, die die Bühne vom Zuschauerraum trennt, und übernimmt die Rolle der Person, für deren Verhalten sie eine Idee hat. Der ‚alte' Akteur wechselt in den Zuschauerraum. Die Zuschauer betrachten dies alles von außen und geben Feedback über die Außenwirkung. Die Regie befragt die Darsteller über die Innenwirkung *(siehe: Wie werte ich Szenen aus?, S. 276)*. Es wird bewusst mit möglichst vielen Handlungsideen experimentiert, damit eine Bandbreite an Möglichkeiten aufgezeigt wird und jeder Teilnehmer den zu ihm passenden Weg finden kann.

Als Variante können Sie die Szenen auch verfremden lassen – sie spielen an einem anderen Ort, in einer anderen Zeit, die Zusammenhänge sind anders ...

Beispiel 2:
Seminar: Präsentationstraining
Ziel: Die Bedeutung der inneren Einstellung und des Verhältnisses zum (Präsentations-)Gegenstand für den Erfolg einer Präsentation aufzeigen.

Bei diesem Thema geht es darum, deutlich zu machen, dass das Verhältnis des Präsentierenden zu seiner Präsentation den Zuschauenden nicht verborgen bleibt – mehr noch, deren Aufmerksamkeit, Gefühle und Urteile (meist unbewusst) beeinflusst. Als Einstieg in das Thema eignet sich eine Ausdrucksübung, die ‚Stuhlübung'. Dabei stellen die Teilnehmenden sich vor, dass sie beim Aufräumen auf dem Dachboden einen alten Stuhl entdecken, der

---

Beispiel 2:

Thema:
Verhältnis zum Gegenstand

Methode:
Stuhlübung

Material:
Stühle, Karten mit Infos

▶ Ein bis drei Stühle auf die Spielfläche stellen.
▶ Die ersten Schauspieler betreten die Bühne und erhalten ihre Informationen über die Bedeutung des Stuhls.
▶ Nach einer kurzen Vorbereitungszeit (1') beginnt das Spiel (ca. 3'-5').
▶ Applaus und Auswertung.
▶ Übertragung auf das eigentliche Thema.

mit bestimmten Erinnerungen verknüpft ist. Die Begegnung mit diesem Stuhl wird pantomimisch gespielt. Die Bedeutung des Stuhls wird von der Seminarleitung vorgegeben: Jeder Teilnehmer zieht kurz vor seinem Auftritt eine Karte mit der entsprechenden Information. Das Publikum schaut genau hin und stellt anschließend Mutmaßungen über die Bedeutung des Stuhls an. Auch Gefühle, die entstanden sind, werden reflektiert. Danach werden diese Erfahrungen auf das eigentliche Thema übertragen und diskutiert.

Bei der Stuhlübung können, je nach Raumgröße, bis zu drei Teilnehmer parallel auf der Bühne agieren – dieses Vorgehen empfiehlt sich sogar, denn es erleichtert den Teilnehmenden ihren Auftritt und spart Zeit, bzw. mehr Personen können zum Zuge kommen.

Beispiel 3:
Seminar: Gesprächsführung
Ziel: Körpersignale bewusst wahrnehmen und erkennen.

Beispiel 3:
Thema: Körpersignale
Methode: Audienz beim Papst
Material: Karten mit Gefühlen
▶ Gewünschte Szenerie auf der Spielfläche gestalten. ▶ Aufgabe für die Teilnehmer: Ausdruckskarte ziehen, auf die Gruppe / die Person zugehen, Begrüßung. ▶ Nach jedem Auftritt Auswertungs-Stopp.

Sich dem Einfluss und der Wirkung von Körpersignalen bewusst zu sein hilft Gesprächssituationen besser zu verstehen und fördernder zu gestalten. Um Körpersignale bewusst wahrzunehmen, ihre Wirkung zu erleben, sie zu deuten und adäquate Handlungsmöglichkeiten zu finden, eignet sich die Ausdrucksübung ‚Audienz beim Papst'.

So können Sie sie einsetzen: Gestalten Sie mit einfachen Mitteln eine Szenerie mit der gewünschten Situation im Raum, z.B. im Büro des Chefs, auf der Messe, usw. Jede Person zieht eine Ausdruckskarte. Nacheinander gehen alle in der gewählten Haltung auf eine Gruppe (Messe-Situation) oder auf einen Einzelnen (Büro-Situation) zu, begrüßen diese/n, geben sich gegebenenfalls die Hand. Machen Sie nach jedem Auftritt einen kurzen Stopp für den Applaus und die Auswertung. Auswertungsfragen können sein: „Welche Gefühle wurden wahrgenommen (in der Szene / von außen)?" „Was lösten sie aus?" „Was können Sie tun, um in einen guten Kontakt zu kommen?" usw.

Die Übung kann sehr flexibel eingesetzt werden, Sie können Sie an nahezu jede beliebige Situation anpassen.

Beispiel 4:
Seminar: Teamentwicklung
Thema: Fazit ziehen, Transfer anregen.

Zum Ende einer Teamentwicklungsmaßnahme ist es sinnvoll, den ‚Sack zuzubinden‘ und den Bogen von der Vergangenheit über die gegenwärtige Situation zu den Herausforderungen der Zukunft zu schlagen. Eine geeignete Methode sind ‚Standbilder‘.

Dazu bilden Sie Kleingruppen à 4–6 Personen. Die Teams bekommen ca. 15' Zeit für die Aufgabe, drei Standbilder vorzubereiten:

1. Bild: Unser Team vor dem Seminar
2. Bild: Unser Team jetzt
3. Bild: Die wichtigste Erkenntnis, die wir umsetzen werden

Die Standbilder werden präsentiert und von den Zuschauenden ‚gelesen‘, d.h. das Publikum assoziiert, was mit der Darstellung gemeint sein könnte, anschließend folgt der Abgleich. Alle Ideen (die fantasierten und die tatsächlichen) werden visualisiert.

Auch diese Methode können Sie beliebig abwandeln und sehr vielseitig zu den unterschiedlichsten Themen einsetzen.

Beispiel 5:
Seminar: Teamentwicklung
Ziel: Teamprozess erleben und auswerten.

Um Teamprozesse erlebbar, beobachtbar und auswertbar zu machen, werden in Seminaren in der Regel einfache oder komplexe Spielformen eingesetzt, in denen eine Aufgabe zu lösen und Zusammenarbeit gefordert ist. Eine solche Aufgabe kann es auch sein, innerhalb eines begrenzten Zeitraums und unter Einhaltung vorgegebener Rahmenbedingungen ein kleines Theaterstück oder eine Bühnenshow zu entwickeln. Sie können diese Sache sehr aufwendig anlegen, mit Event-Charakter – z.B. einen ganzen Tag Zeit geben zur Vorbereitung – oder aber auch auf z.B. eine Stunde beschränken. Was die Aufgabe und die Rahmenbedingungen angeht, sind Ihrer Fantasie dabei keine Grenzen gesetzt.

Beispiel 4:

Thema:
Fazit ziehen, Transfer anregen

Methode:
Standbilder

▶ Kleingruppen bilden.
▶ In den Teams drei Standbilder entwickeln: Vergangenheit / Gegenwart /Zukunft.
▶ Bilder präsentieren und auswerten.

Beispiel 5:

Thema:
Teamprozess erleben

Methode:
A star is born

▶ Gruppe teilen in Akteure und Beobachter.
▶ Die Akteure bekommen Aufgabe und Rollenanweisungen, die Beobachter evtl. Tipps zur Beobachtung.
▶ Aufgabe lösen, Ergebnis präsentieren.
▶ Prozess auswerten.

Interessant wird es, wenn Sie Rollen verteilen, z.B. Regisseur, Bühnentechniker, Bühnenbildner, Schauspieler, Choreograph, etc., evtl. mit kurzen schriftlichen Anweisungen über den Verantwortungsbereich der jeweiligen Rolle. Nur durch ein optimales Zusammenspiel aller Beteiligten kann ein gutes Ergebnis auf die Beine gestellt werden. Der Prozess wird von außen beobachtet und anschließend sorgfältig ausgewertet. Die Zuschreibung der Rollen bringt einen Extra-Effekt, denn auch im Berufsalltag haben wir mit Rollen oder Zuschreibungen zu tun.

▶ Darstellende Spiele und Theaterszenen in kreativen Prozessen

In Projekten oder Workshops, in denen es beispielsweise um die Entwicklung von Visionen oder um das Finden von kreativen Lösungen geht, muss man häufig mit der Problematik umgehen, dass die Teilnehmenden zu eng mit dem Thema ‚verknotet' sind und nicht locker an die Sache herangehen können. Dadurch wird eine ganz entscheidende Phase im kreativen Prozess behindert: die der ‚Suche'. Die ‚Suche' ist jedoch wichtig und notwendig, damit das Gehirn Gedankenverbindungen knüpfen kann, die alle Informationen, die zu der Fragestellung schon vorhanden sind, zu etwas Neuem – der kreativen Lösungsidee oder dem Geistesblitz – verbinden. Damit die ‚Suche' stattfinden kann, ist interessanterweise die beste Voraussetzung die Entfernung vom Problem. Das ist auch der Grund, warum Sie es immer wieder erleben, dass DIE Lösung für irgendeine Frage, mit der Sie schon lange beschäftigt sind, plötzlich und unvermittelt in den unmöglichsten Situationen vor Ihnen steht – nämlich dann, wenn Sie gerade überhaupt nicht daran gedacht haben: unter der Dusche, beim Schwitzen in der Sauna, beim Waldspaziergang, beim Schaufensterbummel, während einer Autofahrt …

Phasen:
1. Vorbereitung
(intensive Beschäftigung mit dem Problem)
2. Suche
(Entfernung vom Problem)
3. Erleuchtung
(plötzliches Auftauchen einer Lösungsidee)
4. Überprüfung
(Ausarbeitung, Bewertung und Umsetzung der Lösung)

Gerade im Berufsalltag ist es sehr schwierig, wenn nicht unmöglich, im richtigen Moment gedanklich loszulassen und der Phase der ‚Suche' Raum zu geben. Die herkömmliche Auffassung von Arbeit in den Unternehmen lässt dies schon nicht zu. Es bedeutet nämlich, dass Sie spazieren gehen oder etwas ganz anderes machen, wenn Ihre Auftraggeber Sie so richtig intensiv mit einer Fragestellung beschäftigt sehen möchten. Es bedeutet z.B. auch in Betracht zu ziehen, dass ein Mitarbeiter, der sich entspannt zurücklehnt und die Füße auf den Schreibtisch legt, gerade wichtige Sucharbeit verrichtet. (Hand auf's Herz: Es fällt Ihnen selbst schwer.) Unmengen an Zeit und Potenzialen werden in Firmen verschleudert, viele Ideen bleiben stecken, kommen gar nicht erst ans Licht, weil die Mitarbeiter/innen in der Phase der ‚Suche' blockiert bleiben.

Um innerhalb der Gegebenheiten dennoch kreativ zu werden, ist es sinnvoll, Kreativitätstechniken anzuwenden, die durch einen raffinierten Umweg die Entfernung vom Problem künstlich herstellen. Den Umweg gehen bedeutet übrigens nicht, dass Sie mehr Zeit brauchen, im Gegenteil, häufig stellt er sich als Abkürzung heraus. Genau diesen Effekt können Sie im Seminar über die Arbeit mit Theaterszenen erreichen. Mit der Verfremdung durch die Szene bewirken Sie die Entfernung vom Problem. Die in der Verfremdung gefundenen Lösungsansätze lassen sich anschließend auf die reale Fragestellung zurückübersetzen *(siehe hierzu auch: Wie werte ich Szenen aus?, S. 276)*.

Beispiel:
In einem Führungskräftetraining geht es um die Fragestellung: ‚Wie kann ich bei meinen Mitarbeiter/innen für Veränderungsprozesse Akzeptanz / Begeisterung wecken?'

Lassen Sie die Teilnehmenden in Kleingruppen kurze Theaterszenen entwickeln. Die Verfremdung können Sie erreichen und trotzdem sichtbar am Thema arbeiten, indem Sie z.B. einen Ort vorgeben, bei dem es auch um Veränderung geht, aber auf ganz andere Weise: beim Frisör. Für die Entwicklung der Szene brauchen Sie nicht viel Zeit geben, 10-20 Minuten reichen aus. Bei der anschließenden Präsentation wird nicht mit Applaus gespart. Alle Lösungsansätze und faszinierenden Ideen werden auf einzelnen Moderationskarten protokolliert und anschließend gemeinsam auf die Ursprungsfragestellung rückübersetzt. *(Siehe auch: Wie werte ich Szenen aus?, S. 276. Außerdem: Wie kann ich eine Gruppe unterstützen, selbstständig eine Szene zu entwickeln?, S. 243.)*

Nebenbei erreichen Sie, dass mit viel Spaß an Lösungen gearbeitet wird, und nicht ständig bloß Probleme diskutiert werden.

Beispiel:

Thema:
Wie kann ich Akzeptanz für Veränderungen wecken?

Methode:
Theaterszene

▶ Bilden Sie Kleingruppen.
▶ Geben Sie den Gruppen das Thema und (hier) eine verfremdende Ortsvorgabe vor, z.B.: beim Frisör.
▶ Die Kleingruppen entwickeln kurze Szenen (10'-20').
▶ Szenen präsentieren.
▶ Notieren Sie Lösungsansätze und faszinierende Ideen aus den Szenen.
▶ Übersetzen / bearbeiten Sie die Lösungsansätze gemeinsam mit der Gruppe.

Tipps zum Einsatz von Theaterelementen

- Früh beginnen
- Den Boden bereiten
- Selbstverständlich durchführen
- Vom Einfachen zum Schwierigen
- Für Applaus sorgen
- Den Doppeleffekt nutzen und transparent machen
- Ins Gesamtkonzept einbinden

▶ Beginnen Sie früh, also nicht erst am letzten Tag mit dem Einsatz der Methoden, um die Gruppe direkt an die ungewöhnliche Vorgehensweise zu gewöhnen.

▶ Bereiten Sie den Boden für Theaterelemente. Die Teilnehmenden brauchen Mut dazu. Schaffen Sie eine angstfreie Atmosphäre. Organisieren Sie, dass die Gruppe in Kontakt kommt und fördern Sie, dass gelacht wird.

▶ Fragen Sie nicht, machen Sie. Führen Sie die Methoden mit einer selbstverständlichen Haltung durch – genauso selbstverständlich, als würden Sie eine Folie auflegen.

▶ Berücksichtigen Sie: Im Schutz der Kleingruppe etwas darzustellen ist zunächst einfacher als alleine.

▶ Jede Darstellung, unabhängig vom Gelingen, bekommt Applaus. Es ist Ihre Aufgabe, für den Beifall zu sorgen.

▶ Machen Sie immer den Zusammenhang mit dem Thema transparent. Suchen und nutzen Sie dazu den Doppeleffekt.

▶ Betrachten Sie Theaterelemente als Teil des Gesamtkonzepts und binden Sie sie entsprechend thematisch ein.

(Weitere Tipps finden Sie im Abschnitt: Wie bringe ich Teilnehmer dazu, Theater zu spielen?, S. 211)

In der nachfolgenden Tabelle erhalten Sie Orientierung darüber, welche Ziele Sie mit welchen Methoden am besten erreichen können. Wegen der unzähligen Möglichkeiten und Überschneidungen bewiesen wir Mut zur Lücke und setzten Schwerpunkte.

Welche Ziele erreichen Sie mit welchen Methoden?

Methoden / Ziele	Kennenlern- und Kontaktspiele	Wahrnehmungs-, Körper-, Atem-, Stimm-, Sprechübungen	Ausdrucksübungen	Darstellungs-übungen, darstellende Spiele
TN motivieren, anregen, auf-lockern, in Kontakt bringen	X			X
Lernerfolg sichern, Inhalte wiederholen und verankern				X
Themen einleiten, überleiten, fokussieren				X
Transfer fördern				X
Vielfalt und Wirkung von Körpersprache erfahren		X	X	X
Experimentieren mit Körper-sprache, Repertoire erweitern		X	X	X
Selbst- und Fremdwahrnehmung, Beobachtung schärfen		X	X	X
Atem- und Sprechtechnik einüben		X		
Auftrittsdramaturgie erarbeiten				X
Auftrittssicherheit erlangen		X		X
Flexibilität und Improvisationstalent fördern				X
Balance zwischen Nähe und Distanz thematisieren				
(Bühnen-)Präsenz entwickeln		X	X	X
Lösungen entwickeln und ausprobieren				
Teamprozesse beobachten und auswerten				

Welche Ziele erreichen Sie mit welchen Methoden? (Fortsetzung)

Ziele / Methoden	Imaginations-übungen	Kreativitätsspiele und Übungen	Szenische Arbeit	
TN motivieren, anregen, auflockern, in Kontakt bringen	X	X		
Lernerfolg sichern, Inhalte wiederholen und verankern	X		X	
Themen einleiten, überleiten, fokussieren				
Transfer fördern	X		X	
Vielfalt und Wirkung von Körpersprache erfahren			X	
Experimentieren mit Körpersprache, Repertoire erweitern	X			
Selbst- und Fremdwahrnehmung, Beobachtung schärfen	X		X	
Atem- und Sprechtechnik einüben				
Auftrittsdramaturgie erarbeiten		X	X	
Auftrittssicherheit erlangen	X		X	
Flexibilität und Improvisationstalent fördern	X	X	X	
Balance zwischen Nähe und Distanz thematisieren			X	
(Bühnen-)Präsenz entwickeln			X	
Lösungen entwickeln und ausprobieren		X	X	
Teamprozesse beobachten und auswerten			X	

Welche Theaterformen passen für Training und Unternehmen?

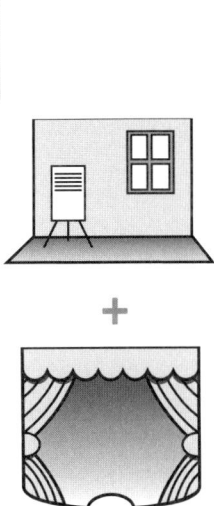

Die Vielfalt der Theaterformen und Kombinationsmöglichkeiten ist beeindruckend. Einige davon blicken schon auf eine lange Tradition zurück: Sie sind Jahrzehnte, teilweise Jahrhunderte, in anderen Zusammenhängen erprobt worden und wurden erst in jüngster Zeit für Unternehmen und Trainings entdeckt. Andere sind aktuelle, kreative Erfindungen aus vergangenen Jahren. Und wer weiß, was noch alles gerade ‚in der Mache' ist! Immer wieder entstehen neue Ideen und Kombinationen – Theaterleute sind sehr umtriebig und einfallsreich.

Was folgt, ist eine Zusammenstellung und Kommentierung der wichtigsten und interessantesten Formen für Training und Unternehmen – aber nehmen Sie es nicht als der Weisheit letzter Schluss – vielleicht haben Sie ja noch ganz andere Erfahrungen oder Fantasien?

Bei der Sammlung und Beschreibung ergaben sich hin und wieder Schwierigkeiten: So gibt es nicht nur inhaltliche Überschneidungen, sondern auch unterschiedliche Formen, die hinter gleichen Bezeichnungen stecken. Es mag also durchaus sein, dass sich für Sie hinter dem einen oder anderen Begriff noch etwas anderes verbirgt.

Um diesem Kapitel noch mehr Nutzen für Ihre Praxis zu geben, haben wir uns die (künstlerische) Freiheit genommen, die Theaterformen zu kommentieren. Dazu sei ausdrücklich gesagt: Die Kommentare beziehen sich lediglich auf den Einsatz in Unternehmen und im Training. Sie sind subjektiv – wir erheben keinen Anspruch auf die alleinige Wahrheit. Sie entspringen teilweise unserer Erfahrung, teilweise unserer Fantasie, was man mit der jeweiligen Methode machen KÖNNTE. Man muss es aber auch gut machen!!

Business-Kino®

Kurzbeschreibung:

Das Business-Kino® (von Sollinger t&k) ist eine kreative Weiterentwicklung des Unternehmenstheaters: Statt eines Theaterstücks wird zum Anliegen des Kunden ein Film produziert und der Belegschaft gezeigt. Dieser soll, je nach Auftrag, den Beteiligten den Spiegel vorhalten, die Gesprächsbereitschaft wecken, die Auseinandersetzung mit dem Thema erreichen und auf diese Weise Entwicklungen auf den Weg bringen.

Die Idee ist, den Prozess durch die Wahl des Mediums Film noch nachhaltiger zu gestalten und für den Kunden besser nutzbar zu machen. Bleibt es nämlich mit dem Theaterstück häufig beim einmaligen Erlebnis, so ist der Film jederzeit wiederholbar. Es lassen sich einzelne Szenen herausnehmen und bearbeiten, der Film oder Teile daraus können in Trainings einfließen, Szenenbilder den Alltag besetzen, z.B. als Anker in Form von Bildschirmhintergründen usw. Weitere Informationen: www.Irmgard-Sollinger.de.

Einsatz:

Nach erfolgter Auftragsklärung beginnt der Einsatz des Business-Kino® mit einer sorgfältigen Recherche (Interviews). Von Interesse sind dabei nicht nur Informationen und Meinungen, sondern auch die kleinen ‚Alltagsgeschichten', die für das Unternehmen typisch sind. Denn das Einarbeiten solcher ‚Firmenkultur-Elemente' in das Endprodukt lohnt sich: Humor und ein Wiedererkennungseffekt tragen erheblich dazu bei, die Mitarbeiter für die Botschaft des Films zu öffnen und zu gewinnen.

Ist die Recherche abgeschlossen, wird aus der Stoffsammlung zunächst eine Theateridee entwickelt, dann ein Stück (oder Drehbuch) geschrieben und mit Schauspielern inszeniert. Um das Stück mit dem Auftraggeber abzustimmen, empfiehlt sich eine Probeaufführung im kleineren Rahmen. Anschließend kann der Film (Dauer: ca. 15-30 Minuten) gedreht werden. Soweit die Vorarbeiten – nun erst beginnt das eigentliche Vorhaben, nämlich die Nutzung des Films als Arbeitsmittel im Veränderungsprozess: Das fertige

Produkt wird allen Beteiligten gezeigt – und dient als Auftakt für einen gemeinsamen Entwicklungsprozess. Es folgen, je nach Konzept, interne Trainings, Workshops, Gesprächsrunden, Begleitung durch Infos und Diskussionsforen im Intranet usw. Und immer wieder können der Film bzw. Bilder oder Szenen daraus auf unterschiedliche Weise flankierend eingesetzt oder sogar, aktuelle Ereignisse einbeziehend, fortgeschrieben werden.

Kommentar:

Das Business-Kino® halten wir für eine sehr spannende und vielseitige Methode, wenn es um die Initiierung und Begleitung von Veränderungsprozessen im großen Rahmen geht.

Wenn Veränderungen emotional hoch besetzt sind und mit Ängsten einhergehen, ist es viel sinnvoller, die Emotionen aufzugreifen und ihnen zu begegnen, als sie zu ignorieren. Im individuell auf die Firmensituation zugeschnittenen Film kann das geschehen: Es kann zum Beispiel alles angesprochen und thematisiert werden, was die Beteiligten sich im richtigen (Arbeits-)Leben nicht zu sagen oder zu fragen trauen. Schon die nötigen Vorarbeiten können erheblich zum Gelingen des ganzen Prozesses beitragen – die Menschen spüren, dass ihre Meinung gefragt ist, ihre Neugier wird geweckt.

Das besondere Potenzial des Business-Kinos sehen wir in seiner vielseitigen und variablen Verwendbarkeit: Ein Film kann ohne weiteres Begleiter einer mehrjährigen Kommunikationsstrategie sein. Und: Der Film verhilft den Zuschauern zu einer dissoziierten (losgelösten) Position. Sie können über das Medium besser erkennen, dass Veränderungen möglich und machbar sind und verhärtete Strukturen nicht so bleiben müssen. Damit dies aber wirklich geschehen kann und auch den gewünschten Erfolg bringt, muss der Film geeignet sein zu öffnen und zu gewinnen, Emotionen anzusprechen, für Gesprächsstoff zu sorgen; kurz: er muss den ‚Nerv treffen'. Wichtig: keine Schönfärberei, denn diese wird nicht akzeptiert, stattdessen müssen die Probleme deutlich und sensibel auf den Punkt gebracht, die Komplexität der Gefühlslagen gut herausgearbeitet sein. Das stellt hohe Anforderungen an die Vorbereitung und das Gespür der ‚Macher'.

Business-Kino®

▶ Ziele:
Thema bearbeiten, Entwicklungsprozesse anstoßen und begleiten.

▶ Eignung:
Veränderungsprozesse, ...

▶ Kommunizierbar gegenüber Kunden:
Gut, wenn es gelingt, den Film als zielgerichtet einsetzbares Instrument glaubhaft zu machen. Geeignetes Videobeispiel mitbringen.

▶Akzeptanz bei TN:
Gut, wenn der Film ‚den Nerv trifft', die Probleme mit einem Schuss Humor deutlich und sensibel auf den Punkt gebracht werden.

▶ Aufwand:
Hoch. Intensive Vor- und Nachbereitung.

▶ Potenzial:
Die vielseitige und variable Verwendbarkeit des Films. Die Chance, Menschen ins Gespräch zu bringen und dabei neue Sichtweisen und Handlungsmöglichkeiten zu erkennen.

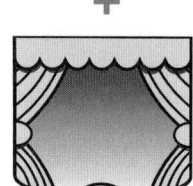

Clownerie

Kurzbeschreibung:

Was ist Clownerie? Was ist ein Clown? Eine kurze Szene aus dem Repertoire des weltberühmten Grock möge es verdeutlichen: Grock will Klavier spielen. Aber der Hocker ist zu weit vom Klavier entfernt. Es wäre einfach, den Hocker näher an das Klavier zu rücken. Aber das tut Grock nicht. Stattdessen bemüht er sich mit aller Kraft, das riesige, schwere Instrument zum Sitz zu schieben ...

Das ist ein Clown – er verkörpert das Irrationale der menschlichen Natur. *„Jene rebellische Instanz, die die Ordnung nicht mag, den Geist, der stets (oder oft) verneint, der Lust am Kaputtmachen hat, den Trieb, den Widerpart des Über-Ichs."* (1)

„Der Clown lehrt uns, wie wir über uns selber lachen sollen. Und dieses unser Lachen wird aus Tränen geboren."
Henry Miller

Der Clown darf alles. Sogar scheitern. Welch ein Exot in unserer Erfolgsgesellschaft! Niemals macht er sich über andere lustig, nur über sich selbst. Und wenn er es doch einmal tut, merkt er gerade nicht (aber alle anderen), dass er selbst der Lächerliche ist. So spiegelt der Clown das tägliche, menschliche Seelendrama – wahrscheinlich genießt er gerade deshalb so große Sympathien, ebenso wie sein naher Verwandter, der Narr, der selbst an Tyrannenthronen Narrenfreiheit genoss.

In den klassischen Clownnummern tauchen drei Figuren auf: Der dumme August, sein pfiffiger Freund und der überlegene Sprechstallmeister. Psychologisch betrachtet verkörpern sie drei Rollen oder auch drei unterschiedliche Seiten der Persönlichkeit: Der dumme August steht mit seiner Hemmungslosigkeit für das ‚Es', das Kindliche, Freie und Triebhafte. Sein pfiffiger, vernunftbegabter Partner spielt das für die Kompromisse und den Ausgleich zuständige ‚aktuelle' oder ‚empirische Ich'. Der gestrenge Sprechstallmeister dagegen, der Vorgesetzte, verkörpert die Rolle des ‚Über-Ichs', das Forderungen stellt und die Anweisungen gibt. (1)

Einsatz:

Zwei praktische Beispiele aus der Arbeit der Trainerin und Clownin Dr. Petra Klapps (Kolibri Institut, Info: www.kolibri-institut.de):

Beispiel: Arbeit an einer konstruktiven Tagungskultur

Kontext
In einem Unternehmen ist man unzufrieden mit dem Ablauf der regelmäßigen Sitzungen („Wir tagen uns manchmal tot"). Die Clownin wird beauftragt, mit den Mitgliedern des betreffenden Gremiums an einer neuen, konstruktiven Tagungskultur zu arbeiten.

Vorgehen
1. Analyse der Situation
Nach vorheriger Absprache nimmt die Clownin (in Zivil) beobachtend an einer Sitzung teil. Anschließend werden im Gespräch mit den Teilnehmern das Geschehen und die bisherige Tagungskultur reflektiert: Wie haben Sie selbst die Sitzung erlebt? Woran haken Sie sich fest? Was ist immer wieder ähnlich? ...?

2. Clownperspektive
Um den Übergang in die Clownperspektive einzuleiten, wird zunächst ein Ortswechsel vorgenommen. Mit Blick in die anwesende Runde überlegen nun alle gemeinsam: Welche berühmten Persönlichkeiten oder Figuren sind hier vertreten? Wo könnte diese Zusammenkunft stattfinden? Auf der Erde? In einem Gebäude? In welchem? ...?

Dann beginnt das Clowntraining: Die Teilnehmer üben die gefundenen Rollen unter Anleitung der Clownin nacheinander ein: Wie verhält man sich als ...? Wie geht man / bewegt man sich als ...? Welche typischen Gesten? Wie spricht man? ...? Dabei wird mit viel Spaß und auf clowneske Weise maßlos übertrieben.

3. Clowneskes (abstrahiertes) Spiel
Jeder übernimmt nun eine der (ihm nicht zugewiesenen!) Rollen, verkleidet und schminkt sich. Aufgabe ist es, in den Rollen die Sitzung zu spielen. Dabei darf gnadenlos überzeichnet werden. Alle haben auf diese Weise die Gelegenheit, einerseits einen der Kolle-

gen (subjektiv verfremdet und überzeichnet) zu spiegeln, andererseits dem eigenen (subjektiv verfremdeten, überzeichneten) Spiegelbild zu begegnen.

Im Laufe des Spiels soll die Gruppe aber zu einer Lösung kommen. Auftrag ist, so lange mit Verhaltensänderungen zu experimentieren, bis alle Sitzungsteilnehmer mit der neuen Tagungskultur zufrieden sind.

4. Selbstreflexion
Die Teilnehmer gehen aus den Rollen heraus, alle sind wieder sie selbst. In einer Selbstreflexion übersetzt jeder für sich das Geschehene und Erlebte ins ‚richtige Leben' und nimmt sich für die Zukunft eine Veränderung vor.

Beispiel: Firmeninternes Teamentwicklungsseminar

Kontext
Die Teilnehmenden sind vorbereitet. Sie wissen, dass mit Methoden der Clownerie an ihren Fragestellungen gearbeitet werden wird.

Vorgehen
1. Vorbereitung und Problemdarstellung
Das Seminar beginnt mit einem clownesken Aufwärmtraining als Einführung in die Sichtweisen des Clowns. Anschließend erarbeitet die Gruppe das Problem: Wo ‚klemmt' es in der Teamarbeit?

2. Clowneske Überzeichnung
Sind die Schwierigkeiten zusammengetragen, bekommen die Teilnehmenden den Auftrag, mit Hilfe von symbolischen Gegenständen auf einer Bühnenfläche ein ‚Jammertal' aufzubauen, das geeignet ist, den jammervollen Zustand des Teams abzubilden. Dort versammeln sich dann alle in Maskerade, um nach Herzenslust und Clownesart zu jammern. Fängt die Gruppe an zu lachen (was schnell passieren kann), muss sie das Jammertal verlassen.

3. Reflexion
Die Teilnehmer legen ihre Rollen ab, werden wieder sie selbst. Es folgt ein Auswertungsgespräch: Was war das Tragische / was war

das Komische im ‚Jammertal'? Welche Komik hat die Problemlage / der schlechte Zustand / die Umgangsweise des Teams?

4. Lösungsphase

Aufgabe der Gruppe ist es nun, Lösungen zu finden. Wie kommen wir aus dem ‚Jammertal' heraus? Wieder werden Gegenstände zusammengetragen – diesmal sollen sie Lösungsansätze symbolisieren. Mit Hilfe dieser Requisiten wird nun ein ‚Hoffnungstal' aufgebaut ...

Kommentar:

Clowneske Sichtweisen tun Menschen und Themen gut. Denn sie stutzen die Dinge auf das richtige Maß zurecht und bringen Menschen dabei zurück ‚auf den Teppich'. Wie das geschieht, können Sie sich (ideal-)bildlich so vorstellen: Ein zu bearbeitendes Thema wird zunächst ‚aufgeblasen', die Situation oder das Problem durch clowneske Überzeichnung regelrecht ‚aufgebläht' – bis sich die Sache kurz vorm Platzen befindet. Dann aber weicht der Druck einem befreienden (Ab-)Lachen – und mit ihm wunderbarerweise all die überschüssige (dicke und heiße) Luft, die bisher den Blick verstellt, den Prozess behindert oder die Lösung unmöglich gemacht hat.

Zahlreiche Varianten, diesen Prozess anzulegen, sind denkbar. Immer aber gilt dabei: Die Teilnehmer werden nicht zu Clowns, sondern sie arbeiten mit den Mitteln des Clowns (die Seminarleitung kommt auch nicht, wie man meinen könnte, im Clowns-Ornat, sondern in ziviler Kleidung.).

Für den Erfolg und das Gelingen einer solchen Arbeit müssen die Teilnehmenden (beim Clownspiel mehr noch als beim Theaterspiel) ihre Scheu überwinden und diese sehr ungewöhnliche Vorgehensweise von der Seminarleitung vertrauensvoll annehmen. Und da liegt für den ‚normalen' Trainer der Hase im Pfeffer: Denn damit es zum befreienden Ablachen kommen kann, muss, wer die Clownerie als Instrument einsetzt, nicht nur Kompetenzen als Trainer/in mitbringen sondern auch Glaubwürdigkeit und Autorität als Clown. Der ‚Künstlerbonus' schafft zusätzliche Akzeptanz.

Clownerie

▶ Ziele:
Thema bearbeiten, Lösungskreativität und -Fantasie fördern.

▶ Eignung:
Teamentwicklung, Verhaltenstraining, Veränderungsprozesse, ...

▶ Kommunizierbar gegenüber Kunden:
Gut, mit Künstlerbonus und wenn die Seminarleitung eine Autorität als Clown darstellt.

▶ Akzeptanz bei TN:
dito.

▶ Aufwand:
Wenig.

▶ Potenzial:
Das durch die Überzeichnung mögliche Zurechtrücken der Dinge. Die Chance auf kreative, fantasievolle Lösungen.

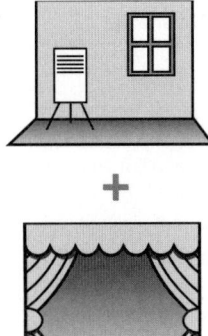

Erzähltheater

Kurzbeschreibung:

Das Erzähltheater zeichnet sich durch pures Erzählen aus. Das Theaterstück wird lebendig durch die Stimme, Gesten, Mimik und Bewegung – nur mit ihrer Hilfe bekommt das Stück Charakter. Es werden keinerlei Requisiten benutzt. Ein guter Erzähler vermag bei den Zuhörern innere Bilder zu wecken, in denen die Aussage des Stückes sichtbar und hörbar wird. Wer zum Beispiel einmal in einem dem Erzähltheater verwandten Metier – dem Hörspiel – Rufus Beck hat ‚Harry Potter' vortragen hören, weiß, wovon hier die Rede ist.

Einsatz:

Von früher aus der Schule ist, wenn nicht sogar das Erzähltheater selbst, so doch eine weitere verwandte Form dieser Theaterform bekannt: Das Rezitieren von Gedichten. Wie ein Textbuch wurden die Gedichte auswendig gelernt, um sie dann möglichst stimmungsvoll, ihrer Bedeutung entsprechend, zu interpretieren und rezitieren.

Das Huhn

In der Bahnhofhalle,
nicht für es gebaut,
geht ein Huhn
hin und her ...
Wo, wo ist der Herr
Stationsvorsteh'r?
Wird dem Huhn
man nichts tun?
Hoffen wir es!
Sagen wir es laut:
dass ihm unsere Sympathie
gehört,
selbst an dieser Stätte,
wo es – STÖRT!
(Christian Morgenstern)

Ganz ähnlich können Sie beim Erzähltheater vorgehen: Einzelne oder Kleingruppen bekommen ein kurzes Stück, dem sie eine Bedeutung geben, das sie dann einstudieren und anschließend vortragen. Eine schöne Präsentationsidee und gleichzeitig eine gute Übung ist es, wenn das gleiche Stück aus verschiedenen Situationen, Rollen oder Bedeutungszusammenhängen heraus mehrfach erzählt wird. Gert Fröbe und in seiner Nachfolge Werner Müller tun dies auf geniale Weise mit Christian Morgensterns Gedicht ‚Das Huhn'. Sie rezitieren es als Vortragskünstler um die Jahrhundertwende (zum 20. Jahrhundert) und aus der Sicht eines hungrigen ‚Otto Normalverbrauchers'.

Erzähltheater kann auch ein Teil eines Theaterstücks sein – indem z.B. ein Moderator seine Zwischentexte erzählend vorträgt.

Kommentar:

Aufgrund der großen Bedeutung von Stimme, Mimik, Gestik und Bewegung eignet sich das Erzähltheater hervorragend als Übungsmethode im Rhetorik- oder Präsentationstraining. Das besondere Potenzial liegt dabei in der Reduzierung auf sich selbst und die eigenen Ausdrucksmittel. Der ‚Auftritt', die Wirkung, die Ausdrucksfähigkeit und dabei die Stärken und Schwächen der Einzelnen lassen sich beobachten, auf Anforderungen in Berufssituationen übertragen und auswerten. Die Rückmeldungen geben Aufschluss über die Außenwirkung und -wahrnehmung und weisen auf individuelle Entwicklungsmöglichkeiten hin.

Erzähltheater

▶ Ziele:
Inhalte vermitteln oder Auftritt einüben.

▶ Eignung:
Verhaltenstraining, z.B. Rhetorik , Präsentation, ...

▶ Kommunizierbar gegenüber Kunden:
Gut, über den Lerneffekt.

▶ Akzeptanz bei TN:
Gut, über den Lerneffekt.

▶ Aufwand:
Keiner.

▶ Potenzial:
Die Rückbesinnung des Darstellers auf sich selbst und die eigenen Ausdrucksmittel.

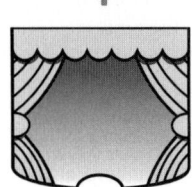

Figurentheater

Kurzbeschreibung:

Im Figurentheater sind die Darsteller verschieden gestaltete, häufig selbst hergestellte Puppen oder Marionetten. Die Figuren lassen sich in Handpuppen, Stabpuppen und Gliedermarionetten differenzieren. Ein individuell gestaltetes Bühnenbild, Beleuchtung, Musik, Geräusche, die Sprache, sowie die Art der Führung der Puppen verleihen jedem Stück seinen eigenen Charakter.

Einsatz:

Beginnen Sie mit der Auswahl des Stücks und der Herstellung der passenden Figuren. Alle Varianten sind möglich: Sie können auf eine bereits existierende Geschichte zurückgreifen oder auch (gemeinsam mit der Gruppe) das Stück selbst entwickeln. Es ist sogar möglich, umgekehrt ranzugehen – die Teilnehmer haben bereits die Figuren und diese dienen als Anregung für das Stück. Während einige Personen das Stück entwickeln und einüben, können sich andere um den Bau und die Gestaltung der Bühne und die Beleuchtung kümmern.

Kommentar:

Das Figurentheater ist klein und überschaubar, eine eigene Welt kann gestaltet und mit Distanz, quasi von oben, betrachtet werden. Reizvoll ist daher die Idee, ein Figurentheater-Projekt als Teamentwicklungsmaßnahme stellvertretend für ein im richtigen Leben zu bewältigendes Projekt zu initiieren. Ergebnis und Prozess können dann ausgewertet und die Erkenntnisse auf die Berufssituation übertragen werden (s. auch „Schattentheater").

Für die Darsteller entfällt weitgehend das Lampenfieber, denn sie können agieren, ohne selbst im Vordergrund zu stehen. Die Theaterform kommt daher den Menschen entgegen, die nicht gerne selbst auf der Bühne stehen und scheu sind im Umgang mit dem Publikum.

Einen anderen, bedeutsamen Aspekt liefert die Figur selbst: Die Puppe ist eine „sinnbildliche Darstellung des Menschen. Wie jedes Sinnbild verfügt sie über die Kraft der Abstraktion. Diesen Kunstgriff, um Lebenswahrheit zu enthüllen, gab es immer in der Kunst und wird es immer geben." (7)

Konkret heißt das zum Beispiel: Puppen dürfen andere Sachen sagen als Menschen, sie dürfen offen, frech und respektlos sein. Und darin sehen wir (neben dem Aspekt der Überschaubarkeit) auch das besondere Potenzial des Figurentheaters: Ähnlich, und doch auf andere Weise als bei der Verfremdung, können auch unangenehme ‚Wahrheiten' zur Sprache und auf den Punkt gebracht werden. Für die Darsteller geht jedoch die emotionale Ebene durch das direkte Erleben verloren. Das muss nicht unbedingt ein Nachteil, sondern kann, je nach Gruppe, Thema und Situation, durchaus sinnvoll und einkalkuliert sein. Eine andere, echte Schwierigkeit ist jedoch diese: Figurentheater klingt für viele Menschen nach Kindergarten – und ganz besonders dann, wenn Sie von ‚Puppen' oder gar von ‚Puppentheater' sprechen. Wovon wir Ihnen dringend abraten ...

Figurentheater

▶ Ziele:
z.B.: Thema bearbeiten.

▶ Eignung:
Teamentwicklung, ...

▶ Kommunizierbar gegenüber Kunden:
Kann schwierig sein. Begriff ‚Puppe' vermeiden! Ziele deutlich machen und argumentieren, dass das Figurentheater ein Arbeitsmittel ist.

▶ Akzeptanz bei TN:
Kann schwierig sein. Anmoderation gut vorbereiten.

▶ Aufwand:
Aufwendig, wenn Figuren und Bühne selbst gebaut werden.

▶ Potenzial:
Die Figur kann als Sprachrohr für unangenehme ‚Wahrheiten' dienen. Überschaubarkeit und Möglichkeit der distanzierten Betrachtung.

Forumtheater

Kurzbeschreibung:

Erfinder ist Augusto Boal, ein südamerikanischer Schauspieler und Intendant, der über diese Methode die politische Mündigkeit der Bürger in seinem Land fördern wollte. (2)

Im Forumtheater werden von Schauspielern Szenen zu beliebigen, vom Publikum genannten Themen entwickelt, die anschließend auf der Bühne vorgespielt (improvisiert) werden. Die Szenen können durch das Publikum unterbrochen oder gestoppt werden. Denn die Zuschauer/innen sind aufgefordert, Handlungs- und Lösungsvorschläge zu machen, die sie dann im Rollentausch auf der Bühne ausprobieren können.

Einsatz:

Diese äußerst kommunikative Theaterform kann wunderbar im Unternehmenstheaterprojekt eingesetzt werden, sie eignet sich in etwas abgewandelter Form aber auch sehr gut als Methode im (Verhaltens-)Training. Das Forumtheater wird dann so angepasst, dass nicht Schauspieler, sondern die Teilnehmenden selbst in Kleingruppen Szenen vorbereiten, in denen eine Problematik vorgestellt, aber nicht gelöst wird. Gemeinsam mit dem Publikum werden Handlungsvorschläge erarbeitet und experimentell erprobt. *(Ein praktisches Beispiel finden Sie in: Wie setze ich Theaterelemente in gängige Trainings ein?, S. 28 f.).*

Wichtig: Setzen Sie das Forumtheater nur in Situationen ein, wo wirklich nach Lösungen gesucht wird, niemals aber, wenn es eigentlich auf eine bestimmte Sache hinauslaufen soll.

Kommentar:

Eine tolle Methode im Training und zwar immer dann, wenn es um Verhalten in Problemsituationen geht und es keine einfachen Antworten gibt.

Ihr besonderes Potenzial liegt in der Chance auf kreative, auch individuelle, auf einzelne Personen abgestimmte, wirklich praktikable Lösungen. Denn es bleibt nicht beim lauten Denken, sondern vielmehr werden die Ideen gleich handelnd ausprobiert. Dabei erleben die Teilnehmer auch, dass es einfach ist, großartige Heldentaten vorzuschlagen, und dass es ungleich schwieriger ist, sie auch in die Tat umzusetzen.

Das Forumtheater braucht eine gute Moderation und lebt vom lebendigen Wechsel zwischen Experiment und Reflexion. Es lässt sich hervorragend an verschiedene (Trainings-)Situationen anpassen.

Forumtheater

▶ Ziele:
Thema bearbeiten.

▶ Eignung:
Verhaltenstraining, z.B.: Gesprächsführung, Konfliktmanagement, Rhetorik, Präsentation, Moderation, Train-the-trainer, Führung, ...

▶ Kommunizierbar gegenüber Kunden:
Gut, über den Lerneffekt.

▶ Akzeptanz bei TN:
Gut, über das Experimentieren und die Praxisnähe.

▶ Aufwand:
Keiner.

▶ Potenzial:
Die Chance auf kreative, individuelle, auf einzelne Personen abgestimmte, praktikable Lösungen.

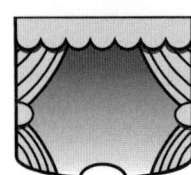

Improvisationstheater

Kurzbeschreibung:

Im Improvisationstheater gibt es kein festes Stück, keine Dialoge, nicht einmal ein Grundgerüst oder einen roten Faden. Rein assoziativ, z.B. auf Stichwort, werden spontan kleine Geschichten, Situationen oder Begebenheiten in Szene gesetzt. Es werden die Requisiten und Gestaltungselemente genutzt und fantasievoll umgedeutet, die gerade zufällig zur Hand sind. Eine Idee ist, über das Improvisieren die Flexibilität und Spontaneität zu fördern, die dann im richtigen Leben hilft, überraschende Situationen kreativ zu meistern. Es kann aber auch eingesetzt werden, um eine bestimmte Wirkung beim Publikum zu erzielen *(s. TOI, S. 87)*. Improvisiert werden kann auf der Basis verschiedener Theaterformen, z.B. als Sprechtheater, als Pantomime oder als Maskenspiel.

Unter dem Oberbegriff Improvisationstheater werden auch verschiedene Spielformen verstanden, wie z.B. Theatersport oder Forumtheater.

Einsatz:

Die Technik des Improvisierens ist grundlegender Bestandteil verschiedener Unternehmenstheaterformen *(s. z.B. Spiegeltheater, S. 76; TOI, S. 87)*. Genauso vielfältig wie die Ideen beim Improvisieren sind die Spielformen und Aufgaben-Varianten, die zum Improvisieren führen.

Beispiele:

▶ Einzelne oder Kleingruppen bekommen drei beliebige Gegenstände und die Aufgabe, zu einem Thema eine kurze Szene zu improvisieren ...

▶ Im Publikum werden zehn Hauptwörter gesammelt und auf Schilder geschrieben. Dann wird ein Thema festgelegt, die Improvisation beginnt. Sobald ein Schild mit einem der Stichworte hoch gehalten wird, muss dieses von den Darstellern spontan und logisch in die Szene eingebaut werden ...

▶ Den Darstellern werden drei verschiedene Bewegungen vorgegeben. Aufgabe ist es, eine Szene zu improvisieren, in die
diese Bewegungen logisch mit eingebaut sind ...

▶ usw.

Kommentar:

Improvisationstheater bzw. Improvisationsaufgaben in spieleri-
scher Form eignen sich wunderbar zur Einstimmung und um ‚warm
zu werden' mit dem Theaterspiel (die meisten darstellenden Spiele
sind nichts anderes als kleine Improvisationstheater). Sie sind aber
auch eine wertvolle Übung in allen Situationen, die Flexibilität,
Schlagfertigkeit und kreatives Verhalten erfordern. Sie können die
Methode daher auch hervorragend in Trainingssituationen (Gesprächsführung, Umgang mit schwierigen Situationen, Moderation,
Train-the-trainer, Präsentation, ...) oder zur amüsanten Abendgestaltung einsetzen.

Improvisationstheater

▶ Ziele:
Atmosphäre schaf-
fen, kreatives, fle-
xibles Verhalten ein-
üben.

▶ Eignung:
Verhaltenstraining,
Fachtraining (als
darstellende Spiele),
Vorbereitung auf
eine Bühnenaktion,
...

▶ Kommunizierbar
gegenüber Kunden:
Gut, über den Lern-
effekt.

▶ Akzeptanz bei TN:
Gut, über den Lern-
effekt.

▶ Aufwand:
Keiner.

▶ Potenzial:
Hervorragende
Übung für alle Situa-
tionen, die Flexibili-
tät, Schlagfertigkeit
und kreatives Verhal-
ten erfordern.

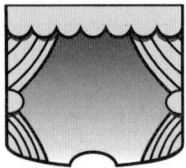

Märchenspiel / Unternehmens-märchen

Kurzbeschreibung:

Das Märchenspiel ist eine Anwendungsform des Rollenspiels. Im symbolischen Spiel werden die Beteiligten in verfremdeter Form mit Problemen konfrontiert, die sie auch in der realen Lebenssituation antreffen. Eine Beobachtung ist, dass die Spieler durch die Darstellung von Märchen zu tieferen, inneren Persönlichkeitsanteilen gelangen und kreative Kräfte mobilisieren, die der Konflikt- und Problembewältigung dienen können. (3) Auch für den Business-Bereich wurde das Märchenspiel als ‚Unternehmens-Märchen' oder ‚Märchen und Management' bereits entdeckt und angepasst (und Elke Schlimbachs Konzept im Jahr 2000 sogar mit dem Meeting Business Award ausgezeichnet). (3)

Die Grundidee: Themen und Konflikte im Unternehmen aufgreifen und einer Lösung zuführen. Über das Märchen soll zeitgleich eine gemeinsame Gesprächsbasis aller Beteiligten über ihre Werte geschaffen werden. Über die Wertediskussion, so das Konzept, lassen sich dann Konflikte lösen und Veränderungen anstoßen.

Einsatz:

Die Märchen werden nach eingehender Recherche (Fragebögen und Interviews) unternehmensspezifisch geschrieben und anschließend inszeniert. Der Inhalt kann als eine Art Bestandsaufnahme charakterisiert werden. Beschrieben wird der Stand der Dinge, die Einbindung der Einzelnen ins Unternehmen und wie die Personen denken und handeln. Die Kunst dabei ist, Ausdrucksweisen und Begrifflichkeiten, die von den Interviewpartnern genannt werden, wörtlich zu nehmen und bildhaft einzubauen. Das Ganze wird übertragen in eine märchenhafte, oft ‚höfische' Welt, die geeignet ist, die hierarchischen Strukturen im Unternehmen abzubilden. „Es geht (...) nicht mehr um das eitel-herablassende Verhalten des Abteilungsleiters Müller, sondern um einen Ritter, der sich täglich die Rüstung von seinem Knappen auf Hochglanz polieren lässt"(3).

Eine Erzählerin trägt das Märchen vor, Schauspieler agieren pantomimisch im Hintergrund oder übernehmen eigene Textpassagen. In einer Variante können statt der Schauspieler/innen auch Mitarbeiter/innen auf der Bühne agieren. Von Vorteil ist dabei die stärkere Einbindung der Teilnehmer, gefährlich werden kann jedoch eine zu geringe Distanz zum Stück. Auf jeden Fall ist diese Variante dann sinnvoll, wenn aufgrund der Probleme im Unternehmen bereits eine Projektgruppe gebildet wurde.

Die Aktion findet im Rahmen einer Unternehmensveranstaltung vor der gesamten Belegschaft statt und ist eingebunden in ein auf das jeweilige Unternehmen abgestimmtes Konzept von Analyse / Bestandsaufnahme, Information der Belegschaft, Maßnahmenentwicklung und -umsetzung. Das Märchen kann innerhalb dieses Prozesses sowohl für die Informationssammlung wie auch für die Darstellung einer Vision und zur Erfolgskontrolle (Was hat sich verändert?) eingesetzt werden. Nähere Infos: www.kommunika.de.

Kommentar:

Eine spannende Methode, die den Betroffenen den Spiegel vorhält, was durchaus auch mal unangenehm sein kann. Durch die Verfremdung und die dadurch geschaffene Distanz können die Betrachter jedoch abstrahieren und es ganz gut aushalten, in den Spiegel zu schauen, womit eine wichtige Basis für Veränderungsbereitschaft und Konfliktlösung geschaffen wird. Und da liegt auch das besondere Potenzial dieser Methode: Sie kann Menschen wieder ins Gespräch und in Bewegung bringen, die aufgehört haben, miteinander zu kommunizieren, die sich festgefahren haben im Denken, Handeln und in ihren Sichtweisen voneinander. Märchen sind immer auf eine Lösung hin ausgerichtet. Das Wesentliche ist die Lösung des Problems – auch dieser Umstand wird genutzt und auf die Unternehmenssituation übertragen.

Wichtig ist eine sorgfältige Recherche, denn beim Märchenstück muss es wirklich darum gehen, Bilder, Meinungen, Stimmungen und Sichtweisen der Menschen aus dem Unternehmen zu zeigen, und nicht die Interpretationen oder Fantasien des Trainers.

Märchenspiel

▶ Ziele: Gesprächsbasis schaffen, Wertediskussion anregen, Konflikte lösen, Veränderungen anstoßen.

▶ Eignung: Veränderungsprozesse, Teamentwicklung, Konfliktsituationen, ...

▶ Kommunizierbar gegenüber Kunden: Kann schwierig sein aufgrund des Begriffs ‚Märchen‘. Wichtig: Die Chancen, die in der Verfremdung liegen, vermitteln.

▶ Akzeptanz bei TN: Gut, bei sensibler Recherche und wenn das Stück ‚den Nerv‘ trifft.

▶ Aufwand: Aufwendig. Sorgfältige Recherche im Vorfeld, Stückentwicklung.

▶ Potenzial: Menschen wieder ins Gespräch bringen, festgefahrene Verhaltens- und Denkstrukturen lösen, Veränderungen anstoßen.

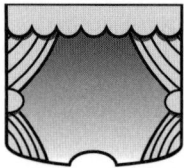 # Maskenspiel

Kurzbeschreibung:

Beim Maskenspiel verleihen Masken den Figuren ihren Charakter. Es gibt Vollmasken, die den ganzen Kopf umschließen, Gesichtsmasken (vom Haaransatz bis zur Halslinie) und Halbmasken, die vom Haaransatz bis zur Mundlinie verlaufen. Theaterspiel mit Masken blickt zurück auf eine lange Tradition. Es lässt sich über Italien zur Zeit der Renaissance (16. Jahrhundert – Commedia dell'arte) und Japan (13. Jahrhundert – No-Theater) bis ins antike Griechenland (ab ca. 500 v. Chr. – Tragödie, Satyrspiel, Komödie) zurückverfolgen. Es gab und gibt bis heute für den Zuschauer wiedererkennbare Typen, aber die Maske hat(te) auch noch eine weitere Funktion: Indem sie das Bild auf das Wesentliche konzentriert, wirkt sie objektivierend.

Beim Spiel kommen die besonderen Eigenschaften der Maske zum tragen. Darsteller mit Voll- oder Gesichtsmaske können nicht sprechen, sie agieren deshalb besser in (musikalisch untermalter) Pantomime oder der Spieler bekommt einen Sprecher im Off. Weil Mimik und Blick fehlen, müssen Haltungen, Gesten und Bewegungen auf den Charakter und die Wirkung der Maske abgestimmt sein. Die Spieler müssen lernen, mit der Maske zu denken und zu handeln, damit aus dem Spiel hinter der Maske das Spiel mit der Maske wird.

Einsatz:

Aufgrund seiner Besonderheiten braucht das Maskenspiel einige Übung. Dabei hilft es, wenn die Spieler sich gegenseitig beobachten, sich Rückmeldung geben und gemeinsam nach neuen Bewegungsformen suchen. Günstig ist es auch, sich nicht sofort festzulegen, sondern mit verschiedenen Masken zu experimentieren.

Für das Unternehmenstheater können wir uns das Maskenspiel am besten kombiniert mit anderen Theaterformen – z.B. mit dem Märchenspiel oder dem Erzähltheater vorstellen. Die Maskenspieler agieren dann eher im Hintergrund und setzen parallel zum Text das pantomimisch um, was gerade erzählt wird. Darüber kann eine beeindruckende Wirkung erzielt werden.

Kommentar:

Ähnlich wie die Clownnase kann auch die Maske wie ein Versteck wirken, die manchem darstellungsscheuen Menschen den Mut einzuflößen vermag, sich auf die Bühne zu stellen. Das gilt jedoch nicht durchgängig. Denn mancher, der mit Masken experimentiert hat, berichtet, dass sich gerade durch das Fehlen der Mimik und des Blicks der Rest des Körpers fremd und wie außer Kontrolle anfühlt.

Das Maskenspiel beeindruckt durch seine enorme Präsenz, wenn es gut gemacht ist. Seine besonderen Potenziale liegen in dem Kontrastreichtum, der Aussagekraft und der Schärfe, die über die Masken transportiert werden können. Sehr deutlich können unterschiedliche Charaktere gezeigt, überdeutlich Positionen bezogen werden. Haben Sie mit Laiendarstellern zu tun, ist es Aufgabe, an der Körpersprache zu arbeiten. Denn Maskenspieler, die einfach nur auf der Bühne herum stehen, verlieren schnell ihre Kraft.

Maskenspiel

▶ Ziele:
Thema bearbeiten.

▶ Eignung:
Kombinieren mit anderen Theaterformen.

▶ Kommunizierbar gegenüber Kunden:
Gut in Kombination mit anderen Theaterformen. Sonst schwierig.

▶ Akzeptanz bei TN:
s.o.

▶ Aufwand:
Nur aufwendig, wenn die Masken selbst hergestellt werden.

▶ Potenzial:
Der Kontrastreichtum, die Aussagekraft und die Schärfe, die über Masken transportiert werden.

Mitarbeitertheater

Kurzbeschreibung:

Dieser Begriff umfasst alle Formen des Unternehmenstheaters, bei denen die Mitarbeiter, auf der Basis welcher Theaterform auch immer, selbst aktiv werden und auf der Bühne stehen. Mitarbeitertheater hebt sich damit ab von den Unternehmenstheaterformen, bei denen Schauspieler die Darstellung übernehmen und die Mitarbeiter das Publikum sind (z.B. bei Business-Kino, Märchen und Management, TOI, ...)

Einsatz:

Meist geht es entweder um die Bearbeitung von Themen (Veränderungsprozesse, Umsatzsteigerungen, ...) oder es steht der Teamaspekt im Vordergrund: z.B. die Verbesserung der Zusammenarbeit, die Zusammenführung von Abteilungen oder die Weiterentwicklung der betreffenden Gruppe zum Team. Die Mitarbeiter werden in der Regel, auf der Basis des Themas, durch Übungen schrittweise an das Theaterspielen herangeführt *(siehe auch: Wie bereite ich eine Gruppe auf das Theaterspielen vor?, S. 187)* und bringen dann ein Stück auf die Bühne, das Ausgangspunkt, Zwischenschritt oder Abschluss eines Prozesses sein kann.

Kommentar:

Mitarbeitertheater ist ein Oberbegriff und kann je nach der gewählten Theaterform grundlegend unterschiedlich gestaltet werden. Deshalb soll es hier lediglich allgemein und in Abgrenzung zu den Formen des Unternehmenstheaters, bei denen Schauspieler auf der Bühne agieren, kommentiert werden:

Das besondere Potenzial sehen wir in der Dynamik des Gruppenprozesses, in der (Team-)Erlebnisqualität und in der emotionalen Beteiligung der einzelnen Teilnehmenden am Geschehen. Selbst gemacht ist selbst gestaltet ist selbst erlebt und in diesem Fall in der kollegialen Gemeinschaft – was einfach eine andere Qualität hat, als anderen nur zuzuschauen.

Allerdings geht dies naturgemäß zunächst einmal zu Lasten der Distanz. Um das jeweilige Thema, um das es geht, adäquat zu bearbeiten, müssen die Mitarbeiter von dem, was sie auf der Bühne zeigen, einen Schritt zurücktreten, um das Ganze aus angemessener Distanz in den Blick nehmen zu können. Dies kann vor oder nach dem Auftritt bzw. prozessbegleitend immer wieder geschehen, je nachdem, ob das Stück als Ausgangspunkt, Zwischenschritt oder Abschluss eines Prozesses gedacht ist. Sie müssen es aber leisten, sonst bleibt die Aktion im Gemeinschaftserlebnis stecken. ‚Erlebnisnähe' und ‚Reflexionsdistanz' sind die Stichworte, die ein Mitarbeitertheater erst zum Erfolg für das Unternehmen machen.

Mitarbeitertheater

▶ Ziele:
z.B. Thema bearbeiten, Zusammenarbeit stärken.

▶ Eignung:
Veränderungsprozesse, Teamentwicklung, ...

▶ Kommunizierbar gegenüber Kunden:
Gut, wenn der Nutzen im Gesamtkonzept deutlich wird.

▶ Akzeptanz bei TN:
Gut.

▶ Aufwand:
Je nach Theaterform und Größe des Projekts.

▶ Potenzial:
Die Dynamik des Gruppenprozesses, die (Team-)Erlebnisqualität und die emotionale Beteiligung der Teilnehmenden am Geschehen.

Mitmachtheater

Kurzbeschreibung:

Mitmachtheaterstücke sind so gestaltet, dass die Zuschauer aktiv mit einbezogen werden, indem sie selbst in eine Rolle schlüpfen und so spontan zu Akteuren werden. Bei dieser Theaterform gibt es streng genommen kein Publikum, denn auch das Publikum ist eine Rolle. Oder anders herum: Alle sind gleichzeitig Akteure und Zuschauer.

Einsatz:

▶ Der/die Regisseur/in verteilt Zettel mit Rollen und ggf. Requisiten und weist den Rolleninhabern ihre Plätze zu.

▶ Zuschauern und Rolleninhabern wird kurz erläutert, wie das Mitmachtheater funktioniert.

▶ Das Theaterstück (das noch niemand kennt) wird nun vom Regisseur / der Regisseurin vorgelesen. Parallel zum Text führen Rolleninhaber und Publikum ihre Aktionen aus.

Auszug aus einem Mitmachtheater

(...) Der Saal ist brechend voll und das Programm schon fortgeschritten, man wartet gespannt auf die Laudatio. Vorne in der ersten Reihe sind Plätze frei. Für wen werden Sie freigehalten? Da hört man Schritte – alle Zuschauer drehen sich nach hinten – und Schirmherrin Angela Merkel betritt an der Seite von Uschi Glas den Saal. Die beiden Damen sind flüsternd in ein Gespräch vertieft. Man hört ein leises Gemurmel im Publikum.

Mit festen Schritten durchqueren die beiden Frauen die Reihen, das Publikum applaudiert, die Damen nehmen Platz. Dann –

Auszug aus einem Mitmachtheater (Fortsetzung)

ein Raunen geht durch den Saal. Denn nun betritt mit frauenbewegter Miene Alice Schwarzer den Saal, begibt sich mit dynamischen Schritten zur Bühne und geht zum Rednerpult. Es wird andächtig still. Dort ein Hüsteln in der letzten Reihe. Hier ein Grunzen, da verhaltenes Gekicher.

Alice Schwarzer blickt auf, lächelt und nickt nach allen Seiten – greift sich dann das Mikrofon. Sie atmet tief ein, öffnet den Mund, um etwas zu sagen, plötzlich hält sie die Luft an, sucht aufgeregt nach einem Taschentuch – und niiiiiiiest! Dabei müssen ihr die Kontaktlinsen rausgefallen sein, denn sie wird ganz nervös und sucht auf dem Boden rum – auf einmal hat sie auch etwas gefunden, was sie triumphierend in die Höhe hält – und da klatscht das Publikum.

Und weil das Publikum klatscht, denkt Sabine Christiansen, sie sei dran, die Laudatio zu halten. Sie kommt herein, während Alice Schwarzer entgeistert dasteht, und stellt sich in seriöse Pose. Im Publikum, besonders auf der rechten Seite, entsteht Unruhe. Von links hört man ungehaltene ‚schschscht schschscht-Rufe'. Plötzlich merkt Sabine Christiansen, dass etwas nicht stimmt. Sie sieht Alice Schwarzer, die etwas hilflos dreinschaut – jetzt merkt sie, dass sie zu früh gekommen ist und steht starr vor Schreck. Sofort fängt sie sich, rettet die Situation mit einer witzigen Bewegung, wirft den Kopf in den Nacken und zieht sich mit elegantem Hüftschwung zurück.

Das Publikum johlt.

Alice Schwarzer ist dies etwas peinlich, aber sie behält die Fassung, rückt ihre Frisur zurecht und greift abermals nach dem Mikro. Sie holt Luft, spricht eine Begrüßung und stellt fest, dass das Mikro nicht geht. (...)

Mitmachtheater

▶ Ziele:
Spaß, Gruppenerlebnis.

▶ Eignung:
Einstimmung oder Abendprogramm bei Trainings / Veranstaltungen.

▶ Kommunizierbar gegenüber Kunden:
Gut, außerhalb des offiziellen Programms.

▶ Akzeptanz bei TN:
Gut.

▶ Aufwand:
Story schreiben, ggf. Requisiten beschaffen.

▶ Potenzial:
Nettes, amüsantes Gruppenerlebnis.

Kommentar:

Das Mitmachtheater ist eine schöne, recht unaufwendige Methode, um z.B. in ein Programm oder eine Veranstaltung einzustimmen oder um den Trainingstag mit einem abendlichen ‚Mini-Event' ausklingen zu lassen. Es eignet sich vorwiegend als Belustigung, als ein nettes, amüsantes Gruppenerlebnis. Es lebt von einer witzigen, passgenauen Story, bei der etwas passiert – und zwar auch im Publikum, denn dieses muss beschäftigt werden. Die unterschiedlichsten Geschichten sind denkbar. Passen Sie das Mitmachtheaterstück aber auf jeden Fall thematisch an die Veranstaltung, die Situation bzw. das Unternehmen an.

Pantomime

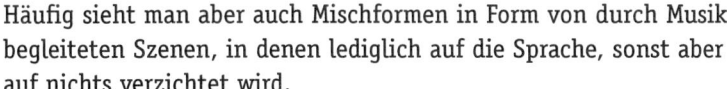

Kurzbeschreibung:

Die Pantomime bedient sich nur der ‚wortlosen Sprache'. Der klassische Pantomime braucht nichts, außer seinem Körper. Er erschafft damit Charaktere, Handlungen, imaginäre Gegenstände, Kraft und Raum. Damit das Publikum die Pantomime verstehen kann, werden Haltungen, Bewegungen, Gestik und Gefühle sehr extrem und akzentuiert gezeigt. Die Mimik wird meist zusätzlich durch eine (geschminkte) Maske unterstützt, die Kleidung soll nicht ablenken, ist deshalb schlicht, meist schwarz oder weiß. Hinter der klassischen Pantomime steckt ein immenses Training und großes sowohl technisches wie dramatisches Können.

Häufig sieht man aber auch Mischformen in Form von durch Musik begleiteten Szenen, in denen lediglich auf die Sprache, sonst aber auf nichts verzichtet wird.

Einsatz:

Die meisten darstellenden Spiele sind pantomimisch angelegt, weil es nämlich darum geht, nonverbal Begriffe oder Situationen darzustellen, die von den Zuschauern erraten werden sollen. Ein praktisches Beispiel für ein Pantomimenspiel, die ‚Zuschauerpantomime', finden Sie im Abschnitt: *Wie bereite ich eine Gruppe auf das Theaterspielen vor?, S. 187.*

Eine anderes schönes Beispiel, die Pantomime einzusetzen, ist, parallel in Kleingruppen (2-3 Personen) kleine pantomimische Szenen zu einem Titel, z.B. ‚Die Ordensverleihung', entwickeln zu lassen und diese dann anschließend zu einem Stück zu verbinden. Eine Zwischenszene, die sich immer wiederholt, hält das Stück zusammen: Darin wird einer Person feierlich ein Orden verliehen, die Szene wird eingefroren, dann in einem Rückblick die Situation gezeigt, die zum Orden geführt hat. Zwischenszene: Die nächste Person bekommt ihren Orden, einfrieren, Rückblick, usw. Auf diese Weise ist es möglich, relativ unaufwendig ein ganzes zusammenhängendes Stück zu produzieren.

Vorgehen:

▶ Kleingruppen bekommen die Aufgabe, eine Szene zum Thema ‚Ordensverleihung' zu entwickeln, d.h. es soll die ‚Heldentat' erdacht und gespielt werden, die dazu führt, dass der Orden verliehen wird. (30')

▶ Die Spielleitung geht durch die Gruppen und berät bei der Inszenierung. Wichtig: die Musikauswahl. Denn den Szenen kann durch die passende Musik viel Humor, Dramatik und Dynamik verliehen werden. Die Musik macht die den Darstellern fehlende Technik und Routine wett.

▶ Die Szenen werden gegenseitig präsentiert, Riesenapplaus, Feedback mit Tipps zur Überarbeitung. (pro Gruppe 10')

▶ Einführung der Zwischenszene, Stellprobe. (15')

▶ Überarbeitung der Szenen in Kleingruppen mit Musik(auswahl). (45')

▶ Stellprobe, Zusammenstellung des Stückes, Generalprobe (60')

▶ Gemeinsame Vorstellung. (30'), evtl. Aufnahme auf Video.
Dauer des Ganzen: 3 – 4 Stunden

Die Autorin hat dies schon mehrfach durchgeführt und auf diese Weise viele amüsante Situationen kennen gelernt, für die man einen Orden bekommen könnte.

Beispiele:

▶ Beim Bananenwettessen gewonnen.

▶ Sich beim Ski-Abfahrtslauf fair verhalten, dabei den sicheren Sieg auf's Spiel gesetzt (vgl. Kasten).

▶ 10 Kinder groß gezogen.

▶ Einen riesigen Fisch gefangen.

▶ Jemanden aus einem brennenden Haus gerettet (vgl. Kasten).

▶ Eine Sektglaspyramide auf der Nase balanciert.

▶ Jemanden vor dem Selbstmord bewahrt und anschließend geheiratet.

Nach diesem Schema können Sie auch zu anderen Themen Szenen entwickeln lassen. Wichtig ist es, das Oberthema an die Situation anzupassen. Die Ordensverleihung wird z.B. zur ‚Ehrung für besondere Verdienste in unserem Unternehmen'. Und schon gibt es anschließend Gesprächsstoff ...

Anlässe zur Ordensverleihung (zwei Beispiele)

Das Skirennen

Musik: Starlight-Express – Das erste Rennen

Die weltberühmten Skiprofis Nadia und Martin haben sich gegenseitig zum Skirennen herausgefordert. Siegesgewiss betreten sie die Piste, schnallen die Ski an, ziehen Helm und Handschuhe an. Das Rennen wird angezählt (Playback), dann geht's los in atemberaubendem Tempo. Zunächst noch gleichauf, zeigt sich schon bald, dass Nadia die schnellere ist. Nach einem todesmutigen Sprung über einen Hügel hat sie sich endgültig durchgesetzt. Doch kurz darauf stürzt Martin schwer zu Boden (Musik-Stopp). Die schnelle Nadia, die sich hin und wieder umblickt, sieht den Gestrauchelten und fühlt plötzlich Mitleid. Sie bremst, steigt hoch zu Martin, hilft ihm auf, stellt ihn wieder auf die Ski, putzt ihm die Nase und den Schnee ab. Dann ermuntert sie ihn, das Rennen fortzuführen, was auch geschieht (Musik an). Nun ist aber Martin schneller und gewinnt schließlich. Als er jedoch die enttäuschte Nadia sieht, zeigt er sich ganz von der ritterlichen Seite: Nadia bekommt den Sieg und dafür haben sich beide einen Orden verdient.

Rettung aus höchster Not

Musik: Ouvertüre Wilhelm Tell, Tarzanschrei

Der junge, fesche Henning geht nichts Böses ahnend spazieren, als er plötzlich über sich panische Schreie hört. Aus dem 18. Stock des Hochhauses, an dem er gerade vorbeigeht, schlagen Flammen, und die hübsche Sabine steht schreiend am Fenster. Henning zögert nur kurz, dann stürzt er zur Tür rein und macht sich ans Treppensteigen. Inzwischen sind jedoch auch noch andere Passanten auf das Unglück aufmerksam geworden. Eine davon heißt zufällig auch Sabine und organisiert ein Sprungtuch. Sabine am Sprungtuch macht Sabine am Fenster Mut zu springen, diese aber hat Angst. Henning läuft inzwischen Treppen. Schließlich springt Sabine aber doch, kurz bevor der mutige Henning sich durch Qualm und Feuer zu ihr durchkämpfen konnte. Als Henning am Fenster ankommt, ist Sabine längst unten bei der anderen Sabine. Mit einem markerschütternden Tarzanschrei stürzt Henning sich ebenfalls in die Tiefe.

Pantomime

▶ Ziele:
z.B.: Thema bearbeiten, Spaß haben, Teamentwicklung, Feedback geben.

▶ Eignung:
Verhaltenstraining, z.B.: Körpersprache, Teamentwicklung...; Fachtraining (als darstellende Spiele), ...

▶ Kommunizierbar gegenüber Kunden:
Gut, wenn es gelingt, den Nutzen deutlich zu machen.

▶ Akzeptanz bei TN:
s.o.

▶ Aufwand:
Je nach Vorhaben.

▶ Potenzial:
Die Unaufwendigkeit im Verhältnis zum Eindruck, der erzielt werden kann. Die vielfältigen Einsatzmöglichkeiten im Training.

Kommentar:

Die pantomimische Arbeit ist für viele Menschen, verglichen mit anderen Theaterformen, einfacher, weil es keinen Stress mit der Sprache gibt. Manche Menschen geraten aber auch gerade dadurch unter Druck, dass sie auf die Ausdrucksmöglichkeiten des Körpers reduziert werden und Worte nicht mehr zur Verfügung haben.

Große Vorteile liegen in der Unaufwendigkeit, weil auf Kostüme und Requisiten, sogar auf Schminke verzichtet werden kann. Von Vorteil für die Wirkung ist allerdings einheitliche Kleidung, aber selbst das ist kein Muss. Unverzichtbar ist aber die Musik – in ihrem Einsatz liegt auch der Charme der Sache. Denn wenn die Musik passt, ist es relativ einfach, einer pantomimischen Szene eine runde Wirkung zu verleihen, ohne dass die Darbietung perfekt sein muss. Ein vielseitiges musikalisches Repertoire und die Kenntnis darüber gehören also unbedingt in Ihr Gepäck *(Anregungen finden Sie im Fundus: Liste Musiktitel, S. 306).*

Im Training eignet sich die Pantomime in Form von darstellenden Spielen sehr gut, z.B. zur aktivierenden Einstimmung in ein Thema, zur Auflockerung, zur Gestaltung eines förderlichen Lernklimas und zur Wiederholung von Fachbegriffen *(siehe auch: Wie bereite ich eine Gruppe auf das Theaterspielen vor?, S. 187).*

Parodienspiegel

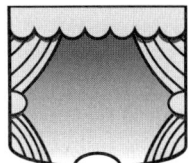

Kurzbeschreibung:

Die Idee des Parodienspiegels (von Emil Herzog) ist es, Firmenangehörige mit einem humorvollen Spiegelbild ihres Unternehmens und der Menschen darin zu konfrontieren und zu erfreuen. Die dazu nötigen Informationen werden im Vorfeld über einen Fragebogen recherchiert. Auf einer Firmenveranstaltung wird der Parodienspiegel dann zum Besten gegeben. Urkomisch, auf den Punkt gebracht, aber immer respektvoll.

Einsatz:

Schon durch den Fragebogen, über den der Kabarettist die für die Parodie nötigen Informationen recherchiert, wirft die Vorstellung ihre Schatten voraus. Denn dieser fällt aus dem Rahmen, ist ungewöhnlich vergnüglich und weckt schon im Vorfeld neugieriges Interesse. Die Informationen werden dann verdichtet, mit Gags angereichert und in einer 20- bis 40-minütigen parodistischen Darbietung verarbeitet.

Einsatzmöglichkeiten sind vor allem größere Unternehmensveranstaltungen: Kick-offs, Jubiläen, Markt- und Produktevents, usw. Der Parodienspiegel kann als Auftakt der Veranstaltung das Publikum in Stimmung bringen, als emotionaler Schub die Herzen öffnen und erwärmen, oder, z.B. im Anschluss an einen bedeutungsvollen Vortrag, die Zuschauer wieder ,erden'.

Kommentar:

Der Parodienspiegel ist eine spielerische Visualisierung auch der heiklen Themen des Unternehmens – ein spannender, unkonventioneller Impuls in witziger, amüsanter Form, durchaus mit Tiefsinn, aber (vordergründig!) ohne tieferen Anspruch. Hintergründig wird der Finger jedoch sanft reizend und auch mal provokant auf die wunden Punkte gelegt. Der Kabarettist, der von außen kommt, kann sich das erlauben – er braucht nicht zimperlich sein, darf mit

Parodienspiegel

▶ Ziele:
Humorvoll Feedback
geben, Veranstaltun-
gen auflockern, Men-
schen emotional in
Bewegung bringen,
‚enteisen', visualisie-
ren, unterhalten.

▶ Eignung:
Große Veranstaltun-
gen von Unterneh-
men.

▶ Kommunizierbar
gegenüber Kunden:
Gut.

▶ Akzeptanz bei TN:
Gut.

▶ Aufwand:
Recherche im Vor-
feld.

▶ Potenzial:
Menschen gewinnen
einen neuen Blick
auf ihr Unterneh-
men. Spricht ganz-
heitlich an auf der
bewussten und un-
bewussten Ebene.

Witz und doch schonungslos Seiten des Unternehmens zeigen, von denen zwar alle wissen, über die aber sonst nur hinter vorgehaltener Hand in der Kantine gesprochen wird.

So kann sich, wer offen ist, einer tieferen Wirkung nicht entziehen, vielleicht bleibt manchem sogar das Lachen im Halse stecken. Beinahe automatisch entsteht Gesprächsbedarf und das ist schon der Beginn einer Auseinandersetzung um Firmenkultur, Potenziale und heikle Punkte im Unternehmen. Besonders effektvoll wirkt der Parodienspiegel bei größeren Veranstaltungen, denn dort findet er die Energie, die er braucht.

Wichtig: Der Parodist muss etwas vom Business verstehen, sonst erzählt er an den Themen, die unter den Nägeln brennen, vorbei. Nähere Informationen: www.Emil-Herzog-live.ch.

Schattentheater

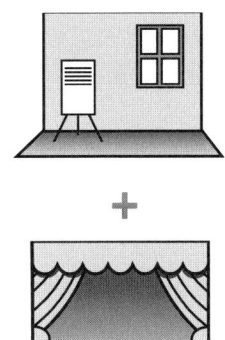

Kurzbeschreibung:

Diese Theaterform lebt von den Effekten, die sich mit Licht und Schatten erzielen lassen. Um die Wirkung zu erreichen, ist einiges an Technik notwendig. Gebraucht werden eine Leinwand und Scheinwerfer. Agieren Personen dicht hinter der Leinwand, während diese von hinten beleuchtet wird, so sehen die Zuschauer vorne die Bewegungen als Schattenspiel. Je näher die Darsteller der Leinwand sind, desto schärfer erscheinen die Konturen. Kommt also eine Person von hinten auf die Leinwand zu, so wirkt sie zunächst wie ein unscharfer Riese, immer kleiner und schärfer werdend.

Beleuchtet man die Leinwand jedoch mit einem Scheinwerfer von vorne, bleibt sie weiß – die dahinter agierenden Personen sind unsichtbar. Mit diesem einfachen Prinzip lassen sich beim Schattenspiel Geschichten erzählen und Effekte zaubern.

Die Methode kann auch in einer ‚Miniatur-Variante' angewendet werden: Ähnlich wie beim Figurentheater wird dann eine kleine, kastenförmige Schattenspielbühne gebaut – als Lichtquelle reicht eine Schreibtischlampe. Spielfiguren und Formen werden aus Pappe angefertigt und mithilfe eines festen Führungsdrahtes, der von hinten auf die Figur geklebt wird, bewegt.

Beispiel Spielfiguren

Der Führungsdraht wird von hinten an die Figur geklebt.

Aufbau einer Schattentheater-Bühne

Einsatz:

Eine interessante Möglichkeit, das Schattentheater (Miniatur-Variante) zu nutzen, ist, es als eine Projektaufgabe in der Teamentwicklung aufzubereiten und einzusetzen.

Dazu wird die Gruppe aufgeteilt in Projektteam und Beobachter. Aufgabe des Projektteams ist es, innerhalb eines vorgegebenen Zeitrahmens zu einem vorgegebenen Thema ein Schattenspiel zu entwickeln, das pünktlich zur Uhrzeit X vorgeführt wird. Die Beobachter betrachten das Geschehen von außen und machen sich Notizen. Anschließend werden Prozess und Ergebnis ausgewertet.

Das Ganze kann auch parallel in mehreren Kleingruppen stattfinden. Je nach Zielsetzung und Gruppe können Sie feste Rollen vergeben (Regisseur, Bühnenbildner, Figurenbauer, Spieler, Beleuchter, ...) oder aber die Gruppe ohne weitere Anweisungen arbeiten lassen. Das Ergebnis kann auf Video aufgenommen und den Teilnehmenden anschließend zur Verfügung gestellt werden.

Kommentar:

Ob Miniatur-Variante oder große Variante: Ein Schattentheater braucht erstaunlich viel Präzision und Disziplin, weil jede Bewegung, jede kleine Veränderung vom Publikum überdeutlich und klar gesehen werden kann. Damit sie Charakter kriegen und der Schatten kontrastreich rüberkommt, müssen Personen und Figuren (im Profil) eng an der Leinwand bleiben.

Und: Es muss auf kleinstem Raum kooperiert werden.

Für die Darsteller bietet die Leinwand, die den Spieler vom Publikum trennt, eine Art Schutzmauer. Niemand ist direkt zu sehen und das mindert das Lampenfieber.

Wegen seiner Komplexität – bei gleichzeitiger Überschaubarkeit – und der hohen Anforderungen an Teamwork und Disziplin, können wir uns die Miniatur-Variante sehr gut als eine beobachtbare Teamentwicklungsaufgabe vorstellen (s.o.). Gerade der Aspekt, dass die Aufgabe wahrscheinlich manchen Teilnehmer erst einmal befremden wird, kann das Ganze besonders interessant und Gewinn bringend machen. Wie wirkt sich das auf Gruppe, Prozess und Ergebnis aus? Was kann / muss getan werden, um alle ins Boot zu holen?

Schattentheater

▶ Ziele:
z.B.: Thema bearbeiten.

▶ Eignung:
Teamentwicklung, ...

▶ Kommunizierbar gegenüber Kunden:
Kann schwierig sein. Ziele deutlich machen – und dass das Schattentheater ein Arbeitsmittel ist.

▶ Akzeptanz bei TN:
Kann schwierig sein. Anmoderation gut vorbereiten.

▶ Aufwand:
Aufwendig, wenn Figuren und Bühne selbst gebaut werden.

▶ Potenzial:
Die Figuren können Sprachrohr für unangenehme ‚Wahrheiten' sein. Überschaubarkeit und Möglichkeit der distanzierten Betrachtung (Miniatur-Variante).

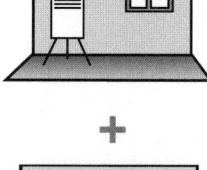

Seminartheater

Kurzbeschreibung:

Seminartheater wird eine Theaterform genannt, die für Unternehmen entwickelt wurde, um die Teamfähigkeit der Mitarbeiter zu stärken oder um an Problemen innerhalb der Firma zu arbeiten. In den Theaterszenen übernehmen die Mitarbeiter Rollen des Vorgesetzten, des Kollegen oder des Kunden. Es werden Situationen genau so nachgespielt, wie sie sich im Alltag abspielen. Die zuschauenden Teilnehmer betrachten die Sache bewusst aus der Distanz, mit dem Blick von außen. Sie haben anschließend die Aufgabe, die Darsteller zum optimalen Verhalten hin zu beraten.

Einsatz:

Wenn Sie diese Methode firmenintern anwenden, können Sie neben dem Aspekt der Themenbearbeitung auch den Aspekt der Teamentwicklung für sich nutzen. Aber auch in offenen Seminargruppen ist der Einsatz des Seminartheaters durchaus eine Überlegung wert. Denn die kollegiale Beratung kann gewinnen durch den Abstand, den die Teilnehmenden zueinander haben, gerade weil sie aus unterschiedlichen Firmen(-kulturen) kommen.

Beispiel zum Vorgehen:

1. Einstimmung und Vorbereitung der Gruppe auf das Theaterspiel *(siehe auch: Wie bereite ich eine Gruppe auf das Theaterspielen vor?, S. 187).*

2. Themensammlung: Welche Fragestellungen / Problembereiche sollen bearbeitet werden?

3. Auswahl der Themen

4. Kleingruppenarbeit mit der Aufgabe, eine Szene zu entwickeln, in der eine typische Begebenheit oder Situation / ein typisches Verhalten / ein typischer Ablauf oder Dialog zum Problembereich dargestellt wird *(siehe auch: Wie kann ich eine*

Gruppe unterstützen, selbstständig eine Szene zu entwickeln?, S. 243). Bedingung: Die Szenen sollen diesmal nicht verfremdet werden, sondern es soll auf der Basis des subjektiv Wahrgenommenen möglichst realitätsgetreu das abgebildet werden, was im Alltag abläuft.

5. Gegenseitige Präsentation der Szenen mit Kurzbriefing zum Hintergrund, mit jeweils anschließender Beratung durch die Zuschauenden. Dies kann z.B. mit Hilfe der Methode des *Forumtheaters* (s.o.) geschehen.

6. Protokollierung der Ergebnisse, Ergebnisauswertung.

7. Prozessreflexion.

Viele Varianten sind möglich. Themensammlung und Auswahl können z.B. auch in den Kleingruppen stattfinden. Die Gruppenzusammensetzung kann bewusst abteilungsintern oder gemischt erfolgen.

Kommentar:

Firmeninternen Gruppen hält das Seminartheater den Spiegel vor. Denn es werden Szenen aus dem Berufsalltag gezeigt, so wie er von den Darstellenden wahrgenommen und erlebt wird. Dies kann Freude und Humor auslösen, aber auch Betroffenheit.

Das besondere Potenzial der Methode liegt im Austausch und der Offenlegung der Wahrnehmungen von Personen und Situationen (firmenintern) und in der Chance auf interessante Lösungen und nachhaltige Veränderungen durch die kollegiale Beratung. Eine wichtige Bedingung dafür ist jedoch eine konstruktive und geschützte Arbeitsatmosphäre, die von gegenseitiger Offenheit, Wertschätzung und Respekt geprägt ist.

Berechtigt ist die Frage, ob ein realitätsgetreu angelegtes Theaterstück nicht eher den Namen ‚Rollenspiel' verdient, weil Theater eigentlich immer etwas mit verfremdeter, verschlüsselter, verändernder Darstellung zu tun hat. Was die Chancen der Methode selbst aber nicht schmälert.

Seminartheater

▶ Ziele:
z.B.: Thema bearbeiten, Teamentwicklung, kollegiale Beratung.

▶ Eignung:
Verhaltenstraining, z.B.: Führung, Gesprächsführung, Teamentwicklung, ...

▶ Kommunizierbar gegenüber Kunden:
Gut, über die Teamentwicklung und die Chance auf nachhaltige Veränderungen.

▶ Akzeptanz bei TN:
Gut in experimentierfreudiger Atmosphäre.

▶ Aufwand:
Keiner.

▶ Potenzial:
Austausch und Offenlegung von Wahrnehmungen, Chance auf interessante Lösungen und nachhaltige Veränderungen.

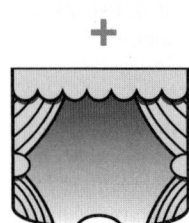

Spiegeltheater / Feedbacktheater

Kurzbeschreibung:

Das Spiegeltheater (von VitaminT) oder Feedbacktheater (von Emil Herzog) ist ein ‚Feedback von der Bühne'. Schauspieler beobachten über einen verabredeten Zeitraum hinweg den Verlauf einer Veranstaltung, die Reaktionen und das Verhalten der Teilnehmer. Durch einen (für die Teilnehmer meist überraschenden) Bühnenauftritt spiegeln sie anschließend wichtige thematische Inputs, die (inneren) Reaktionen der Teilnehmer darauf, sowie Situationen oder typische Verhaltensweisen, die sie wahrgenommen haben. Wie bei einem ordentlichen Feedback geschieht dies beschreibend, niemals wertend. Und: Niemand wird persönlich ‚durch den Kakao gezogen' – die Spiegelung bezieht sich auf das jeweilige ‚System Unternehmen'. Den Zuschauern (Teilnehmern) eröffnet sich ein anderer Blick auf die Veranstaltung und die präsentierten Themen. Wer Humor hat, kann über sich selbst lachen. Auf jeden Fall fallen Kommunikationsbarrieren zwischen den Teilnehmenden, denn für Gesprächsstoff ist gesorgt ...

Einsatz:

Firmen-Kongress, z.B. 140 Teilnehmende. Über den Tag verteilt finden PowerPoint-Vorträge und Workshops statt. Auch die externen Schauspieler nehmen teil, je nach Auftrag und Veranstaltung inkognito oder offen. Sie sitzen dabei, beobachten das Geschehen und machen sich Notizen. Parallel dazu entwerfen sie schon Ideen für die szenische Umsetzung des Feedbacks und für die pointierte Visualisierung besprochener Themen.

Vor Abschluss des Kongresses setzen sich die Schauspieler kurz zusammen, tauschen ihre Beobachtungen und Ideen aus und entwickeln ein grobes Grundgerüst für die spiegelnde Theatervorführung, z.B. eine Chronologie, Themenblöcke oder ähnliches. Dann folgt die Bühnenpräsentation. Häufig beendet das szenische Feedback den offiziellen Teil der Veranstaltung. Eine Nacharbeit findet nicht statt.

Für Trainings können Sie die Idee des Spiegeltheaters so anpassen, dass nicht Schauspieler, sondern die Teilnehmer selbst auf der Bühne agieren. Sie bekommen zum Beispiel die Aufgabe, den Tagesrückblick, das Seminar-Feedback oder die Auswertung oder Entwicklung des Gruppenprozesses in Form einer kleinen Szene vorzustellen ...

Kommentar:

Das Spiegeltheater ist eine amüsante Methode, um Großveranstaltungen, Kongresse und Meetings aufzulockern und zu kommentieren, aber auch um Gelerntes Revue passieren zu lassen, zu emotionalisieren und zu erweitern. Wenn die Schauspieler überraschend auf der Bühne auftauchen und ihr Feedback geben, glaubt wahrscheinlich so Mancher, sich selbst oder eine andere Person wieder zu erkennen (ob es stimmt oder nicht). Das kann (je nachdem) sehr lustig sein oder auch nachdenklich machen und bringt zuverlässig die Teilnehmenden miteinander in Kontakt.

Und da sehen wir auch das besondere Potenzial des Spiegeltheaters: Menschen gewinnen einen neuen, erweiterten Blick auf das (Veranstaltungs-)Geschehen, auf Inhalte und Verhaltensweisen, evtl. sogar auf sich selbst – es steht ihnen zwar frei, was sie mit den gespiegelten Hinweisen anfangen, aber wahrscheinlich wirken diese, fließen in die weitere Kommunikation ein und bilden ein kontaktstiftendes Element zwischen den Teilnehmenden.

Sehr spannend könnte es sein, so stellen wir uns vor, das Spiegeltheater als Instrument zur Reflexion von Arbeitsweisen, z.B. bei Besprechungen eines Projektteams, einzusetzen. Es darf dann natürlich keinesfalls überraschend auftauchen, sondern braucht schon im Vorfeld das Einverständnis aller Sitzungsteilnehmer. Im Anschluss an das Bühnen-Feedback kann dann eine moderierte Reflexion stattfinden, an der entlang z.B. Regeln für die zukünftige Arbeitsweise entwickelt werden.

Nähere Infos: www.spiegeltheater.de oder www.Emil-Herzog-live.de (Feedbacktheater)

Spiegeltheater

▶ Ziele:
Feedback geben, Geschehen Revue passieren lassen, kommentieren und erweitern.

▶ Eignung:
Großveranstaltungen / Kongresse, Verhaltenstraining, Fachtraining, ...

▶ Kommunizierbar gegenüber Kunden:
Gut, wenn das Vorgehen ausführlich erläutert wird.

▶ Akzeptanz bei TN:
Gut.

▶ Aufwand:
Keiner.

▶ Potenzial:
Menschen gewinnen einen neuen, erweiternden Blick auf Veranstaltungsgeschehen, Inhalte und Verhaltensweisen.

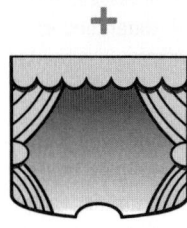

Statuentheater

Kurzbeschreibung:

Das Statuentheater geht, wie das Forumtheater, zurück auf Augusto Boal (2). Bei dieser Methode werden Begriffe oder Inhalte von der Gruppe in lebende Bilder umgesetzt. Dazu fügen Einzelne oder Kleingruppen die jeweils anderen zu einer Skulpturengruppe zusammen. Sie bedienen sich dabei der Aussagekraft der Körpersprache: Sie formen Haltungen, bis hin zur Mimik, sie setzen die Personen in Beziehung zueinander und beziehen auf diese Weise Stellung zum Thema. Anschließend wird geklärt, ob die Übrigen mit dem Bild einverstanden sind. Jeder kann den Entwurf verändern, in einer variablen Form auch die Skulptur selbst. Auf (verbale) Sprache wird weitgehend verzichtet, der Austausch geschieht nonverbal, denn die Methode setzt ganz auf die Kraft der Bilder. Auf diese Weise werden Themen ‚diskutiert' und bearbeitet.

Einsatz:

Boal selbst setzte diese Methode ein, um Realbilder und Wunschbilder gegenüber zu stellen. Er kam darüber zur Grundfrage aller Veränderungsprozesse: Wie komme ich vom Real- zum Idealbild? Welche Schritte müssen getan werden? Ratsam ist es, auch hier zunächst ganz im Sinne der Methode im Bild zu bleiben. Welche konkreten Bewegungen / welche Veränderungen müssen vorgenommen werden, um das Wunschbild zu erreichen?

Beispiel zum Vorgehen:

1. Realbild – Statue zum Thema bauen (z.B.: Zusammenarbeit in der Abteilung X)

2. Veränderungsphase

3. Wunschbild – Statue zum Thema bauen (s.o.)

4. Veränderungsphase

5. Die Statuen verändern sich langsam vom Realbild zum Wunschbild – Veränderungen beobachten, analysieren, notieren (z.B. Kopf heben, neue Blickrichtung, Oberkörper straffen, einen Schritt nach vorn machen, zusammenrücken, Blickkontakt aufnehmen, ...)

6. Übersetzung und Transfer – die Veränderungsschritte werden verbal auf das Thema übersetzt. Z.B.: Was bedeutet es, den Kopf zu heben, die Blickrichtung zu ändern, zusammenzurücken, ...? *(Siehe hierzu auch: Wie werte ich Szenen aus?, S. 276)*.

Ein praktisches Beispiel zu einer etwas abgewandelten (vereinfachten) Form des Statuentheaters (Standbilder) finden Sie in: *Wie setze ich Theaterelemente in gängige Trainings ein?, S. 28.*

Kommentar:

Das Statuentheater ist eine sehr kraftvolle Methode. Sie können sie z.B. in Veränderungsprozessen, in der Teamentwicklung, als Feedback-Instrument im Seminar und in Supervision oder Coaching einsetzen. Das besonders Potenzial liegt in der möglichen Tiefe durch die bildhafte Darstellung. Das Gemeinte kann klarer, genauer und vielschichtiger wiedergegeben werden, weil auch die emotionale Ebene eindrücklich sichtbar wird.

Der Verzicht auf die verbale Sprache mutet vielleicht merkwürdig an, und überhaupt fordert die Methode einen gewissen Vertrauensvorschuss von den Teilnehmenden. Weil sich der tiefe Sinn des Vorgehens erst im Nachhinein in seiner Gänze erschließt, ist eine sorgfältige Reflexion für den Transfer äußerst wichtig. Dabei ist viel Kreativität bei der Übersetzung gefordert.

Statuentheater

▶ Ziele:
Thema bearbeiten, Feedback geben.

▶ Eignung:
Veränderungsprozesse, Teamentwicklung, Verhaltenstraining, Fachtraining, ...

▶ Kommunizierbar gegenüber Kunden:
Gut, wenn die Methode als gezieltes Instrument vermittelt werden kann.

▶ Akzeptanz bei TN:
Gut in experimentierfreudiger Atmosphäre.

▶ Aufwand:
Keiner.

▶ Potenzial:
Tiefe und Sichtbarwerden der emotionalen Ebene durch die bildhafte Darstellung.

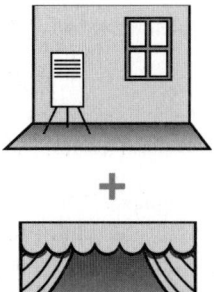

Stegreifspiel

Kurzbeschreibung:

Der Begriff steht in der Tradition des Theaters aus dem antiken Griechenland und eines so klangvollen Namens wie ‚Commedia dell'arte'. Ein Stegreifspiel braucht ein Gedankengerüst, einen roten Faden, aber es kommt ohne Textbuch aus. Stattdessen lebt es von Improvisationen und Situationskomik und wird von den Spieleinfällen der Darsteller getragen.

Einsatz:

Jedes Rollenspiel im Seminar kann als Stegreifspiel bezeichnet werden. Denn auch hier gibt es in der Regel ein Grundgerüst (z.B. ein Anliegen auf der einen Seite und einen Gesprächsleitfaden in fünf Schritten auf der anderen Seite). Einen fest vorgeschriebenen Dialog gibt es aber nicht, dieser entsteht aus der Situation. Rollenspiele können vielfältig variiert werden: mit oder ohne Videobeobachtung, verfremdet oder real, durchlaufend oder mit Unterbrechungen, oder aber kombiniert mit dem Forumtheater.

Kommentar:

Stegreifspiele – als Rollenspiele – sind seit Jahren in Verhaltenstrainings gang und gäbe und haben sich lange bewährt. Ihr besonderes Potenzial liegt in ihrer Lernwirkung und in der Praxisnähe. Durch sie lassen sich Verhalten einüben, beobachten, reflektieren, experimentieren und Situationen in einer Art Generalprobe ausprobieren.

Darsteller sind in der Regel die Seminarteilnehmer. Einige Trainingsanbieter vertreten allerdings auch die Idee, für den Part des ‚schwierigen Gesprächspartners' Schauspieler einzusetzen, um Situationen wirklichkeitsnäher zu gestalten und den Lerneffekt zu erhöhen. Ihr Argument: Die Gruppendynamik zwischen den Seminarteilnehmern verhindere realistische Rollenspiele, die Teilnehmer seien zu lieb zueinander.

Stehgreifspiel

▶ Ziele:
Verhalten einüben und reflektieren.

▶ Eignung:
Verhaltenstraining, z.B.: Gesprächsführung, Konfliktmanagement, Führung, Train-the-trainer, …

▶ Kommunizierbar gegenüber Kunden:
Gut, da als ‚Rollenspiel' schon lange etabliert.

▶ Akzeptanz bei TN:
s.o.

▶ Aufwand:
Keiner.

▶ Potenzial:
Lernwirkung und Praxisnähe.

Symbolisches Theater

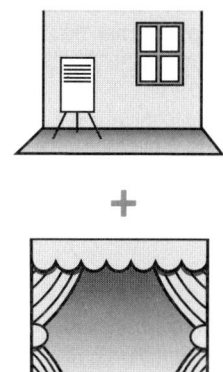

Kurzbeschreibung:

Stellvertretend für ein tatsächlich vorhandenes Thema wird eine
symbolische Handlung gesucht, die Ähnlichkeiten aufweist (z.B.
Spielen einer Szene aus einem klassischen Theaterstück, anstatt
Spielen einer Szene aus dem Unternehmensalltag). Die über die
Verfremdung entstehende Distanz macht es möglich, dass auch unangenehme Themen zur Sprache kommen und bearbeitet werden
können.

Einsatz:

Die Teilnehmenden bekommen die Aufgabe, auf der Basis einer
symbolischen Handlung (Analogie, Verfremdung) Szenen zu entwickeln. Bei einer großen Gruppe geschieht dies in Kleingruppen.
Das anstehende Thema bestimmt die symbolische Handlung: Wichtig ist, dass sie Ähnlichkeiten aufweist, aber in einem Lebenszu-
sammenhang spielt, der möglichst weit weg ist von der realen Fragestellung. Manchmal gelingt es sogar, eine Analogie zu finden, in
der das anstehende Problem bereits gelöst ist. Diese Analogie kann
von der Seminarleitung vorgegeben werden – oder aber auch von
der Gruppe selbst erdacht werden. Eine gute Möglichkeit ist es,
zunächst in der Gesamtgruppe symbolische Handlungen zu sammeln, um anschließend die passendsten auszuwählen. Eine interessante Erkenntnis ist dabei, dass häufig verschiedene Analogien
unterschiedliche Teilaspekte des Themas beleuchten.

In Kleingruppen werden dann Szenen entwickelt – entweder zu
verschiedenen oder zur gleichen Verfremdung. Im Anschluss an die
Präsentation der Szenen erfolgt eine sorgfältige Auswertung *(ver-
gleiche hierzu: Wie werte ich Szenen aus?, S. 276)*.

Ein praktisches Beispiel zur Anwendung des symbolischen Theaters
finden Sie beschrieben in: *Wie setze ich Theaterelemente in gängige
Trainings ein?, S. 28.*

Symbolisches Theater

▶ Ziele:
Thema bearbeiten.

▶ Eignung:
Verhaltenstraining, z.B.: Verkauf, Führung, ...

▶ Kommunizierbar gegenüber Kunden: Gut, wenn die Chancen, die in der Verfremdung liegen, vermittelt werden können.

▶ Akzeptanz bei TN: s.o.

▶ Aufwand: Keiner.

▶ Potenzial: Chance auf überraschende Erkenntnisse und Lösungen durch die Entfernung vom Problem.

Beispiele für Analogien

Thema: Kunden akquirieren
▶ Jagd
▶ Fluglotsen
▶ Märchen: Hans im Glück

Thema: Umgang mit Widerständen
▶ Im Fitnesscenter
▶ Griechische Sagen: z.B. Herkules
▶ ...

Thema: Veränderung
▶ Beim Frisör
▶ Verwandlungsmärchen oder Schneewittchen
▶ ...

Kommentar:

Eine äußerst interessante und wirksame Methode, die über das Mittel der Verfremdung einige Ähnlichkeit mit anderen Theaterformen, z.B. dem themenzentrierten Theater TZT® (s.u.) aufweist.

Ihr besonderes Potenzial liegt in der Chance auf überraschende Erkenntnisse und Lösungen durch die Entfernung vom Problem *(vgl.: Wie setze ich Theaterelemente in gängige Trainings ein?, S. 28)*. Weil über die Verfremdung Distanz geschaffen wird, ist es auch möglich, unangenehme Themen zu bearbeiten. Damit die Methode ihre ganze Kraft entfalten kann, verlangen jedoch zwei wichtige Voraussetzungen Ihre ganze Sorgfalt:

▶ Die passgenaue symbolische Handlung.

▶ Die Ergebnissicherung durch sorgfältige Übertragung und Übersetzung auf das ursprüngliche Thema.

Theatersport

Kurzbeschreibung:

Theatersport, erdacht von Keith Johnstone, ist eine populäre Form des Improvisationstheaters. Die Grundidee ist, dem Theater den Charakter einer Sportveranstaltung zu verleihen: Zwei Mannschaften treten in einem Match gegeneinander an. Sie müssen nach vorgegebenen Begriffen spontan Stücke erfinden oder weiter spielen. Vor den Augen der Schiedsrichter und Zuschauer improvisieren sie um die besten Szenen.

Die Inspiration zu dieser Theaterform nahm Johnstone aus dem in den USA sehr populären Wrestling. (4)

Einsatz:

Das darstellende Spiel ‚Wettpantomime' ist ein Beispiel für eine Anwendungsform des Theatersports:

Teams à 4-7 Personen verteilen sich in verschiedene Ecken des Raumes. Die Spielleitung legt in die Mitte des Raumes für jedes Team einen Stapel mit Karten, auf denen (Fach-)Begriffe (z.B. Toaster, Desktop) und Figuren (z.B. Tarzan) notiert sind. Auf ein Startzeichen läuft nun eine Person jeder Gruppe zu ihrem Stapel, deckt die oberste Karte auf, liest den Begriff und stellt diesen pantomimisch der eigenen Gruppe dar, bis diese ihn erraten hat. Nun läuft die nächste Person zum Stapel und deckt den zweiten Begriff auf, stellt diesen der Gruppe dar usw. Die Gruppe, die als erstes ihren Stapel abgetragen hat, hat gewonnen.

Weitere Varianten sind denkbar, um im Sinne des Theatersports die sportliche Seite und den Herausforderungscharakter des Theaterspiels zu nutzen.

Theatersport

▶ Ziele:
Auflockern oder The-
ma bearbeiten.

▶ Eignung:
Verhaltenstraining,
Fachtraining, Vorbe-
reitung auf eine
Bühnenaktion, ...

▶ Kommunizierbar
gegenüber Kunden:
Gut, über die Lern-
wirkung.

▶ Akzeptanz bei TN:
Gut, in experimen-
teller Atmosphäre.

▶ Aufwand:
Keiner.

▶ Potenzial:
Die Möglichkeiten
der Variation und
Anpassung.

Beispiel einer Variante

Kontext:
Gesprächsführungs- oder Präsentations-Seminar

Ablauf:
Kleingruppen bekommen die Aufgabe, sich eine Worst-Case-Situati-
on mit kurzer dort hinführender Sequenz zu überlegen. Team A
beginnt und spielt seine Szene vor. Es wird an dem Punkt unterbrochen, an dem die Katastrophe passiert. Team B muss nun relativ spontan mit der Situation fertig werden. Die Gruppe hat
zunächst eine Minute Zeit nachzudenken und muss dann die Szene
übernehmen, d.h. wiederholen und weiter spielen, und dabei eine
Lösung für den Worst-Case präsentieren. Anschließend Wechsel:
Nun konfrontiert Gruppe B das Team A mit ihrer Situation, usw.
Die gespielten Situationen und der Umgang damit können dann
reflektiert und weiter entwickelt werden.

Kommentar:

Theatersport ist eine gute Methode zur Vorbereitung auf das szenische Spiel und zur Einstimmung auf eine Bühnenaktion.

Auch im Training kommt die Methode gut an, wenn es zum Beispiel darum geht, wieder wach zu werden, gemeinsam Spaß zu haben oder eine kreative Atmosphäre aufzubauen. Das Beste ist aber:
Die Methode lässt sich wunderbar variieren und an verschiedene
Trainingssituationen anpassen. Die darzustellenden Begriffe oder
Improvisationsaufgaben können am Seminarthema orientiert sein
und einen ernsten Kern beinhalten.

Ob nun Figuren und Begriffe dargestellt, oder kurze Szenen zu
Stichworten improvisiert werden – alle Anwendungsformen des
Theatersports werden durch die Grundidee des ‚sportlichen Wettbe-
werbs' verbunden.

Themenzentriertes Theater, TZT®

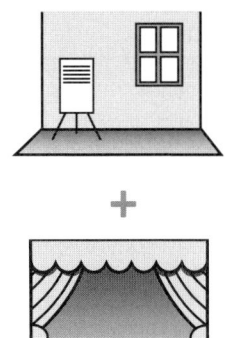

Kurzbeschreibung:

Beim TZT® geht es darum, beliebige Seminarinhalte mittels der Theaterarbeit ganzheitlich, d.h. Körper, Geist und Seele ansprechend, zu vermitteln. Dahinter steckt die Idee, dass Lernen sehr viel nachhaltiger und verhaltenswirksamer gestaltet werden kann, wenn man sich dabei der Kontakt stiftenden, kommunikativen, motivierenden, Experimentierfreude und Kreativität fördernden Kraft des Theaterspiels bedient.

Der Trainer setzt dazu den Lernstoff so in Spielaufgaben um, dass die Teilnehmenden all das, worum es bei dem Thema geht, körperlich und spielerisch erleben können. Ein wichtiger Aspekt bei der Aufbereitung des Lernstoffs ist das Mittel der Verfremdung. Der zu bearbeitende Inhalt wird nämlich nicht real verwendet, sondern in eine themengleiche, verfremdete Spielsituation übersetzt. Ein/e Trainer/in muss sich im Vorfeld fragen, welches die dem Thema innewohnende Grundfrage ist, um eine darauf zentrierte, adäquate Spielaufgabe konstruieren zu können. Indem die Teilnehmenden dann das Thema auf der verfremdeten Ebene bearbeiten oder lösen, setzen sie sich nebenbei gleichzeitig mit der Realsituation auseinander. Die gewonnenen Erfahrungen, die beobachteten Verhaltensweisen, die erlebten Gefühle, die gefundenen Lösungen müssen dann nur noch reflektiert und auf das Ursprungsthema übersetzt werden *(hierzu auch: Wie werte ich Szenen aus?, S. 276).* Auf diese Weise wird mit einer enormen persönlichen Präsenz sehr effektiv und nachhaltig gelernt.

Einsatz:

(frei nach einem von Reto Zeller beschriebenen Beispiel) (5)

Kontext:
Teamentwicklungsseminar: Zwei Abteilungen aus einem Unternehmen sollen aufgrund einer Umstrukturierung zusammengelegt werden.

TZT®

▶ Ziele:
Thema vermitteln
und bearbeiten.

▶ Eignung:
Veränderungsprozes-
se, Teamentwicklung,
Verhaltenstraining,
z.B.: Verkauf / Ak-
quise, Führung, Kon-
fliktmanagement, ...

▶ Kommunizierbar
gegenüber Kunden:
Gut, über die The-
menzentrierung und
wenn die Chancen
der Verfremdung ver-
mittelt werden kön-
nen.

▶ Akzeptanz bei TN:
Gut, über die The-
menzentrierung und
über eine experimen-
telle Atmosphäre.

▶ Aufwand:
Recherche im Vor-
feld.

▶ Potenzial:
Experimentieren mit
ungewöhnlichen Ver-
haltensweisen und
Lösungen, Tiefen-
schärfe, nachhaltige
Lernwirkung.

Verfremdung der Situation:

Der Trainer übersetzt diese Realität in eine themengleiche, aber verfremdete Spielsituation. Hier: Der König hat in seinem Reich Wohnungsnot festgestellt. Deshalb müssen Räuber Hotzenplotz und Schneewittchen auf sein Geheiß ihre Wohnungen aufgeben und in eine gemeinsame ziehen.

Spiel-Aufgabe für die Teilnehmenden:

Entwickeln Sie eine Szene zu der o.a. Situation. Ausgangspunkt: Räuber Hotzenplotz und Schneewittchen treffen sich mit ihren Möbeln vor der neuen Wohnung.

Präsentation und Auswertung der Szenen:

Die Szenen werden präsentiert und von den Zuschauenden aufmerksam beobachtet. Herausgefiltert, reflektiert und auf das Ursprungsthema übersetzt werden Gefühle, Gedanken, Lösungsansätze usw. zu Themen wie Begegnung mit Fremdem, Aushandeln, Neupositionierung, Platz nehmen / geben, usw. *(mehr dazu in: Wie werte ich Szenen aus?, S. 276)*.

Kommentar:

Wir halten TZT® für sehr interessant und äußerst wirksam. Besonders Verhaltensthemen eignen sich zur Bearbeitung durch diese Methode. Unternehmensintern können wir sie uns sehr gut zur Teamentwicklung und zur Einleitung und Begleitung von Veränderungsprozessen vorstellen. Im Seminar lässt sie sich wunderbar zu Themen wie z.B. Akquise oder Verkauf einsetzen. Durch die konsequente Themenzentrierung findet TZT® bei den Teilnehmern schnell Akzeptanz, auch in der Argumentation gegenüber Auftraggebern. Ihr besonderes Potenzial liegt vor allem im experimentellen Spiel mit ungewöhnlichen, auch ‚verbotenen' Verhaltensweisen und Lösungen (möglich durch die Verfremdung), sowie in der erreichten Tiefenschärfe (möglich durch die Zentrierung auf die Grundfrage). Jedoch braucht TZT® unbedingt eine sehr sorgfältige Auswertung, es wäre schade um die verschenkten Möglichkeiten.

TZT® ist eine eingetragene Schutzmarke und geht zurück auf den Schweizer Heinrich Werthmüller.
Infos: www.unternehmenstheater.ch; www.tzt.ch

Themenorientierte Improvisation, TOI

Kurzbeschreibung:

Bei der themenorientierten Improvisation TOI (von VitaminT) ist die Idee, dem Publikum durch kurze, improvisierte Szenen einen Spiegel an die Hand zu geben, in dem sie sich selbst betrachten können: ,Welche Werte verfolgen wir? Wie kommunizieren wir miteinander? Welche Konflikte haben wir untereinander?'

Weil allein der Blick in den Spiegel noch kein Garant für Veränderung ist, bietet die TOI den Teilnehmern auch Möglichkeiten an, ihre Selbstwahrnehmungen zu konkretisieren, zu verarbeiten und gemeinsam nach Alternativen und Veränderungen zu suchen und diese auszuprobieren.

Die TOI bedient sich dabei neben der szenischen Improvisation noch weiterer Methoden, z.B. dem ,Durchbrechen der vierten Wand' (= die unsichtbare Wand zwischen Bühne und Zuschauern. Das Durchbrechen macht die direkte Interaktion zwischen Rollenfigur und Publikum erst möglich.), Psychodramatechniken (z.B. das Doppeln), der Introspektion (Techniken, bei denen die Zuschauer direkt etwas über das Innenleben der Protagonisten erfahren können.), dem Schreiben von Drehbüchern (um Handlungsalternativen zu entwickeln), usw.

Akteure bei der TOI sind ein Moderator, die Schauspieler und das Publikum. Zwischen ihnen findet ein ständiger Dialog statt. Der Moderator hat die Aufgabe, immer wieder Verbindungen zu knüpfen zwischen der szenischen Improvisation der Schauspieler und der Erfahrungswelt der Zuschauer. Die Zuschauer entscheiden, welche Themen sie sich anschauen möchten und welche lieber nicht. Von den Schauspielern verlangt diese Methode nicht nur schauspielerisches Können und Improvisationstalent, sondern auch ein gutes Gespür für (verdeckte) Themen und viel Empathie.

Einsatz:

Keine TOI gleicht der anderen, denn alle basieren auf szenischer Improvisation. Sie kann nur erfolgreich sein, wenn die Akteure über ausreichende Erfahrung in der TOI-Methodik verfügen und Wissen über das Unternehmen mitbringen.

Erstes Beispiel

Kontext:
Den 150 Neueinsteigern einer Wirtschaftsprüfungsgesellschaft soll das Thema Beratungsqualität in zwei Stunden präsentiert werden. Das Unternehmen hat dazu einen Moderator und drei Schauspieler engagiert.

Improvisation:
▶ Phase 1
Von den Teilnehmern werden zunächst zwei Rollen definiert, z.B. Wirtschaftsprüfer und Mandant. Im Dialog zwischen den Schauspielern auf der Bühne und den Zuschauenden wird nach und nach eine Handlung konkretisiert. Der Moderator steuert diesen Prozess. Die Verantwortung für Inhalte und Aktionen übernehmen die Teilnehmer – sie führen Regie, indem sie die Handlung immer wieder unterbrechen und variieren können.

Auf diese Art und Weise entsteht auf der Bühne ein Abbild einer problematischen Situation. Mehr noch: Oft eröffnet sich dabei ein neuer Horizont, denn nicht nur die Sachebene, sondern auch die inneren Haltungen und Gefühle der Beteiligten sind sichtbar geworden und werden besser verstanden.

▶ Phase 2
Die Bühnenarbeit wird unterbrochen. Die Teilnehmer bekommen die Aufgabe, in Kleingruppen Lösungsansätze für die Situation zu entwickeln.

▶Phase 3
Die Lösungsansätze werden präsentiert und anschließend auf der Bühne inszeniert und erlebbar gemacht. Dies geschieht durch die Schauspieler – oder die Teilnehmer treten selbst in Aktion und

kommunizieren ihre Vorstellungen von Beratungsqualität. Wieder können die Ergebnisse im moderierten Dialog zwischen Akteuren und Zuschauenden vertieft, konkretisiert, reflektiert oder verändert werden. Zahlreiche Varianten sind möglich.

Zweites Beispiel

Kontext:
Auf einer Firmenveranstaltung haben sich die Mitarbeiter mit einem Persönlichkeitsprofil beschäftigt und in diesem Zusammenhang vier Persönlichkeitstypen kennen gelernt. Es wurde ein Test gemacht, sodass sie sich nun auch selbst zuordnen können.

Improvisation:
▶ Phase 1
Die Schauspieler, als die vier Persönlichkeitstypen durch entsprechend farbige T-Shirts gekennzeichnet, spielen eine Szene. Thema (hier): Nach Projektbeginn soll eine Budgetänderung vorgenommen werden. Auf der Bühne gibt es Zoff, denn die vier Schauspieler diskutieren die Situation und verhalten sich dabei ihrem Typ entsprechend unterschiedlich.

▶ Phase 2
Der Moderator unterbricht die Szene und fordert das Publikum auf, ‚richtige‘, unternehmenstypische Texte zu liefern. Die Idee dabei: Die Identifikation der Zuschauenden mit dem Geschehen auf der Bühne soll erhöht werden. Die Diskussion auf der Bühne geht weiter, die Vorschläge aus dem Publikum werden integriert.

▶ Phase 3
Der Moderator unterbricht wiederum („So geht's nicht weiter ...") und sorgt dafür, dass für jeden Typus eine Coaching-Gruppe (gegenüberliegende Persönlichkeits-Typen aus dem Publikum) gebildet wird, um den erlebten Konflikt lösungsorientiert zu bearbeiten.

Das eigentliche Ziel dieser Aktion: Das eigene Kommunikationsverhalten und Coaching trainieren. Es geschieht eine Art Selbstreflexion: ‚Wie reagiert der Typus X auf meine Kommunikationsmuster?‘

TOI

▶ Ziele:
Thema bearbeiten.

▶ Eignung:
Veränderungsprozesse, Teamentwicklung, ...

▶ Kommunizierbar gegenüber Kunden:
Gut, wenn die Vorgehensweise ausführlich erläutert wird.

▶ Akzeptanz bei TN:
Gut.

▶ Aufwand:
Recherche im Vorfeld.

▶ Potenzial:
Perspektivwechsel, Sichtbarmachen und Aufgreifen von verdeckten Themen, Weiterarbeit damit.

▶ Phase 4

Die Schauspieler kehren zurück auf die Bühne und teilen mit, was in der Coaching-Situation besprochen wurde. Dabei bleiben sie in den Rollen. Die Anfangssituation wird erneut – nun mit den Impulsen aus dem Gruppen-Coaching – gespielt. Es wird nichts beschönigt, es gibt kein ‚Happy End‘, sondern eine differenzierte Darstellung von Lösungsalternativen und typischen Kommunikationskonflikten.

Kommentar:

Die TOI halten wir für eine äußerst spannende und interessante Methode. Sie eignet sich gut in Veränderungs- und Teamentwicklungsprozessen, sogar bedingt in Konfliktsituationen – immer dann, wenn es darum geht, den Reflexionshorizont zu erweitern oder mit Visionen zu arbeiten. Ihr besonderes Potenzial liegt im Perspektivwechsel und im Sichtbarmachen dessen, was ohne die Improvisation nicht sichtbar werden würde, im Aufgreifen dieser verdeckten Themen und in der zielführenden, am Transfer orientierten Weiterarbeit damit. Genau das ist aber auch gleichzeitig der Knackpunkt: Denn weil die TOI sehr prozessorientiert angelegt ist, ist sie immer nur so gut wie ihre ‚Macher‘, d.h. sie lebt stark vom Können und vom Gespür des Moderators und der Schauspieler. Dies ist auch in vielen anderen Gewerben der Fall und muss so gesehen kein Nachteil sein. Aber ein Grund, davor zu warnen, die TOI ohne professionelle Unterstützung auszuprobieren. Wenn Sie die themenorientierte Improvisation näher interessiert, wenden Sie sich daher am besten direkt an: www.t-o-i.de *(siehe auch: Literaturliste, S. 293 (6)).*

In der nachfolgenden Tabelle erhalten Sie noch einmal eine zusammenfassende Darstellung aller vorgestellten Theaterformen und ihrer Charakteristika.

Quellen:

(1) HOCHE, MEISSNER, SINHUBER: Die großen Clowns. Athenäum Verlag, Königstein.
(2) BOAL, Augusto: Theater der Unterdrückten. edition Suhrkamp.
(3) RICHTER, Kerstin: Konflikte lösen mit ‚Unternehmens-Märchen‘, in w&w Ausgabe 01/2002 (Artikel über Elke Schlimbach, Kommunika und ihre Methode Management und Märchen).
(4) MIAMI ANDERSEN, Marianne: Theatersport und Improtheater, Buschfunk Verlag.
(5) ZELLER, Reto im Trainer-Kontakt-Brief 4/02 - Nr. 38.
(6) BERG, Markus; RITSCHER, Jörg und ORTHEY, Frank Michael, u.a: Unternehmenstheater interaktiv. Beltz Verlag, Weinheim.
(7) OBRASZOW, Sergej u.a.: Was und Wie im Puppentheater, J. Balk, Leipzig.

Theaterformen

Theaterform	Business-Kino®	Clownerie	Erzähltheater	Figurentheater	Forumtheater
Ziele	Thema bearbeiten, Entwicklungsprozesse anstoßen und begleiten.	Thema bearbeiten, Lösungskreativität und Fantasie fördern.	Inhalte vermitteln oder Auftritt einüben.	z.B.: Thema bearbeiten.	Thema bearbeiten.
Eignung	Veränderungsprozesse, ...	Teamentwicklung, Verhaltenstraining, Veränderungsprozesse, ...	Verhaltenstraining, z.B. Rhetorik, Präsentation, ...	Teamentwicklung, ...	Verhaltenstraining, z.B.: Gesprächsführung, Konfliktmanagement, Präsentation, Moderation, Train-the-trainer, Führung, ...
Kommunizierbarkeit gegenüber Auftraggebern	Gut, wenn es gelingt, den Film als zielgerichtet einsetzbares Instrument glaubhaft zu machen. Videobeispiel mitbringen.	Gut, mit Künstlerbonus und wenn die Seminarleitung eine Autorität als Clown darstellt.	Gut, über den Lerneffekt.	Kann schwierig sein. Begriff ‚Puppe' vermeiden! Ziele deutlich machen. Argumentieren, dass Methode Arbeitsmittel ist.	Gut, über den Lerneffekt.
Akzeptanz bei Teilnehmern	Gut, wenn der Film ‚den Nerv trifft', die Probleme mit einem Schuss Humor auf den Punkt gebracht werden.	Gut, mit Künstlerbonus und wenn die Seminarleitung eine Autorität als Clown darstellt.	Gut, über den Lerneffekt.	Kann schwierig sein. Anmoderation gut vorbereiten.	Gut, über das Experimentieren und die Praxisnähe.
Aufwand	Hoch. Intensive Vor- und Nachbereitung.	Wenig Aufwand.	Keiner.	Aufwendig, wenn Figuren und Bühne selbst gebaut werden.	Keiner.
Besonderes Potenzial	Die vielseitige und variable Verwendbarkeit des Films. Die Chance, Menschen ins Gespräch zu bringen und dabei neue Sichtweisen und Handlungsmöglichkeiten zu erkennen.	Das durch die Überzeichnung mögliche Zurechtrücken der Dinge. Die Chance auf kreative, fantasievolle Lösungen.	Die Rückbesinnung des Darstellers auf sich selbst und die eigenen Ausdrucksmittel.	Die Figur kann als Sprachrohr für unangenehme ‚Wahrheiten' dienen. Überschaubarkeit und Möglichkeit der distanzierten Betrachtung.	Die Chance auf kreative, individuelle, auf einzelne Personen abgestimmte, praktikable Lösungen.

Theaterformen

Theaterform	Improvisations-theater	Märchenspiel / Unternehmens-märchen	Maskenspiel	Mitarbeiter-theater	Mitmachtheater
Ziele	Atmosphäre schaffen, kreatives, flexibles Verhalten einüben.	Gesprächsbasis schaffen, Wertediskussion anregen, Konflikte lösen, Veränderungen anstoßen.	Thema bearbeiten.	z.B. Thema bearbeiten, Zusammenarbeit stärken.	Spaß, Gruppenerlebnis.
Eignung	Verhaltenstraining, Fachtraining (als darstellende Spiele), Vorbereitung auf eine Bühnenaktion, ...	Veränderungsprozesse, Teamentwicklung, Konfliktsituationen, ...	Kombinieren mit anderen Theaterformen.	Veränderungsprozesse, Teamentwicklung, ...	Einstimmung oder Abendprogramm bei Trainings / Veranstaltungen.
Kommunizierbarkeit gegenüber Auftraggebern	Gut, über den Lerneffekt.	Kann schwierig sein aufgrund des Begriffs ‚Märchen'. Wichtig: Die Chancen, die in der Verfremdung liegen, vermitteln.	Gut in Kombination mit anderen Theaterformen. Sonst schwierig.	Gut, wenn der Nutzen im Gesamtkonzept deutlich wird.	Gut, außerhalb des offiziellen Programms.
Akzeptanz bei Teilnehmern	Gut, über den Lerneffekt.	Gut, bei sensibler Recherche und wenn das Stück ‚den Nerv' trifft.	Gut in Kombination mit anderen Theaterformen. Sonst schwierig.	Gut.	Gut.
Aufwand	Keiner.	Hoch. Sorgfältige Recherche im Vorfeld, Stückentwicklung.	Nur aufwendig, wenn die Masken selbst hergestellt werden.	Je nach Theaterform und Größe des Projekts.	Story schreiben, ggf. Requisiten beschaffen.
Besonderes Potenzial	Hervorragende Übung für alle Situationen, die Flexibilität, Schlagfertigkeit und kreatives Verhalten erfordern.	Menschen wieder ins Gespräch bringen, festgefahrene Verhaltens- und Denkstrukturen lösen, Veränderungen anstoßen.	Der Kontrastreichtum, die Aussagekraft und die Schärfe, die über Masken transportiert werden.	Die Dynamik des Gruppenprozesses, die (Team-)Erlebnisqualität und die emotionale Beteiligung der Teilnehmenden am Geschehen.	Nettes, amüsantes Gruppenerlebnis.

Theaterformen

Theaterform	Pantomime	Parodienspiegel	Schattentheater	Seminartheater	Spiegeltheater (Feedbacktheater)
Ziele	z.B.: Thema bearbeiten, Spaß haben, Teamentwicklung, Feedback geben.	Humorvoll Feedback geben, Veranstaltungen auflockern, Menschen emotional bewegen, ‚enteisen‘, unterhalten.	z.B.: Thema bearbeiten.	z.B.: Thema bearbeiten, Teamentwicklung, kollegiale Beratung.	Feedback geben, Geschehen Revue passieren lassen, kommentieren und erweitern.
Eignung	Verhaltenstraining, z.B.: Körpersprache, Teamentwicklung o.ä., Fachtraining (als darstellende Spiele), ...	Große Veranstaltungen von Unternehmen.	Teamentwicklung, ...	Verhaltenstraining, z.B.: Führung, Gesprächsführung, Teamentwicklung, ...	Großveranstaltungen / Kongresse, Verhaltenstraining, Fachtraining, ...
Kommunizierbarkeit gegenüber Auftraggebern	Gut, wenn es gelingt, den Nutzen deutlich zu machen.	Gut.	Kann schwierig sein. Ziele deutlich machen – und dass das Schattentheater ein Arbeitsmittel ist.	Gut, über die Teamentwicklung und die Chance auf nachhaltige Veränderungen.	Gut, wenn das Vorgehen ausführlich erläutert wird.
Akzeptanz bei Teilnehmern	s.o.	Gut.	Kann schwierig sein. Anmoderation gut vorbereiten.	Gut in experimentierfreudiger Atmosphäre.	Gut.
Aufwand	Je nach Vorhaben.	Recherche im Vorfeld.	Aufwendig, wenn Figuren und Bühne selbst gebaut werden.	Keiner.	Keiner.
Besonderes Potenzial	Die Unaufwendigkeit im Verhältnis zum Eindruck, der erzielt werden kann. Die vielfältigen Einsatzmöglichkeiten im Training.	Menschen gewinnen einen neuen Blick auf ihr Unternehmen. Spricht ganzheitlich an auf der bewussten und unbewussten Ebene.	Die Figuren können Sprachrohr für unangenehme ‚Wahrheiten‘ sein. Überschaubarkeit und Möglichkeit der distanzierten Betrachtung (Miniatur-Variante).	Austausch und Offenlegung von Wahrnehmungen, Chance auf interessante Lösungen und nachhaltige Veränderungen.	Menschen gewinnen einen neuen, erweiternden Blick auf Veranstaltungsgeschehen, Inhalte und Verhaltensweisen.

Theaterformen

Theaterform	Statuentheater	Stehgreifspiel	Symbolisches Theater	Theatersport	Themenzentriertes Theater, TZT®
Ziele	Thema bearbeiten, Feedback geben.	Verhalten einüben und reflektieren.	Thema bearbeiten.	Auflockern oder Thema bearbeiten.	Thema vermitteln und bearbeiten.
Eignung	Veränderungsprozesse, Teamentwicklung, Verhaltenstraining, Fachtraining, ...	Verhaltenstraining, z.B.: Gesprächsführung, Konfliktmanagement, Führung, Train-the-trainer, ...	Verhaltenstraining, z.B.: Verkauf, Führung, ...	Verhaltenstraining, Fachtraining, Vorbereitung auf eine Bühnenaktion, ...	Veränderungsprozesse, Teamentwicklung, Verhaltenstraining, z.B.: Verkauf / Akquise, Führung, Konfliktmanagement, ...
Kommunizierbarkeit gegenüber Auftraggebern	Gut, wenn die Methode als gezieltes Instrument vermittelt werden kann.	Gut, da als ‚Rollenspiel' schon lange etabliert.	Gut, wenn die Chancen, die in der Verfremdung liegen, vermittelt werden können.	Gut, über die Lernwirkung.	Gut, über die Themenzentrierung und wenn die Chancen der Verfremdung vermittelt werden können.
Akzeptanz bei Teilnehmern	Gut in experimentierfreudiger Atmosphäre.	Gut, da als ‚Rollenspiel' schon lange etabliert.	Gut, wenn die Chancen, die in der Verfremdung liegen, vermittelt werden können.	Gut, in experimenteller Atmosphäre.	Gut, über die Themenzentrierung und über eine experimentelle Atmosphäre.
Aufwand	Keiner.	Keiner.	Keiner.	Keiner.	Recherche im Vorfeld.
Besonderes Potenzial	Tiefe und Sichtbarwerden der emotionalen Ebene durch die bildhafte Darstellung.	Lernwirkung und Praxisnähe.	Chance auf überraschende Erkenntnisse und Lösungen durch die Entfernung vom Problem.	Die Möglichkeiten der Variation und Anpassung.	Experimentieren mit ungewöhnlichen Verhaltensweisen und Lösungen, Tiefenschärfe, nachhaltige Lernwirkung.

Theaterformen

Theaterform	Teamorientierte Improvisation, TOI	Eigene Variante:	Eigene Variante:	Eigene Variante:	Eigene Variante:
Ziele	Thema bearbeiten.				
Eignung	Veränderungsprozesse, Teamentwicklung, ...				
Kommunizierbarkeit gegenüber Auftraggebern	Gut, wenn die Vorgehensweise ausführlich erläutert wird.				
Akzeptanz bei Teilnehmern	Gut.				
Aufwand	Recherche im Vorfeld.				
Besonderes Potenzial	Perspektivwechsel, Sichtbarmachen und Aufgreifen von verdeckten Themen, Weiterarbeit damit.				

Der Spielplan

Wie Sie Theater ins Unternehmen bringen

Der Platzanweiser empfiehlt:

Was ist denn das für ein Theater?

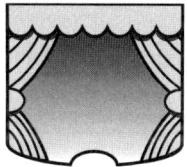

Unternehmenstheater – was ist das eigentlich? Eine gute Frage, der wir im Geschäftsleben immer wieder begegnen. Und mit einem vielsagenden Lächeln kommt vom Fragesteller gleich hinterher: *„Theater – davon haben wir doch schon genug!"* – Eben! Und damit das als Potenzial genutzt werden kann, gibt Unternehmenstheater den Themen, Botschaften, Emotionen und Konflikten aus dem geschäftlichen Kontext eine Bühne.

„Theater haben wir in der Firma schon genug." – Um das zu ändern, sollten wir dem Theater eine Bühne geben!

Was ist Unternehmenstheater?

Unternehmenstheater ist Theater in, mit und für Unternehmen und Institutionen. Es ist in der Lage, Inhalte aus dem Unternehmenszusammenhang an die Zuschauenden und/oder Spielenden zu vermitteln. Der hehre Anspruch an ein für ein spezielles Unternehmen konzipiertes Stück ist, die Stimmungslage im Unternehmen so treffend abzubilden, dass die Zuschauer sich dem nicht entziehen können. Der Wiedererkennungseffekt wirkt als Motor für Veränderungen.

Der Wiedererkennungseffekt wirkt als Motor für Veränderungen.

▶ Zwischenszene: Rückblick

Das Unternehmenstheater erhielt seinen Namen von den ersten Auftraggebern für diese Einsatzform des Theaters zum Ende der 80er Jahre. Es handelte sich um Wirtschaftsunternehmen, die mutig und entschlossen neue Wege gegangen sind, um innovative Ideen umzusetzen. Sie standen der kreativen Arbeit der Theatermacher aufgeschlossen gegenüber und unternahmen mit ihnen entscheidende Schritte in diese Richtung. Am Anfang waren es renommierte Unternehmen wie BMW, DaimlerChrysler, Lufthansa, um nur einige zu nennen, die das Experiment wagten und den Theatereinsatz als leistungsstarkes Kommunikations- und Informationsinstrument erkannten. Inzwischen wird Unternehmenstheater in Unternehmen und Institutionen aller Größenordnungen eingesetzt. Die Autorinnen arbeiten z.B. für mittelständische und kleine Unternehmen, außerdem für Institutionen, Verbände, Behörden und Parteien.

Die Quelle des Unternehmenstheaters, das allgemeine künstlerisch orientierte Theater, hat seit seinen Anfängen in der Antike die unterschiedlichsten Themen und Formen entwickelt, um sein Publikum zu unterhalten, Wissen zu vermitteln oder auch um Auseinandersetzungen zu provozieren. Auch heute noch wird es als kulturelles, gesellschaftliches, politisches oder auch pädagogisches Ereignis angesehen. Die Produktionen richten sich in der Regel an Jedermann bzw. -frau und können Unterhaltung und Wissensvermittlung, aber auch Auseinandersetzung oder Provokation zum Ziel haben. Die Aufführungen des allgemeinen Theaters orientieren sich

▶ an der Inspiration und Ausrichtung der Theatermacher,
▶ an der Botschaft, die mit der Performance vermittelt werden soll,
▶ an den Wünschen und Vorstellungen des Publikums.

Neben den klassischen Theaterformen sind in den vergangenen Jahren zahlreiche neue Formen von Improvisationstheater, Kabarett und Comedy entstanden und haben beim Publikum an Popularität gewonnen. Hier wurde von Theatermachern der neunziger Jahre offensichtlich der Nerv der Zeit getroffen.

Im Theater der Antike diente eine Theateraufführung in erster Linie der Unterhaltung der Zuschauer und der Vermittlung von Informationen. Auch hier wussten die Theaterleute den Strom der Zeit zu nutzen. Bekannt ist aus dieser Zeit die Form des Satyrspiels, das in den volkstümlichen Tänzen und Verkleidungen der Landleute seine Wurzeln hat. Diese ursprüngliche Spielform stammte von der Halbinsel Peleponnes und wurde später in Athen zum festen Bestandteil der Dionysiena (die Festspiele zu Ehren des griechischen Gottes Dionysos). Im ausgelassenen Finale durften die Heroen der antiken Tragödie in die Niederungen des Mensch-lich-Allzumenschlichen herabgezogen und parodiert werden. Sich dort in der Vorhölle des Unschicklich-Profanen zu behaupten, wur-de so zum Prüfstein doppelten Heldentums (3).

Eine solche ‚Helden'-Prüfung bestand übrigens vor einiger Zeit auch der neuzeitliche Geschäftsführer eines modernen Elektronik-Großunternehmens. Er avancierte zum Star einer theatralisch ins-zenierten Betriebsversammlung, indem er in der Rolle einer ‚Putz-frau mit Durchblick' seine Botschaften an die Belegschaft weiter-gab (4). Statt vorne am Pult einen Vortrag zu halten, bewegte er sich in der ungewohnten Rolle im Publikum und gab seine Einsich-ten und Erkenntnisse zum Betriebsgeschehen zum Besten. Die Zu-schauer honorierten den Mut und die Fantasie des Geschäftsfüh-rers mit besonderem Interesse und Aufmerksamkeit – viel mehr als bei einem Vortrag. Seine humorvolle Haltung brachte ihm das Wohlwollen der Belegschaft – es entstand eine tragende Energie-grundlage für eine erfolgreiche Kommunikation.

Beim heutigen Unternehmenstheater in Form von Trainings, Events oder Kick-offs geht es – ähnlich wie beim klassischen Theater – vor allem um Unterhaltung, Informationsvermittlung und Denkan-stöße, die speziell auf die Bedürfnisse des Unternehmens zuge-schnitten sind. Die Mitwirkenden sind meist Profis (also Schau-spieler, Regisseure oder Theaterpädagogen, oft ergänzt durch Be-triebswirtschaftler), die die geschäftlichen und menschlichen Her-ausforderungen im Unternehmen im Blick haben. Aufgrund ihres Theater-Know-hows setzen sie diese gekonnt in Szene. Dabei ste-hen sie nicht nur als Schauspieler auf der Bühne, sondern leiten als Trainer im Hintergrund an und liefern Ideen für die Umsetzung von Konzepten in Zusammenarbeit mit den Betriebsinsidern.

▶ Oberbegriff: Unternehmenstheater

So gut wie immer wirkt Theater als soziales Ereignis, von dem Sie eine besondere Wirkung erwarten dürfen. Das gilt auch für das Un-ternehmenstheater. Dieses richtet sich im Wesentlichen nach dem Bedarf des Auftraggebers und wird deshalb auch als bedarfsorien-

Unsere Definition von
Unternehmenstheater:
Alle im Auftrag des
Unternehmens
durchgeführten
Maßnahmen, in denen
Theaterelemente und
-methoden eingesetzt
werden.

tiertes Theater (5) bezeichnet. Bislang hat sich im deutschsprachigen Raum weder eine genaue inhaltliche Definition noch ein feststehender Begriff für diese Form des Theaters herauskristallisiert – mit Ausnahme des Wortes ‚Unternehmenstheater'. Darunter wird derzeit alles zusammengefasst, was Theater in Verbindung mit Unternehmen bringt (ausgenommen gesponserte Theaterprojekte). Bekannt sind Formulierungen wie ‚bedarfsorientiertes Theater in Unternehmen', ‚Business-', ‚Motivations-', ‚Mitmach-', ‚Mitarbeiter-' und ‚Seminartheater', oder ‚Managementkabarett', ‚Kommunikationstheater' und viele andere *(mehr über die Theaterformen in: Welche Theaterformen passen in Training und Unternehmen?, S. 41).* Oft werden mit diesen Begriffen lediglich Teilaspekte bezeichnet. Die Formulierung ‚Unternehmenstheater' hingegen trifft für alle Formen zu. Wir verstehen darunter alle im Auftrag des Unternehmens durchgeführten Maßnahmen, in denen Theaterelemente und -methoden eingesetzt werden.

Merkmale des Unternehmenstheaters

Zum Unternehmenstheater gehören für uns folgende fünf Kernelemente:

1. Der Auftraggeber
2. Der Anbieter
3. Das Kunstwerk / die Präsentation / die Aufführung
4. Die auftraggeberspezifischen Inhalte
5. Die Zielgruppe: das Publikum

Auf den folgenden Seiten konkretisieren wir diese Kernelemente und gehen auf spezielle Problematiken und Einsatzmöglichkeiten näher ein.

1. Der Auftraggeber

Beim allgemeinen Unterhaltungstheater steht das Stück selbst bzw. seine Aussage im Zentrum der Konzeption. Ganz anders beim Unternehmenstheater: Hier ist ausnahmslos der Auftraggeber die

Hauptfigur. Er gibt Ziel und Nutzen vor, um seine Ziele rankt sich die Story. Das ist vielfach Stein des Anstoßes und löst kontroverse Diskussionen unter Theaterleuten aus. Darf man das Theater ‚gebrauchen'? Dieser Streit zwischen Kunst und Kommerz ist alt. Auch wenn es für die Theatermacher schwer vorstellbar ist, sich in ihrer künstlerischen Freiheit durch Vorgaben eines Auftraggebers einschränken zu lassen, so wissen wir doch alle, dass schon immer Stücke auf Bestellung geschrieben wurden.

Die Ziele und Kommunikationsinhalte des Auftraggebers stehen stets im Vordergrund.

Das Theaterstück als Auftragsarbeit ist keine Erfindung unserer Zeit und schon gar nicht eine des Unternehmenstheaters. Es gab sie schon lange vorher, die professionellen Schreiberlinge, die oft in kürzester Zeit Stücke produzieren mussten. Selbst namhafte Künstler haben auf diese Weise Klassiker innerhalb kurzer Zeit produziert. Manche Stücke Shakespeares waren nach wenigen Tagen abgespielt, dann musste schnell ein Neues her. Molière produzierte den *„Eingebildeten Kranken"* auf Bestellung (samt Aufführung) in fünf Tagen. Später wurde die so genannte Kompaniearbeit bekannt. Mehrere, aufeinander eingespielte Schreiber produzierten ein Stück gemeinsam. Je nach Begabung und Spezialgebiet war einer für die Rahmenhandlung verantwortlich, einer kümmerte sich um die komischen und einer um die tragischen Elemente. Mit dieser Arbeitsteilung arbeiten heute noch viele Film-Studios in Hollywood.

Sollten Sie selbst zu denen gehören, die sich mit der Kommerzialisierung ihrer kreativen Arbeit schwer tun, dann vergessen Sie nicht: Auch für künstlerisch ambitionierte Theatermacher öffnen sich reizvolle Chancen und Märkte durch Unternehmenstheater – inhaltlich und wirtschaftlich.

Mit Unternehmenstheater gewinnen beide: Kunst und Kommerz!

Obwohl der Name Unternehmenstheater nahe legt, dass es sich beim Besteller um eine Firma handelt, sprechen wir lieber vom Auftraggeber anstatt vom Unternehmen. Nach unseren Erfahrungen erstreckt sich das Spektrum weit über die Großunternehmen, die für die Anwendung von Unternehmenstheater z.B. bei Produkteinführungen, Messepräsentationen und Verkaufsschulungen allgemein bekannt sind, hinaus. So könnten zu Ihren zukünftigen Kunden sowohl Kleinbetriebe und mittelständische Unternehmen als auch Gewerkschaften, Betriebsräte, Verwaltungen, politische Parteien und gemeinnützige und soziale Institutionen gehören.

Lassen Sie Ihren Ideen freien Lauf und entwickeln Sie neue Geschäftsfelder für Ihre Spielpläne. Hier gilt es Entwicklungsarbeit zu leisten und auf Entdeckungsreise nach brachliegenden Potenzialen zu gehen.

2. Die Anbieter

Unternehmenstheater braucht Anbieter, die die Vorstellungen und Herausforderungen des Auftraggebers und der Zielgruppe – Publikum und Teilnehmer – auf einer bildhaft-spielerischen Art umsetzend begleiten können. Sie sind immer Botschafter zwischen zwei Welten. Seien Sie sich bewusst, aus dem Gefühl einer ethischen Pflicht heraus zu handeln. Ein tiefes Verständnis für die Ausgangslage, eine authentische und wertschätzende Haltung und Offenheit gegenüber allen Beteiligten und eine durchdachte Zieldefinition sind das A und O für ein gelungenes Projekt.

Wir haben einige Anbieter im Fundus für Sie zusammengestellt, ohne sie zu bewerten. Machen Sie sich selbst ein Bild *(siehe S. 302).*

Wenn Sie einen guten Anbieter suchen, achten Sie auf folgende Merkmale:

Das ideale Anbieter-Team: Profis aus Theater, Beratung und Coaching, Betriebswirtschaft und Marketing.

▶ Der Anbieter beschäftigt Fachkräfte: Nur Theaterprofis sind in der Lage, beim Publikum die für eine erfolgreiche Präsentation notwendige tragfähige Energie zu erzeugen. Diese Energie bewirkt, dass aus den einzelnen Zuschauern ein Ganzes, ein ‚Publikum' wird.

▶ Das Team sollte aus Theaterleuten, Beratern (Coachs), Trainern und Betriebswirtschaftlern bestehen, um die optimale Prozessbegleitung, den konzeptionellen Gesamtüberblick und die Wirtschaftlichkeit zu gewährleisten. Eine Ergänzung um Marketingfachkräfte wäre ideal. Unternehmenstheater als Teil von internen oder externen Kommunikationsmaßnahmen gehört schließlich zum Instrumentarium der Kommunikationspolitik innerhalb des Marketing-Mixes.

▶ Referenzen: Erfolgreiche Anbieter präsentieren gerne erfolgreiche Beispiele!

VitaminT, selbst Anbieter von Unternehmenstheater hat in einer praktischen Checkliste *„Tipps zur Auswahl von Unternehmensthea-ter-Anbietern"* zusammengefasst, worauf Sie bei der Auswahl von qualifizierten Trainern für Unternehmenstheater achten sollten *(siehe: Tipps zur Auswahl von Unternehmenstheateranbietern, als pdf hinterlegt: www.managerseminare.de/pdf/theater.pdf)*.

3. Das Kunstwerk / die Präsentation / die Aufführung

Ohne Aufführung kein Theater! Das gilt auch für das Unterneh-menstheater. Der Weg dorthin kann allerdings sehr unterschiedlich sein. Ausgehend von einer klassischen Inszenierung, einer Impro-visation oder gar etwas scheinbar Zusammenhang- und Nutzlosem steht am Ende immer das Kunstwerk als das Ergebnis und Ziel des Ganzen.

Im Vorfeld wird die Gemeinsamkeit, der Sinn aufgebaut. Im Prozess wird betrachtet, welche Kommunikationsstrukturen und Abspra-chen bei allen Beteiligten im Unternehmen erforderlich sind, um diese ‚Kunst' nutzbringend in den Alltag zu integrieren. Das Kunst-werk, die Aufführung, die Präsentation – oder wie auch immer es am Ende benannt wird – ist der Beweis dafür, dass der Transfer in den Alltag gelungen ist.

„Ein Stück ist in jedem Fall ein Spiel für andere." (1) Voraussetzun-gen für die Präsentation nach außen sind die Darsteller, das Publi-kum und in der Regel auch die Bühne. Mit dem Kernelement ‚Auf-führung' grenzt sich der Begriff auch klar zu den in Trainings häu-fig eingesetzten spielpädagogischen Mitteln oder dem Rollenspiel, auch Rollentraining genannt, ab: Diese Methoden beziehen sich auf einen intrapersonalen Prozess der Spielenden, nicht auf die Präsentation für andere *(siehe auch: Wie gehe ich mit Widerständen um?, S. 218)*.

Jedes Unternehmenstheaterstück muss stets für ein Publikum konzipiert sein. Damit grenzt es sich vom Rollenspiel ab.

Aber was wäre eine Regel ohne Ausnahme? So ist es durchaus denkbar, dass Sie thematische Improvisationen in Großgruppen ohne Publikum durchführen, um diese im Anschluss mit der Grup-pe auf der Metaebene - sozusagen in der Rolle der Zuschauer im Rückblick - selbst zu reflektieren. In diesem Fall schlüpfen die Spieler in der Reflexion selbst in die Rolle des Publikums.

4. Die auftraggeberspezifischen Inhalte

„Die Handlung (der Commedia dell'arte) entsprach dem üblichen Schema der venezianischen Karnevalsburleske: nächtliche Ständchen, vorzugsweise an die falsche Adresse; dazu fingierte oder fehlgeleitete Briefe; Rivalitäten ...; missverstandene Galanterien, die derbe Gegenwehr bewirken; groteske Verwechslungs- und Prügelszenen." Diese Sätze aus *„Komödianten"* von Berthold Rosenlecher (3) muten an, als gewährten sie uns einen direkten Blick in die Chefetagen einiger Unternehmen der Gegenwart. Da fällt es nicht schwer sich vorzustellen, die Themen aus der Geschäftswelt mit Unternehmenstheater ins Bild zu setzen und auf die Bühne zu bringen.

Stimmen Sie die Inhalte auf jeden Fall mit Ihrem Auftraggeber ab!

Um die Themen Ihres Auftraggebers in einem Stück verarbeiten zu können, sollten Sie als Trainer/in oder Berater/in eng und offen mit dem Unternehmen und den Mitarbeitern zusammenarbeiten. Die Story kann sehr nah an einer konkreten und aktuellen Herausforderung des Auftraggebers angelegt sein (zum Beispiel Verbesserung der Kundenorientierung, betriebsinterne Kommunikation, Sicherheit am Arbeitsplatz, Produktinformation). Es ist aber genauso möglich, allgemeinere Themen in den Vordergrund zu stellen wie z.B. Fragen des Change-Managements, der Globalisierung und der Fusionen, der Ziele und Visionen, des Images und der Unternehmenskultur. Die Fokussierung des Inhaltes richtet sich nach erwünschtem Nutzen und Wirkung, die mit der Bühnenpräsentation erreicht werden sollen.

Hier kommt es durchaus vor, dass nur ein einzelner Betriebsbereich wie z.B. der Vertrieb und eventuell der Außendienst an einer Unternehmenstheatermaßnahme zur Kundenorientierung teilnehmen. Sie können von Folgendem ausgehen: Je spezieller und gruppenbezogener das Thema ist, desto kleiner die Zielgruppe – bzw. das Publikum oder die Teilnehmer.

Nehmen Sie alle Beteiligten von Anfang an mit ins Boot!

Für die Umsetzung der auftraggeberspezifischen Inhalte gibt es unseres Wissens nach keine Grenzen. Wir kennen jedenfalls keinen Fall, in dem das Unternehmenstheater abwinken musste – hier sind Ihren kreativen Ideen keine Grenzen gesetzt. Für ungewöhnliche Aktionen empfiehlt es sich allerdings immer, vorher das Okay des Auftraggebers einzuholen, um Missverständnisse auszuschließen. Grundsätzlich empfehlen wir beim Einsatz von Unternehmenstheater, im Vorfeld die Vorgehensweise mit dem Auftraggeber abzustimmen. Wir können es gar nicht oft genug sagen: Sorgen Sie für eine offene Kommunikation und nehmen Sie alle Beteiligten von Anfang an mit ins Boot *(siehe: Welche Vorarbeit braucht Unternehmenstheater?, S. 169).*

Das eine oder andere Spiel(werk-)zeug mag Ihnen als Trainer oder Theatererfahrener ganz normal vorkommen, könnte aber bei Teilnehmern oder Chefs für Irritationen sorgen. Ihr Auftraggeber kennt die Zielgruppe – nutzen Sie dessen Kompetenz!

5. Die Zielgruppe: Publikum

Theater macht aus einer Ansammlung von Einzelpersonen ein Ganzes, ein ‚Publikum' – das gilt für alle Theaterformen. Diese Personenansammlung ist unsere Zielgruppe. Wir unterscheiden geschlossene, halboffene und offene Zielgruppen.

Das Publikum: Geschlossene, halboffene und offene Zielgruppen

▶ Geschlossene Zielgruppen

Als geschlossene Zielgruppe bezeichnen wir ein für diesen Anlass geladenes Publikum. Anlässe hierfür sind zum Beispiel Werksinformationen, Produktpräsentation, Firmenjubiläen, Fachtagungen, Kongresse usw. Hier scheint des Spektrum der Einsatzmöglichkeiten noch lange nicht ausgeschöpft, Ihrem Ideenreichtum sind keine Grenzen gesetzt. Die geladenen Gäste stehen mit dem Gastgeber-Unternehmen in der Regel auf geschäftlicher Ebene in Verbindung. Sie können sowohl Geschäftsfreunde, Kunden, Lieferanten, Handelsvertreter, Außendienstler als auch Mitarbeiter mit ihren Angehörigen sein.

Um eine spezielle Form der geschlossenen Zielgruppe handelt es sich beim Seminartheater. Eine Seminargruppe ist aus sich heraus per se eine geschlossene Gruppe. Aus dieser Ausgangsposition ergibt sich, dass für die Präsentationen im Seminarkontext die Teilnehmer in wechselnden Kleingruppen sowohl die Publikums- als auch die Spielerposition einnehmen.

▶ **Halboffene Zielgruppen**

Aber keine Regel ohne Ausnahme: Es gibt aus unserem Erfahrungsbereich durchaus auch Seminargruppen, die ihre erarbeiteten Szenen einer erweiterten geschlossenen Zielgruppe – oder wie wir sagen: dem ‚halböffentlichen Raum' – wie z.B. Kollegen auf der Weihnachtsfeier oder Kunden auf einer Produktpräsentation vorstellen. Diese Ideen sind dann Ergebnis eines Seminars oder einer Nachbereitung. Hier sprechen wir von einer halboffenen Zielgruppe. Die Vorbereitung der Gruppe auf diesen Auftritt erfordert eine besonders intensive Begleitung des Trainers *(mehr dazu in: Wie bereite ich eine (ahnungslose) Gruppe auf das Theaterspielen vor?, S. 187).*

Hier empfehlen wir mit unternehmenstheatererfahrenen Trainern und Anbietern zu kooperieren, damit die Präsentation ein Erfolg wird und die Freude der Teilnehmer am Theaterspiel wächst.

▶ **Offene Zielgruppen**

Als offene Veranstaltungen bezeichnen wir Präsentationen, die vom Auftraggeber beworben werden und einer breiten Öffentlichkeit zugänglich sind. Dabei handelt es sich um Veranstaltungen wie Messen, Aktions- und Begegnungstage etc.

Quellen:

(1) BATZ, Michael; SCHROTH, Horst: Theater grenzenlos. Rowohlt, Reinbek.
(2) HAVERMANN-FEYE, Maria: Theater in, mit und für Unternehmen. Facharbeit Unternehmenstheater 1999.
(3) ROSENLECHER, BERTHOLD: Komödiantenfibel. Staakmann, München.
(4) FLOSDORFF, Jens: Wenn der Chef ins Kostüm schlüpft, in: Hannoversche Allgemeine Zeitung, 01.03.03.
(5) SCHREYÖGG, Georg; BRESSER, Rudi; KRELL, Gertraude: Bedarfsorientierter Theatereinsatz in Unternehmen. Freie Universität Berlin, Institut für Management.

Wie fange ich Theater im Unternehmen an?

Hinter dem Begriff ‚Unternehmenstheater' verbergen sich die verschiedensten spannenden Theaterarten und Projektformen, nebst zahlreicher Mischungen und Varianten. Höchste Zeit, dass ein bisschen Ordnung in diesen Dschungel gebracht wird. So wagen wir zu diesem Zweck eine einfache Kategorisierung. Um alle (bisher üblichen) Möglichkeiten für einen ersten Zugriff zu erfassen und weiter zu ordnen, unterteilen wir diese in:

- ▶ Proaktives Theater
- ▶ Integratives Theater
- ▶ Interaktives Theater

Unternehmenstheaterkategorien und ihre Einsatzmöglichkeiten

▶ Proaktives Theater

Als ‚proaktiv' bezeichnen wir inszenierte Aufführungen, in denen ein externes Theaterteam für ein Zielpublikum spielt. ‚Pro' hat dabei eine doppelte Bedeutung: Profis werden pro – sprich: für – Publikum aktiv.

Bei dieser Kategorie des Unternehmenstheaters steht die unkonventionelle und nachhaltig wirkende Kommunikation von Botschaften im Vordergrund. Es wird häufig in der Abend- bzw. Rahmengestaltung genutzt, um einem größeren Personenkreis Informationen wirkungsvoll und einprägsam zu übermitteln. Außerdem

Proaktives Theater

▶ Bedeutung:
Profis spielen für Mitarbeiter, Kunden oder Geschäftsfreunde des Auftraggebers.

▶ Ziel:
Botschaften wirkungsvoll und einprägsam vermitteln.

ist diese Theaterkategorie beliebt als Ausdrucks- und/oder Identifikationsmittel zur Darstellung von Unternehmenskultur und -leitlinien.

Einsatzmöglichkeiten:
- Unterhaltung auf Betriebsfesten, Jubiläen usw.
- Vorstellung des Unternehmens, zur Kommunikation seiner ‚Corporate Identity‘, seiner Kultur, Leitlinien usw.
- Informations- und Wissensvermittlung auf Betriebsversammlungen, bei Marketing- und Verkaufsveranstaltungen, Produktpräsentationen usw.
- Ein- oder Ausstieg auf Tagungen, Kongressen
- Auftakt oder Abrundung von Informations- und Weiterbildungsveranstaltungen
- Startpunkt oder Abschluss von Projekten wie Change-Management, Kooperationsvereinbarungen, Firmenfusionen usw.
- Beginn oder Ende von Projekten der Team- und Personalentwicklung bzw. der Organisationsentwicklung

▶ Integratives Theater

Integratives Theater

> ▶ Bedeutung: Mitarbeiter stehen selbst auf der Bühne.
>
> ▶ Ziel: Intensive Auseinandersetzung mit Inhalten, Teamentwicklung.

Agieren überwiegend die Mitarbeiter des Auftraggebers auf der Bühne, wird diese Form von Unternehmenstheater als ‚integrativ‘ bezeichnet. Ohne die Mitarbeiter läuft nichts. Von Beginn an sind sie integriert, das heißt aktiv an der Ideensammlung, am Gestaltungs-, Umsetzungs- und Darstellungsprozess beteiligt. Alle Aufführungen durch Mitarbeiter, von der kleinen Szene im Seminar bis hin zur Präsentation vor großem Publikum, sind im Begriff des ‚integrativen Theaters‘ zusammengefasst.

Integratives Unternehmenstheater wirkt auf der persönlichen und auf der Unternehmensebene sowohl nach innen als auch nach außen. Es dient jedem Beteiligten auf individuelle Weise bei der Aufnahme, Akzeptanz und Verinnerlichung der transportierten Botschaft. Es informiert über Entwicklungen und vermittelt Lerninhalte auf theatrale Weise. Es fordert jeden zur aktiven Stellungnahme und Kommunikation der Inhalte auf. Theater fungiert in diesem Kontext auch als Transferhilfe bei der Wissensvermittlung und als Wahrnehmungsinstrument in der Rhetorik und Körpersprache.

Wenn der Chef ins Kostüm schlüpft

Das Konzept klingt gewagt: Die kaufmännischen Führungskräfte und Werksleiter eines Elektrotechnikunternehmens haben sich vom Unternehmenstheater inspirieren lassen. Statt die Belegschaft auf der Betriebsversammlung in trockenen, zahlenlastigen Vorträgen über die Jahresergebnisse, die Entwicklungen und Vorhaben des Unternehmens zu informieren, haben sie für diesen Anlass den Anzug gegen ein Theaterkostüm getauscht.

Nach dem Motto „Die Botschaft ist wichtig, nicht der gesprochene Text" wurde der trockene Stoff von Theaterfachleuten in eine Rahmenhandlung verpackt und in Szene gesetzt. Der Chef schlüpft in eine Rolle, die die Neugier der Belegschaft weckt. Da stehen Führungskräfte als Feuerwehrmann, Hausmeister, Pförtner oder Putzfrau auf der Bühne und geben ,ihre Weisheiten' zum Besten.

Das Prinzip ist einfach, aber wirkungsvoll. Auswertungen haben bestätigt: Die Mitarbeiter nehmen aus den Aufführungen wesentlich mehr mit, als von den früher üblichen Vorträgen und Flugblättern. (1)

Während des Entstehungsprozesses kann sich im integrativen Theater ein starkes Wir-Gefühl und eine hohe Identifikation mit Produkt und Unternehmen entwickeln. Hier vereinigen sich die Kreativität und die Arbeit aller Mitwirkenden zu einem Gesamtwerk. Das Kunstwerk wird durch diesen gemeinsamen Prozess lebendig und authentisch. Die Echtheit verleiht dem Ergebnis eine ,tragende Seele' mit dem ganz persönlichen Anteil eines jeden beteiligten ,Erschaffers'. Dabei ist es durchaus möglich, dass das ,Kunstwerk' im Rückblick zum schönen Nebenprodukt wird und der Prozess das Wesentliche und Wertvolle für die Beteiligten ist.

Einsatzmöglichkeiten:
- Change-Management und Visionsentwicklung
- Aufbau und Förderung des Unternehmensimages
- Entwicklung und Pflege der Unternehmenskultur
- Teambildung und -entwicklung
- Organisationsentwicklung

Proaktives und integratives Unternehmenstheater im Doppelpack

Proaktives und integratives Theater können auch eine Einheit bilden. Denn mit dem integrativen Theater haben Sie ein hervorragendes Instrument zur Weiterentwicklung oder zur Nachbereitung von proaktivem Theater in der Hand. In vorbereitenden Seminaren können mit den Mitarbeitern die Themen und Botschaften für proaktives Theater erarbeitet werden. Gerade im Zusammenhang mit Events und Kick-offs kann damit der Kommunikationsfluss verstärkt und der Erfolg gefördert werden.

Kombination von proaktivem und integrativem Theater

Kontext: Ein Industriebodenhersteller will beim eigenen Vertrieb und den Außendienstlern ein neues Produkt vorstellen und einführen.

Schritt 1:
Kick-off mit dem proaktiven Theaterstück ‚Miss Underground'.
Der Fußboden in den Produktionshallen eines Lebensmittelherstellers ist in einem desolaten Zustand. Dieser Boden wird durch Miss Underground personifiziert und dargestellt. Ihr sind deutlich die Gebrauchsspuren anzusehen. Die Experten sind sich einig: Sie muss sich dringend einer Verjüngungskur unterziehen. Aber das Angebot an Fußbodenbelägen ist riesig und der Fußbodenverleger gibt es viele. Miss Underground hat die Qual der Wahl und so mancher Belag erfüllt nicht die Anforderungen. Doch für einen erfahrenen Fußbodenverleger wie Fritz Frech ist das kein Problem. Er weiß, in solchen Fällen hilft nur eins: Alle losen Bestandteile müssen runter, dann tüchtig putzen und schrubben, ein guter, haltbarer aber auch attraktiver Belag muss drauf und – vor allen Dingen – schnell muss es gehen. Aber das Eine ist klar: Gepfuscht wird hier nicht! Nach einigen Verwicklungen und Missverständnissen gibt es ein verblüffendes Happyend für alle.

Schritt 2:
Integratives Unternehmenstheater als Seminarreihe.
Die Vertriebs- und Außendienstler des Industriebodenherstellers erarbeiten sich die Aussagen und Verkaufsargumente zu den neuen Produkten im Rahmen von ein bis drei Seminaren mit integrativem Unternehmenstheater. Am Ende steht eine Aufführung rund um diese Aussagen. Jeder Teilnehmer füllt dabei eine passende Rolle als Schauspieler, Requisiteur, Tontechniker oder Statist aus. Wichtig ist der Weg: die gemeinsame Arbeit von der Idee bis zum Stück, die Auseinandersetzung mit unterschiedlichen Standpunkten und Sichtweisen und das Zusammenfinden der Gruppe im Prozess.

Durch die Verbindung von proaktiven und integrativen Einheiten entsteht eine Veranstaltungsreihe, in der die Elemente aufeinander aufbauen und sich aufeinander beziehen – wie aus einem Guss.

Im Falle der Vertriebs- und Außendienstmitarbeiter des Industrie-fußbodenherstellers *(siehe vorangestelltes Beispiel)* führt das zu einem hohen Maß an Identifikation mit den Produktaussagen – da die Aussagen selbst erarbeitet werden – zu einer guten Verankerung der Produkteigenschaften und zu frischer Motivation für die künftigen Verkaufsgespräche.

Einsatzmöglichkeiten:
▶ Events, Kick-offs, Chill-outs
▶ Tagungen
▶ Open-Space-Veranstaltungen
▶ betriebsinterne Versammlungen
▶ Informationsvermittlung
▶ Marketing- und Öffentlichkeitsarbeit
▶ Produktpräsentationen
▶ usw.

▶ Interaktives Theater

Beim interaktiven Unternehmenstheater handelt es sich wieder um Aufführungen durch Profi-Schauspieler. Im Gegensatz zum proaktiven Theater werden jedoch die Zuschauenden ebenfalls aktiv: Meist präsentieren zunächst Schauspieler auf der Bühne dem Publikum das Stück. Im Anschluss daran wird das gleiche Stück wiederholt. Nun sind die Zuschauer aufgefordert, das Spiel zu unterbrechen und durch Anweisungen an die Schauspieler den Verlauf des Stückes nach ihren Vorstellungen zu verändern. Das kann mit Zurufen oder in Ausnahmefällen auch aktiv als Mitspieler geschehen, um die Umsetzung einer Idee zu verdeutlichen. Es entsteht eine Wechselwirkung zwischen Zuschauern und Schauspielern. Das Publikum (i.d.R. ein kleinerer, betriebsinterner Kreis) ist interaktiv, greift also ins Bühnengeschehen gestaltend ein.

Das interaktive Unternehmenstheater kann auch als Methode zur Bearbeitung interpersoneller Konflikte eingesetzt werden. Der

---

Interaktives Theater

▶ Bedeutung:
Schauspieler spielen eine Inszenierung, die sie nach den spontanen Wünschen und Vorschlägen aus dem Publikum verändern.

▶ Ziel:
Durch aktives Eingreifen Ideen umsetzen. Inhalte und Prozesse gestalten und verändern.

Spielleiter hat dabei die Rolle eines Coaches, der die Auseinandersetzung mit Konflikten behutsam lenkt und in ein positives Lösungsbild führt. Diese Methode erfordert jedoch unbedingt fundierte psychologische Kenntnisse.

Interaktives Unternehmenstheater wird gerne in Seminaren und Trainings der Personal- und Organisationsentwicklung eingesetzt oder als Auftakt zu einem Seminar bzw. Workshop vorangestellt *(siehe auch Forumtheater, Improvisationstheater, TOI in: Welche Theaterformen passen in Training und Unternehmen?, S. 41 ff.).*

Einsatzmöglichkeiten:
▶ Auftakt zum Seminar
▶ Personal- und Organisationsentwicklung
▶ Konfliktmanagement

Alle Unternehmenstheaterkategorien gewinnen durch begleitende Maßnahmen wie z.B. weiterführende Trainings oder Coaching. Unverzichtbar sind eine sorgfältige Vor- und Nachbereitung. In welchem Umfang dies sinnvoll ist, muss im Einzelfall geprüft werden. Insbesondere die beiden Kategorien ,integrativ' und ,interaktiv' sind hervorragende Instrumente für den Trainingsbereich.

Für welche Maßnahme Sie sich auch entscheiden: Haben Sie immer sowohl den Gewinn für jeden Einzelnen als auch für das gesamte Unternehmen im Blick. Betrachten Sie Unternehmenstheater immer im Kontext mit anderen Elementen der Personalentwicklung. Lenken Sie, wenn nötig, den Blick des Kunden auf diesen Aspekt, um den größtmöglichen Nutzen für alle Teilnehmer und das Unternehmen zu sichern.

Noch ein Wort zum Rollenspiel

Häufig wird von den Teilnehmern das im Training eingesetzte Rollenspiel dem Theater zugerechnet und somit auch in die Nähe von Unternehmenstheater gerückt. Hierbei handelt es sich jedoch um grundverschiedene Ansätze: Rollenspiel schafft Nähe zur Realität und Theater erzeugt Distanz zur Realität.

Rollenspiel schafft Nähe zur Realität und Theater erzeugt Distanz zur Realität.

Beim Rollenspiel geht es in erster Linie um das Nachspielen der beruflichen Realität zum Zweck der Analyse und lösungsorientierten Entwicklung. Mit dieser Methode werden vorher klar definierte, realitätsnahe Szenen nach- bzw. durchgespielt. Sie dient der Vorbereitung auf kritische Situationen. Das Rollenspiel endet mit einer Analyse der entwickelten Lösungsansätze in einer anschließenden Feedback-Runde.

Mit dem Theaterspiel verhält es sich genau anders herum. Um Distanz zum Thema herzustellen, werden Szenen bewusst verfremdet. Das eröffnet den Blick auf die eigene Person und das Verhalten aus verschiedenen neuen Perspektiven und erweitert das Wahrnehmungs- und Erkenntnisspektrum *(siehe auch: Wozu denn das ganze Theater?, S. 117)*.

Aufgrund dieser unterschiedlichen Ansätze ist das Rollenspiel nicht den Kategorien des Unternehmenstheaters zuzuordnen.

Abschließend erwartet Sie eine Tabelle, die Ihnen die Zuordnung der Unternehmenstheater-Kategorien zusammenfasst.

Quellen

(1) nach FLOSDORFF, Jens: Wenn der Chef ins Kostüm schlüpft. Hannoversche Allgemeine Zeitung, 01.03.03.

Kriterien	Proaktives Theater	Integratives Theater	Interaktives Theater
Theaterformen (Beispiele)	Bewegungs- u.Sprechtheater	Seminartheater Mitarbeitertheater	Forumtheater TOI (themenorientierte Improvisation)
Zielgruppe / Publikum	offene Zielgruppe halboffene Zielgruppe geschlossene Zielgruppe	halboffene Zielgruppe geschlossene Zielgruppe	geschlossene Zielgruppe
Auftraggeber	Betriebe; Konzerne; öffentliche Institutionen (Verbände, Vereine, Kommunen, Land, Bund); Non-Profit-Unternehmen; Marketing- und Event-Agenturen; Unternehmensberatungen	Betriebe; Konzerne; öffentliche Institutionen (Verbände, Vereine, Kommunen, Land, Bund); Non-Profit-Unternehmen; Marketing- und Event-Agenturen; Unternehmensberatungen	Betriebe; Konzerne; öffentliche Institutionen (Verbände, Vereine, Kommunen, Land, Bund); Non-Profit-Unternehmen; Marketing- und Event-Agenturen; Unternehmensberatungen
Anbieter	Unternehmensberatung; Theater; Organisationsentwicklung; Event-Agenturen	Unternehmensberatung; Freie Theater; Organisationsentwicklung; Event-Agenturen; Berater; Personalentwickler; Trainer	Personalentwickler; Trainer; Berater; Coaches; Freie Theater
Konzeption / Leitung	Theaterpädagogen; Berater	Theaterpädagogen; Trainer; Berater, Coaches	Psychologen; Trainer; Berater, Coaches
Akteure	Schauspieler	Schauspieler, Mitarbeiter	Schauspieler
Wirkung bei der Zielgruppe	Unterhaltung; Information; Identifikation; Impulsgeber	Identifikation; Motivation; Veränderung; Entwicklung; Handlungsorientiertes Lernen	Identifikation; Veränderung; Entwicklung; Handlungsorientiertes Lernen
Nähe zum Thema	Durch Identifikation mit der Botschaft	Durch Identifikation mit der Botschaft und eigenes Handeln	Durch Identifikation mit der Botschaft und eingeschränktes Handeln
Distanz zur Botschaft für die Teilnehmer	Durch Passivität risikolos	Durch Verfremdung risikolos	Verbale Anweisungen; kalkulierbares Risiko

Wozu denn das ganze Theater?

Welchen Effekt hat Unternehmenstheater? Oder anders gefragt: Wem oder was nützt das Ganze? Hier geht es um die Wirkung und damit auch den Nutzen von Theaterprojekten. Beide Faktoren sind entscheidend, lässt sich doch der Einsatz von Unternehmenstheater nur über sie begründen und verkaufen.

Jedoch erschließen sich Sinn und Gewinn (wie bei jedem prozessorientieren Vorgehen) im vollen Umfang erst während oder sogar erst nach Beendigung des Prozesses. Alle vor Projektbeginn gemachten Aussagen zu Wirkung und Nutzen beruhen auf Erfahrungswerten. Diese lehren allerdings, dass Unternehmenstheater funktioniert und dass Unternehmen und alle beteiligten Personen davon profitieren.

Für Menschen, die noch nie einen solchen Prozess erlebt haben, ist dies nicht immer nachvollziehbar. Es lässt sich aber einfach erklären: Jeder von uns greift auf seinen persönlichen Erfahrungsschatz zurück, um den Nutzen einer Handlung beurteilen zu können. Theater im Dienste des Unternehmens und seiner Menschen ist noch eine sehr junge Methode, daher können folglich nicht viele Menschen auf diese speziellen Erkenntnisse zurückgreifen.

Drei Gruppen von Beteiligten erwarten bzw. haben einen Nutzen vom Unternehmenstheater:

Der Nutzen oder die Nützlichkeit einer Handlung wird subjektiv von einer Person für sich selbst gewertet.

▶ Auftraggeber, die als Initiatoren des Projektes fungieren,
▶ Zuschauer, die ein Stück sehen und miterleben,
▶ Teilnehmer, die selbst ein Stück entwickeln und spielen.

Sie alle messen den Wert des Projektes daran, welcher Vorteil, welches ‚Glück' oder welcher Gewinn ihnen daraus erwächst.

Kommentar eines
begeisterten
Teilnehmers:
‚Leute, egal, was man
euch da draußen über
diese Workshops erzählt,
empfehle ich euch dieses
mindestens einmal zu
machen und ihr werdet
feststellen, dass solche
Veranstaltungen für euch
und eure Kollegen/innen
nur von Vorteil sind.'

Für das Auftrag gebende Unternehmen wird der Wert vor allem in der erfolgreichen Bearbeitung von Sachfragen, im Engagement der Mitarbeiter, in ihrer höheren Identifikation mit dem Unternehmen, im Imagezuwachs und in der weiteren Unternehmensentwicklung sichtbar.

Die Menschen aller drei beteiligten Gruppen profitieren zusätzlich auf der Ebene der Persönlichkeitsentwicklung – außerdem erleben sie im Prozess die beflügelnde Wirkung einer tragfähigen Gemeinschaft und ihre Auswirkung auf das Arbeitsklima.

Doch wie genau geschieht das, was ist das Geheimnis dieses Vorgehens? Und wie könnte der Nutzen, auch gegenüber dem Kunden, beschrieben werden? Mit diesen Fragen beschäftigen sich die folgenden Ausführungen.

Im Einzelnen geht es nun um die Themen:

▶ Die Fokussierung auf *ein* Kernziel
▶ Die Förderung von Veränderungsbereitschaft
▶ Die Wirkung von Unternehmenstheater
▶ Der Nutzen – und wie Sie ihn kommunizieren können

Die Fokussierung auf *ein* Kernziel

Unternehmenstheater-Projekte lassen sich zu zahlreichen Themen planen und durchführen: Das Spektrum reicht von der Teamentwicklung über Organisationsentwicklung, Change-Management, Marketing und Verkaufsförderung, interne und externe Kommunikation, Informations- und Wissensvermittlung bis hin zur Produktschulung.

Das Kernziel heißt immer
Wandel und damit
Veränderung!

Für jeden dieser Einzelbereiche können Sie die unterschiedlichsten Konzepte zur Umsetzung entwickeln, die verschiedensten Ziele anstreben. Und doch lässt sich die Vielzahl möglicher Vorhaben auf ein wesentliches Kernziel fokussieren: Immer geht es um die Förderung von Entwicklungen, die zu Veränderungen führen.

Denn Unternehmenstheater-Projekte unterstützen den Wandel und ziehen immer Veränderungen nach sich, darin liegt ihr Gewinn. Dies gilt sowohl für die Wirkung auf die einzelne Persönlichkeit als auch für das Unternehmen.

Die Förderung von Veränderungsbereitschaft

Veränderung ist meist eine heikle Sache: Manche Menschen suchen und forcieren sie, andere ertragen sie passiv und fühlen sich ihr ausgeliefert, wieder andere meiden sie oder bauen Blockaden und Widerstände auf.

‚Ein System kann man nur verstehen, wenn man versucht, es zu verändern.'
Kurt Lewin

Jedoch gehört Veränderungsbereitschaft inzwischen zu den Alltagsanforderungen zahlreicher Unternehmen. Vielen Arbeitnehmern blieb gerade in den vergangenen Jahren gar nichts anderes übrig, als sich den wechselnden Bedingungen im beruflichen Kontext anzupassen. ‚Flexibilität' heißt das Zauberwort unserer Zeit.

Und so begegnen uns insbesondere in großen Konzernen Aussagen wie: *„Ich stelle mich auf nichts Langfristiges ein. Ich weiß nicht, was in drei Monaten ist, ob ich noch hier sitze oder was meine Arbeitsinhalte sind."* Solche Sätze klingen abgeklärt, lassen aber erahnen, wie sehr sich Mitarbeiter dem Prozess ausgeliefert fühlen und keine Handlungsalternative sehen. Auch wenn es zunächst einen anderen Anschein hat: Häufig ist die Skepsis gegenüber Neuem nicht überwunden.

Der amerikanische Wissenschaftler *Kurt Lewin* beschreibt ein Phänomen der Ablehnung *(siehe nebenstehenden Kasten)*, wie es auch im beruflichen Alltag angetroffen wird, wenn z.B. eine neue Software eingeführt, die Abteilung in ein anderes Gebäude oder an einen anderen Ort verlegt, die Unternehmensleitlinien verändert oder eine neue Strategie geplant werden soll. Diese Veränderungen verunsichern die Mitarbeiter. Bewusst oder unbewusst reagieren viele auch dann mit Skepsis bis hin zur Ablehnung, wenn es rational betrachtet eigentlich keinen Grund gibt.

Essgewohnheiten

Lewin ist dem Phänomen der Ablehnung von Veränderung nachgegangen. Er fand anhand von Experimenten zur Veränderung der menschlichen Essgewohnheiten heraus, dass im Grunde niemand von den Probanden erklären konnte, warum von ihm die Veränderung der Essgewohnheiten abgelehnt wird. Einige der Teilnehmer mussten sich sogar eingestehen, dass sie gar keinen Grund hatten, sich derart ablehnend zu verhalten.

Der Wirtschaftswissenschaftler Professor *Georg Schreyögg* stellt fest: *„Der Veränderungswiderstand ist in der überwältigenden Mehrzahl der Fälle nicht rational motiviert, er ist überwiegend emotional."*

Passive Grundvoraussetzung in Veränderungsprozessen ist die Änderungsbereitschaft. Aktive Grundvoraussetzung ist das Lernen.

Die grundsätzliche Bereitschaft, sich auf den Prozess einzulassen, ist die passive Grundvoraussetzung, um Entwicklung überhaupt zu ermöglichen. Diese Bereitschaft ist auch notwendiger Bestandteil für die aktive Grundvoraussetzung von Veränderungsprozessen (=dem Lernen). Erst wenn diese Bedingung erfüllt ist, können überhaupt Entwicklungsprozesse, z.B. im Denken und Analysieren, in Verhalten und Einstellung, in Persönlichkeit und Körper stattfinden.

Um diese Voraussetzung zu schaffen, können Sie mit Unternehmenstheater z.B. auf Kick-off-Veranstaltungen einen entscheidenden Beitrag leisten. Denn mit Theater erreichen Sie das Publikum bzw. die Teilnehmenden auf der Gefühlsebene. Damit bieten sie den Beteiligten die Möglichkeit, sich emotional berühren zu lassen. So haben Sie die Chance, die Beteiligten zu öffnen, ihr Interesse für wichtige Botschaften zu wecken und ihnen den Sinn und den Nutzen der Auseinandersetzung mit den Themen aufzuzeigen. Kurz: Die für die Veränderung so notwendige Bereitschaft zu initiieren.

Die Wirkung von Unternehmenstheater

Die Veränderungsbereitschaft ist eine Phase, in der das Eis zu schmelzen beginnt und ein ‚sich-öffnen-können-oder-wollen' einsetzt. Dieser Prozess wird als *‚Unfreezing'* bezeichnet.

Für das rationale Ergebnis, also den erfolgreich durchgeführten Veränderungsprozess, muss der Einzelne sich öffnen, sich aktiv und konstruktiv mit seinen Emotionen beschäftigen und diese reflektieren. Für die Teilnehmer ist das oft eine sehr große Herausforderung.

Aber genau da, in der aktiven und emotional gefärbten Beschäftigung mit den Themen, liegt die große Chance des Unternehmenstheaters: Denn Theater stellt eine Beziehung her zum Inhalt, zu Anderen und zu sich selbst. Die Verfremdung von Themen, der Blickwinkel aus der Distanz und die wertschätzende, vertrauensvolle Atmosphäre ermöglichen den Teilnehmern (Zuschauenden oder Agierenden), sich zu öffnen. Das Spiel berührt die Menschen in der Tiefe ihrer Seele.

Die große Chance des Unternehmenstheaters liegt in der aktiven und emotional gefärbten Beschäftigung mit den Themen.

Dies unterstützt die Änderungsbereitschaft, mehr noch, es kann sogar den Wunsch nach Wandlung hervorrufen. Denn neue, außergewöhnliche, überraschende Wege können Menschen zum Ausbruch aus der Routine anregen und richtig Lust auf Veränderung machen.

Durch den Einsatz von Theater und Theatertechniken bringen Sie die Menschen in eine positive Stimmung. Die euphorisierende Wirkung der Aufführung schiebt an und setzt Impulse. Da die Teilnehmer alles selbst- und miterleben, schafft Theater nachhaltige Eindrücke und Erinnerungen. Es ermöglicht positive Erfahrungen, bewegt sowohl innen als auch außen und verankert die Inhalte auf einer tieferen Ebene. Unternehmenstheater ermutigt und zeigt positive Lösungen auf, es baut Ängste und Barrieren ab.

Möglich wird dies unter anderem durch ansprechende Texte und ausdrucksstarke Bilder, oder durch Methoden und Techniken, die

▶ Neugierde und Begeisterung wecken,
▶ Lust auf mehr machen,
▶ mit ungewohnten Ideen und Lösungen anstecken,
▶ Sinn und Nutzen überzeugend kommunizieren,
▶ Handlungsräume aufzeigen und dadurch Mut und Hoffnung machen.

Wirkungen
Unternehmenstheater fördert:
▶ Handlungsorientiertes Lernen
▶ Erfahrungsorientiertes Lernen
▶ Lösungsorientiertes Lernen

Unternehmenstheater-Trainer könnte man auch als moderne Hofnarren bezeichnen, die in ihrer ‚Narrenfreiheit' den Beteiligten den Spiegel vorhalten, um mit dem Abbild Selbsterkenntnis und Selbsterfahrung anzuregen. Dadurch wird eine Wandlung einfühlsam und behutsam ermöglicht.

Dem erlebten Impuls muss aber unmittelbar der Veränderungsprozess folgen, da sonst Frustrationen als Motivationskiller wirken und negative Folgen auf das Engagement und spätere Trainingsmaßnahmen haben können. Um die öffnende Wirkung des Unternehmenstheaterauftrittes zu nutzen, ist die Nachbereitung als Qualitätsgarant zwingend erforderlich!

Die Wirkung durch begleitende Maßnahmen intensivieren

Unternehmenstheater hat immer Folgen! Welche, dass hängt entscheidend vom Einsatz begleitender Maßnahmen ab.

Die Impulse, die Sie durch den Einsatz von Unternehmenstheater setzen, können nur dann ihre volle Wirkung entfalten, wenn das Theaterstück in ein Gesamtkonzept eingebettet ist.

Ein Theaterprozess hat immer Folgen! Welche, dass hängt entscheidend vom Einsatz begleitender Maßnahmen ab. Darüber hinaus zeigen Erfahrungen und Auswertungen, dass es für Mitarbeiter frustrierend und demotivierend ist, wenn Unternehmenstheater nicht nachbereitet wird. Die Impulse verpuffen nach dem Motto: *„War schön, aber was hat es gebracht?"*

Wenn das geschieht, ist das mehr als unglücklich. Denn Mitarbeiter sind auf Erfolgserlebnisse angewiesen. Je konsequenter die Anregungen weiterverfolgt und nachbereitet werden, desto größer das Engagement, das Verantwortungsbewusstsein und die Identifikation der Mitarbeiter mit dem Unternehmen.

Zur Nachbereitung sind z.B. die interaktiven oder integrativen Theaterkategorien geeignet. Auch empfiehlt es sich, thematisch an die Veranstaltung angelehnte Schauspiel-Übungen oder andere Theaterelemente als Bausteine in nachbereitende Trainings oder Seminare einzubinden *(mehr hierzu: Wie setze ich Theaterelemente in gängige Trainings ein?, S. 28)*.

Natürlich können diese Maßnahmen auch als Bühnen-Events oder -erlebnisse für Mitarbeiter oder Kunden des Auftraggebers konzipiert und von ihnen gespielt und erlebt werden.

Ausnahmen, die eine Nachbereitung nicht erfordern, sind Veranstaltungen mit Unterhaltungscharakter wie Jubiläen, Betriebsfeste oder sonstige Feiern. Dennoch empfiehlt es sich, dass Sie Ihrem Auftraggeber ein Nachbereitungsgespräch und zur Erinnerung an den Event eine Videodokumentation anbieten. In solchen Gesprächen erhalten Sie nämlich häufig wertvolle Hinweise für die Optimierung Ihrer Dienstleistung.

Praxisbeispiel: Begleitende Maßnahmen

Unternehmenstheater mit begleitenden Maßnahmen:

Ein Hersteller von Beschichtungsmaterial erweitert seine Produktpalette. Er wählt zur Einführung des neuen Materials das Unternehmenstheater.

Vorbereitungsphase: In einer Seminarreihe werden von der Vertriebsmannschaft und den Außendienstlern die Vorzüge und Eigenschaften des neuen Produktes erarbeitet. Die Inhalte, z.B. Kommunikation der Produktaussagen, Selbstpräsentation im Verkaufs- und Beratungsgespräch und der Umgang mit Reklamationen, werden mit Hilfe von Methoden und Elementen aus dem Theater trainiert. Die Erkenntnisse aus den Seminaren und die erarbeiteten Produktaussagen bildeten die Basis für ein mit den Mitarbeitern entwickeltes und inszeniertes Theaterstück.

Umsetzung: Deutschlandweit wird das Produkt den Kunden des Unternehmens in Roadshows vorgestellt. In das Programm mit Fachvorträgen und Diskussionsrunden ist auch das Theaterstück eingebettet, das Vertriebs- und Außendienstmitarbeitern ihrer Kundschaft vorspielen. Das Stück handelt von Rittern und Prinzen, die täglich mit der Dornenhecke vor dem Eingang zum Schloss des Kunden konfrontiert werden. Der Zugang zum Schloss des Königs Kunde und seiner begehrten Tochter ist schwer und muss strategisch genau geplant werden. Zielstrebig, mutig und tapfer versuchen sie, auf verschiedene Weise und mit unterschiedlichen Werkzeugen ins Schloss zu gelangen. Ist dieses erste Hindernis überwunden, gilt es, die Gunst der Prinzessin durch Qualität zu erringen. Mutiges Handeln zur rechten Zeit bringt eine überraschende Wende in die Geschichte und das Happyend.

Nachbereitung: Nachfolgeseminare nehmen Bezug auf die Erkenntnisse aus der Vorbereitung und die Aussagen des Theaterstücks. In enger Zusammenarbeit mit den Vertriebsleuten und den Technikern des Herstellers werden für die Verarbeiter- und Beschichterbetriebe Produktschulungen und Anwender-Workshops durchgeführt. In der Evaluierung des Projekts zeigt sich eine maßgebliche Steigerung der Umsatzzahlen und im Gegenzug ein erheblicher Rückgang der Reklamationen.

Die angenehme Nebenwirkung des Unternehmenstheaters

In der Rückschau wird für die Beteiligten häufig das erschaffene Kunstwerk bzw. die Aufführung zu einem Produkt, das ohne den Prozess nicht denkbar oder darstellbar wäre. Dadurch wird für alle Teilnehmenden letztlich der Prozess zu dem eigentlich Nutzbringenden – das Kunstwerk bzw. die Präsentation wird als angenehme Nebenwirkung empfunden. Bitte nicht falsch verstehen! Natürlich ist das Kunstwerk oder die Aufführung wichtig als gemeinsamer, weithin sichtbarer Beweis, mit dem die Gruppe kommuniziert oder ausdrückt, was bzw. das sie es geschafft hat. Diese authentische Kommunikation ist letztlich das be- und anrührende Element in der Darstellung, dem eine besondere Wertschätzung und eine tiefe innere Dankbarkeit und Hochachtung für den Mut und das gezeigte Vertrauen gebührt.

Der Nutzen – und wie Sie ihn kommunizieren können

Mit Theatermethoden fördern Sie den Dialog und schaffen Kontakt auf und zwischen allen Hierarchieebenen. Für die Teilnehmer eröffnen sich neue und unterschiedliche Blickwinkel auf Themen und Inhalte, Kollegen und Führung, Notwendigkeiten, Abläufe, Wahrheiten und Glaubenssätze.

Die nachfolgenden Argumente, die Ihnen eine Hilfestellung in der Formulierung des Nutzens von Unternehmenstheater liefern wird, sind nach Themenbereichen sortiert. Fett gedruckt finden Sie die Hauptargumente, in den darunter liegenden Zeilen sind diese noch einmal detaillierter aufgegliedert. In den Spalten rechts haben wir die Argumente den wesentlichen Theaterkategorien *(vgl.: Was ist denn das für ein Theater?, S. 99)* zugeordnet. Unsere Lösung versteht sich nicht als Festschreibung, sondern als Orientierungshilfe und Grundlage zum weiteren Nachdenken. Weder die Argumente noch die Zuordnungen sind vollständig. Auch mit dieser Tabelle heißt es also kreativ umzugehen: Finden Sie weitere Punkte, variieren Sie die Begründungen und nehmen Sie eigene Zuordnungen vor.

Schwergewichte

Vier Schwerpunkte der Nutzenargumentation für Unternehmenstheater:

▶ Bringt Themen auf den Tisch und auf den Punkt, fördert ihre nachhaltige Bearbeitung.

▶ Fördert und fordert Kreativität.

▶ Fördert die Entwicklung der Persönlichkeit und individueller Fähigkeiten und Kompetenzen.

▶ Stärkt die Zusammenarbeit, den Zusammenhalt und den Teamgedanken.

Quellen:

(1) LEWIN, K.: Group decision and social change, in Maccoby, E.E. / Newcomb, T.M. / Hartley, E. L. (Hrsg.), Readings in social psychology, 3. Auflage New York 1958.
(2) SCHREYÖGG, G.: Die emotionale Basis der Veränderung. Manuskript des Vortrages anlässlich des Kongresses „Business goes Theater" 12.09.97 in Hof.

Nutzenargumente und ihre Begründung

Nutzen-argumente	Begründung	Besonders geeignet für			
		Theaterelemente im Training	Integratives Theater	Proaktives Theater	Interaktives Theater
Bringt Themen auf den Tisch und auf den Punkt, fördert ihre nachhaltige Bearbeitung ...	... weil Themen durch Theater erkennbarer und greifbarer werden. Denn nicht nur die Sachaspekte, sondern auch die damit verbundenen Gefühle und Gedanken werden in erzählende Bilder übersetzt. Über die abstrahierte, verfremdete Darstellung gelingt es, auch heiklen oder verdeckten Fragen eine Stimme zu geben und festgefahrene Denkmuster aufzubrechen. Beim proaktiven und interaktiven Theater betrachten die Beteiligten die Lage von außen – aus einer dissoziierten (losgelösten) Position. Sie können auf diese Weise besser erkennen, dass es Handlungsmöglichkeiten gibt und dass sich eingefahrene Strukturen verändern lassen. Wenn sie darüber hinaus ihre Sorgen und Bedenken in angemessener Form behandelt sehen, fördert das ihre Bereitschaft, sich mit den Notwendigkeiten auseinander zu setzen und Veränderungen aktiv zu unterstützen. Bei Theaterelementen und integrativem Theater: Die persönliche Erfahrung lenkt die Aufmerksamkeit auf Prozesse, Zusammenhänge und Lösungen, die sonst kein Thema wären. Die Rezeption über alle Sinne bewirkt eine Verankerung der Erlebnisse und Erkenntnisse. Was im Spiel als möglich erkannt wurde, kann auch auf den Berufsalltag übersetzt und übertragen werden.	✔	✔	✔	✔
Fördert die Klarheit von Zielsetzungen und macht Botschaften transparent ...	... weil im Theaterstück Ziele und Botschaften klarer, umfassender und eindrücklicher erkennbar sind als auf einem Stück Papier, weil die schwer aussprechbaren, verdeckten Anteile und die emotionale Ebene mit betrachtet werden können.		✔	✔	✔
Bringt Themen erhöhte Aufmerksamkeit, fördert ihre Akzeptanz ...	... weil Aufmerksamkeit und Akzeptanz dann entstehen, wenn Neugier geweckt wird, wenn drängende Fragen in der Szenendarstellung Ausdruck finden oder wiedererkannt werden und wenn Menschen spüren, dass ihre Meinung gefragt ist und sie mitgestalten können.	✔	✔	✔	✔

Nutzenargumente und ihre Begründung

Nutzen-argumente	Begründung	Besonders geeignet für			
		Theaterelemente im Training	Integratives Theater	Proaktives Theater	Interaktives Theater
Erlaubt das Beleuchten von Glaubenssätzen und Einstellungen ...	... weil das Geheimnis in der dissoziierten (losgelösten) Position, dem (unsichtbaren) Dreieck zwischen dem Ich, dem Wir und der Sache liegt. Durch das distanzierte Betrachten des Themas (z.B. der hindernden Einstellung) lösen sich die Gruppe und der Einzelne aus ihrer Verstrickung mit derselben. Von außen kann besser gesehen und beurteilt werden, welche Glaubenssätze dem Wandel im Wege stehen und welche Veränderungen in der Situation angemessen und machbar sind.	✔	✔	✔	✔
Erlaubt die Kommunikation von heimlichen Themen, ungeschriebenen Gesetzen und Regeln ...	... weil die Abstraktion eines Inhaltes durch die Verfremdung oder das Aufgreifen eines heimlichen Themas durch Darsteller von außen die nötige Distanz bewirken, um bei den Zuschauenden die Bereitschaft zum Gespräch und zur Auseinandersetzung zu wecken. Externen Darstellern ist es erlaubt, ihre Finger auf Wunden zu legen. Sie dürfen das offen aussprechen, was firmenintern nur hinter vorgehaltener Hand kommuniziert wird. Entscheidend ist dabei, dass ein Wiedererkennungseffekt eintritt und dass es in einer für alle annehmbaren, keinesfalls moralischen, dafür humorvollen und angemessenen Form geschieht.			✔	✔
Ermöglicht einen wertschätzenden Austausch über alle Hierarchieebenen ...	... weil sich sowohl auf der Bühne, wie auch im Publikum Statusunterschiede verwischen. Ein Theaterstück, das unterschiedliche Sichtweisen und Emotionen wertschätzend integriert, das offen und wertfrei Themen anspricht, die sonst nur verdeckt besprochen werden, wirbt für gegenseitiges Verständnis und bringt alle auf den gleichen Stand. Eine gemeinsame Gesprächsebene, geprägt von Offenheit, gutem Zuhören, Aufmerksamkeit und gegenseitigem Respekt, kann hergestellt und im weiteren Verlauf genutzt werden.		✔	✔	✔
Zeigt Handlungsalternativen auf, wirkt als Türöffner für neue Ideen und Konzepte, fordert auf, über den Tellerrand zu schauen ...	... weil die ‚Draufsicht' aus der Distanz und auch das eigene Ausprobieren auf der Bühne oder im Seminar neue Perspektiven eröffnen. Ideen entstehen, andere werden relativiert, die Dinge werden in ein angemessenes Licht gerückt, wachsen (oder schrumpfen) auf angemessene Größe. Theaterspiel und Theaterelemente laden zum Experimentieren mit Ideen, Veränderungen, Handlungs- und Lösungsansätzen ein. Es passiert einfach. Niemand kann sich dem entziehen.	✔	✔	✔	✔

Nutzenargumente und ihre Begründung

Nutzen-argumente	Begründung	Besonders geeignet für			
		Theaterelemente im Training	Integratives Theater	Proaktives Theater	Interaktives Theater
Erzeugt Gesprächs- und Veränderungsbereitschaft ...	... weil nicht nur Gedanken, sondern auch Emotionen aufgegriffen werden, Sorgen und Bedenken ihren Platz bekommen. Ängste werden nicht ignoriert, sondern die Begegnung mit ihnen gesucht. So sind sie bearbeitbar, neue Handlungsmöglichkeiten und Lösungsansätze werden sichtbar und als möglich in Betracht gezogen. Wenn die Beteiligten darüber hinaus spüren, dass die Herangehensweise von Wertschätzung und Respekt geprägt ist, sind sie bereit, sich auseinander zu setzen und Veränderungen aktiv zu unterstützen.	✔	✔	✔	✔
Bleibt nachhaltig in Erinnerung ...	... weil sich das Geschehene verankert, weil beide Gehirnhälften und verschiedene, zum Teil sogar alle Sinne angesprochen werden.	✔	✔	✔	✔
Fördert und fordert Kreativität ...	... weil die Verfremdung des Themas stets eine Entfernung vom Problem bewirkt, welche Grundlage für die für den kreativen Prozess entscheidende Phase der Suche ist *(siehe auch: Wie kann ich eine Gruppe unterstützen, selbstständig eine Szene zu entwickeln?, S. 243 und: Wie setze ich Theaterelemente in gängige Trainings ein?, S. 28).* Die positive, humorvolle und experimentelle Atmosphäre tut ihren Teil dazu.	✔	✔		✔
Eingefahrene Denkmuster werden gelockert ...	... weil im kreativen Theaterklima Gedanken frei werden, das Loslassen erleichtert und die Assoziationsfähigkeit gesteigert wird. Die Gruppenmitglieder / Beteiligten spornen sich gegenseitig an.	✔	✔	✔	✔
Unterstützt die Experimentierfreude ...	... weil in der theatralen Atmosphäre Experimente erwünscht und Normalzustand sind. Lösungsansätze können im Vorgriff auf das ‚wirkliche Leben' erprobt, bestätigt oder wieder verworfen werden.	✔	✔		✔
Bringt unkonventionelle Denk- und Lösungsansätze hervor ...	... weil über die Kreativität, die frei wird, auch ungewöhnliche Ideen gedeihen. Durch den ‚Umweg' über das Theaterspiel oder Theaterelemente werden Denkblockaden raffiniert umgangen, gedankliche Grenzen gesprengt und eine ‚konstruktive Ideendynamik' in Gang gesetzt. Die Ressourcen aller Beteiligten (im Denken und Handeln) werden genutzt. Dies bringt nicht nur viele Ideen und verblüffende Lösungen, sondern motiviert auch zum Mit- und Weiterdenken, schafft Identifikation mit dem Prozess und ggf. mit dem Ergebnis (und den Willen zur Umsetzung).	✔	✔		✔

Nutzenargumente und ihre Begründung

Nutzen-argumente	Begründung	Besonders geeignet für			
		Theaterelemente im Training	Integratives Theater	Proaktives Theater	Interaktives Theater
Fördert die Entwicklung der Persönlichkeit und individueller Fähigkeiten / Kompetenzen ...	... weil der Einzelne in konstruktiv-experimenteller Atmosphäre neue Erfahrungen macht und dabei seine Grenzen und Möglichkeiten neu erlebt.	✔	✔		
Fordert heraus, persönliche Grenzen neu zu definieren ...	... weil neue Erlebnisse und Erfahrungen Konsequenzen haben. Wenn auf der Bühne probiert wurde, was sein kann, bleibt das auch in der Wirklichkeit nicht ohne Folgen.	✔	✔		✔
Stärkt die Eigenverantwortung des Einzelnen ...	... weil sich die Beteiligten durch die Art und Weise des Vorgehens vom passiven ‚Opfer', das Spielball ist und mit dem ‚gemacht' wird, zum Handelnden entwickeln, der selbst aktiv gestaltet.	✔	✔		✔
Fördert Ausdrucks- und Auftrittsfähigkeiten, Selbstpräsentation ...	... weil durch Übung, die Möglichkeit des Experimentierens und das Feedback von Trainer, Gruppe und Publikum bisher verborgene Talente entdeckt und Fähigkeiten weiter entwickelt werden können.	✔	✔		
Fördert Verhaltenskompetenzen, z.B. Kooperation ...	... weil immer wieder Verhaltenskompetenzen gefragt sind. Ob im Zusammenspiel, bei der Bewältigung von Aufgaben, bei der Entwicklung von Szenen oder Lösungsansätzen, bei der Übersetzung von verfremdeten Lösungen auf den Berufsalltag oder beim Feedback – immer wieder muss praktisch zusammengearbeitet und Einigung erzielt werden, immer wieder ist gegenseitiges Zuhören, Integration von Personen und Ansichten, Zurücknehmen oder nach vorne bringen der eigenen Person, usw. gefordert.	✔	✔		
Ermutigt ...	... weil die Arbeit mit Theaterelementen und das Theaterspiel selbst i.d.R. von positiven Erfahrungen begleitet sind. Eigener, aktiver Einsatz wird mit Applaus und einem Erfolgserlebnis belohnt. Bei Theatermethoden geht es auch nicht um falsch oder richtig. Aus allem, was geboten wird, lässt sich lernen und lassen sich weiterführende Erkenntnisse ableiten. ... weil Perspektiven und Handlungsmöglichkeiten ins Blickfeld rücken.	✔	✔	✔	✔

Nutzenargumente und ihre Begründung

Nutzen-argumente	Begründung	Besonders geeignet für			
		Theaterelemente im Training	Integratives Theater	Proaktives Theater	Interaktives Theater
Spornt an, aus der Passivität heraus in die Handlung zu kommen ...	... weil sichtbar oder erlebbar wird, dass es möglich IST.	✔	✔	✔	✔
Fördert nachhaltig ein positives Arbeitsklima ...	... weil ein langfristig tragfähiges, motivierendes Arbeitsklima dann entsteht, wenn bei der Arbeit in der Gruppe Spaß und eine positive Stimmung vorherrschen, wenn gelacht wird, die Zeit verfliegt, die Einzelnen mit ihren Ideen Platz haben, wenn nicht nur Ergebnisse, sondern auch Erlebnisse eine prägende Rolle spielen.	✔	✔		✔
Schafft Raum für Identifikation und fördert die Leistungsbereitschaft ...	... weil jeder, der mitreden und gestalten darf, spürt, dass seine Meinung gefragt ist, und er damit Lust bekommt mitzuwirken und eigene Lösungen beizutragen. Das gemeinsame Anliegen wird zu ‚seinem Ding‘, er erlebt sich nicht (länger) als Opfer, sondern als Gestalter. Es fällt ungleich leichter, sich mit den Ergebnissen zu identifizieren, die Folgen zu tragen und sich auch weiter motiviert einzubringen.	✔	✔		✔
Baut Ängste und Frust ab ...	... weil Handlungs- und Gestaltungsspielräume erkannt werden und Erfolgserlebnisse möglich sind.	✔	✔	✔	✔
Wirkt über alle Hierarchiestufen hinweg ...	... weil sich niemand dem Effekt von Unternehmenstheater entziehen kann. Das Erlebnis wirkt von der Lagerhalle bis in die Chefetage des Unternehmens. Wenn z.B. alle (respektvoll) ihr Fett abkriegen und gleichzeitig Standpunkte verständlich werden, nimmt man einander anders wahr. Positionen erschließen sich neu, es wächst die Bereitschaft zum Gespräch und zur Auseinandersetzung, auch zwischen den hierarchischen Ebenen.		✔	✔	✔
Stärkt die Zusammenarbeit, den Zusammenhalt und den Teamgedanken ...	... weil Teams an echten Herausforderungen wachsen. Ein Theaterstück auf die Bühne zu bringen oder einen Veränderungsprozess zu bewältigen stellt ein Team vor eine Bewährungsprobe. Erlebnis- und Ergebnisqualität hängen eng miteinander zusammen. Je anspruchsvoller die Aufgabe, desto stärker der Effekt eines Erfolgserlebnisses. Das Durchleben von Höhen und Tiefen im Prozess des Bemühens um ein optimales Ergebnis und die Gewissheit, etwas Bedeutendes gemeinsam geschaffen zu haben, schweißt nachhaltig zusammen.	✔	✔	✔	✔

Hinter den Kulissen

Wie Sie den Mäzen von sich überzeugen

Der Platzanweiser empfiehlt:

Wie komme ich an Kunden für (Unternehmens-)Theater?

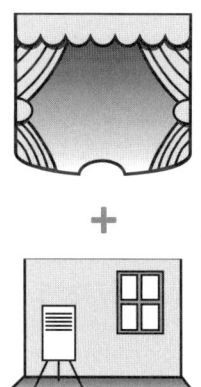

Kein Kunde kauft die Katze im Sack, schon gar nicht, wenn es um Unternehmenstheater geht. Wenn Sie also als Anbieter für Unternehmenstheater auf den Markt gehen, tun Sie gut daran, auf kritische Blicke und Fragen vorbereitet zu sein. Denn das Unternehmenstheater ist nach wie vor ein Angebot, das aus dem Rahmen fällt. Einige Firmen wagen es, gehen darauf zu und machen beeindruckende Erfahrungen. Anderen ist es zu teuer oder zu aufwendig. Wieder andere haben die Methode nicht im Blick oder wollen kein Risiko eingehen. Sie trauen sich nicht heran oder trauen dem Unternehmenstheater schlicht nichts zu. Um diese Kunden zu gewinnen, braucht es mehr als gute Argumente.

Hilfreich ist die Entwicklung einer gezielten Überzeugungs-, Marketing- und Akquisitionsstrategie. Wichtig ist, dass Sie dem Interessenten über Ihren Auftritt und Ihren Sachverstand – auch vom Business – Sicherheit vermitteln. Das erreichen Sie über eine am Kunden orientierte Mischung aus Seriosität, Kompetenz, Dynamik, sympathischer Ausstrahlung und einem Hauch von Exotik.

Wichtig ist, dass Sie dem Interessenten über Ihren Auftritt und Ihren Sachverstand – auch vom Business – Sicherheit vermitteln.

Je detaillierter und ausführlicher Sie sich mit den Chancen und dem Nutzen des Theaters für das Unternehmen, den potenziellen ‚Nöten' und Fragen der Entscheider (s.o.) sowie Ihrem unverwechselbaren Angebot beschäftigt haben, desto mehr Sicherheit gewinnen Sie im Kundenkontakt und in der Präsentation Ihrer Dienstleistung. Haben Sie dabei sowohl die Außenwirkung Ihres Unternehmens, als auch die Ihrer Person im Blick.

Sind Sie am Markt bereits als Trainer, Beratungs- oder Event-Agentur eingeführt? Dann ist der Start mit einer neuen, das Gesamtprogramm ergänzenden Leistung wie Unternehmenstheater ungleich leichter als bei einem Neueinsteiger oder Existenzgründer. Sie können im Gegensatz zu den Neuen bereits auf einen Kundenstamm zurückgreifen und diesem Unternehmenstheater als zusätzliche Leistung zu Ihrem Angebot offerieren.

Dieses Kapitel richtet sich an die ‚Neuen' in der Branche.

Etwas völlig anderes ist es, wenn Sie neu in der Branche sind, wenn Sie über keinerlei Referenzen verfügen und erstmals Kunden akquirieren wollen. An Sie richtet sich dieses Kapitel in erster Linie. Und für Sie gilt besonders: Nutzen Sie möglichst viele der nachstehenden Instrumente.

Eine Marketingstrategie entwickeln

Vielleicht haben Sie schon Ideen entwickelt, wie Sie auf Ihre Dienstleistung aufmerksam machen, sich am Markt präsentieren und an Kunden kommen. Damit gute Ideen ihre Wirkung nicht verfehlen, empfehlen wir ein strategisches Vorgehen.

Stellen Sie sich einen Plan aus verschiedenen Marketinginstrumenten zusammen und arbeiten Sie diesen Stück für Stück ab. Sie haben dann immer den Überblick und verzetteln sich nicht in zusammenhanglosen Einzelaktionen.

Die folgenden Elemente können Teile einer sinnvollen Marketingstrategie sein:

▶ Unternehmens- und Trainerprofil aufbauen
▶ Geschäftsausstattung einsetzen
▶ Marketing-Mix entwerfen:
  • Direktansprache auf Messen, Tagungen und Kongressen
  • Sinnvolle Mailings
  • Kontakte, Kooperationen und Netzwerke
  • Öffentlichkeitsarbeit
  • Sponsoring

Unternehmens- und Trainerprofil aufbauen

Bevor Sie mit Ihrem Angebot an den Markt gehen, werfen Sie einen Blick auf ihre Person:

Wie ist Ihre äußere Haltung? Treten Sie als Persönlichkeit auf, professionell und kompetent? Denken Sie immer daran: Sie sind das ‚Aushängeschild' Ihres Unternehmens. Ihre Außenwirkung, vom Logo über die Geschäftspapiere, Broschüren, Präsentationsmappen, PR-CD und Internetauftritt bis hin zum persönlichen Auftritt, sollten passen und wie aus einem Guss sein. Bereiten Sie Ihre Botschaft klar, prägnant und bestens auf – ganz gleich, ob in der persönlichen Präsenz oder über das gesprochene bzw. geschriebene Wort. Outfit, Visitenkarte und Briefpapier sind keine Nebensächlichkeiten. ‚Selbstgestrickt' ist hier kontraproduktiv. Ob Printmedien und Webauftritt, ob Farbwahl oder Stilfragen – wenn Sie unsicher sind, lassen Sie sich von Profis sachkundig beraten.

Eine stimmige innere und äußere Haltung vermittelt Sicherheit und Zutrauen.

Wie ist Ihre innere Haltung? Wenn Sie Ihre Stärken und Schwächen kennen, wenn Sie sich Ihrer Kernkompetenzen bewusst und von der Qualität ihres Angebotes überzeugt sind und dadurch Sicherheit und Glaubwürdigkeit ausstrahlen, wird es Ihnen leichter fallen, andere zu interessieren.

Überlegen Sie sich aber gut, was Sie anbieten können und machen Sie keine falschen Versprechungen. Sie müssen nicht ‚Everybody´s Earling' sein. Verbiegen Sie sich nicht. Wichtig ist, dass Ihre innere und äußere Haltung stimmig sind und Sie sich in Ihrer Haut wohl fühlen. So bauen Sie sich ein Image auf, das Sicherheit und Zutrauen gibt, und zwar Ihnen und Ihrem Gegenüber.

Geschäftsausstattung einsetzen

Professionelles Auftreten ist eine Schlüsselqualität in der Öffentlichkeitsarbeit, Akquisition und Präsentation. Dazu gehört auch eine ansprechende, aussagekräftige Geschäftsausstattung. Es nützt nichts, wenn diese, zwar gut sortiert, im Büro oder zu Hause in der Schublade liegt ...

An erster Stelle stehen die Visitenkarten. Achten Sie darauf, dass Sie sie in jeder Situation zur Hand zu haben! Potenzielle Kunden trifft man nicht nur im geschäftlichen Kontext. Sie treffen sie auch auf Feten, in Kneipen, in Ausstellungen, auf Klassentreffen usw. – und immer wieder gibt es Gelegenheiten, Adressdaten auszutauschen.

Ihre Visitenkarte ist das ‚Eintrittsticket' für den Erstkontakt!

Auf Messen, Tagungen, Kongressen und bei jedem Einsatz Ihrer Unternehmenstheater-Dienstleistung sind Visitenkarten ein ‚Muss'. Auch Broschüren und Präsentationsmappen mit Fotos sollten Sie für Interessenten immer dabei haben. Denn diese Unterlagen sind das ‚Ticket' zum Erstkontakt.

Marketing-Mix entwerfen

Alles, was Sie zu vermarkten und zu verkaufen haben, hängt auf engste Weise mit Ihrer Person zusammen. Bei der Dienstleistung Unternehmenstheater stehen Sie mit Ihren Ideen, Ihrer Konzeption und der Umsetzung im Mittelpunkt. Das wichtigste Marketinginstrument ist daher die Kommunikation. Auf diesem Gebiet gibt es viele Möglichkeiten, die nur durch die eigene Fantasie, zeitliche Beschränkung, den Antrieb und das Budget begrenzt werden.

Der individuelle Marketing-Mix macht's!

Es empfiehlt sich, ein Marketing-Mix aus Direktansprache, sinnvollen Mailings, Öffentlichkeitsarbeit, Sponsoring und Events anzuwenden, sowie persönliche Kontakte, Kooperationen und Netzwerke zu nutzen.

Groß angelegten Mailing-Aktionen gegenüber sind zumindest Zweifel angebracht. Sie machen viel Arbeit, benötigen eine Menge Zeit, treiben die Kosten in die Höhe und bringen nur dann den erhofften Erfolg, wenn sie sehr professionell durchgeführt werden. Denn Unternehmenstheater stellt als recht junge Branche ein Nischenprodukt dar, welches vielen Entscheidern in Unternehmen nur unzureichend bekannt ist. Natürlich können Sie die Wirksamkeit des Mediums im Text kommunizieren. Bevor jedoch der Empfänger diese Information im Brieftext gelesen hat, ist das Schreiben in der Regel im Papierkorb gelandet.

Falls Sie es dennoch probieren wollen, ist unsere Empfehlung, die Zielgruppe kategorisch einzugrenzen. Schreiben Sie z.B. nur Großunternehmen an. Dabei ist es von entscheidendem Vorteil, das Arbeitsfeld der Zielgruppe zu kennen, um sich sicher auf dem Parkett bewegen zu können.

▶ Direktansprache auf Messen, Tagungen und Kongressen

Nutzen Sie den Besuch oder die Präsentation auf Messen, Tagungen oder Kongressen, um neue Kontakte aufzubauen – oder bereits bestehende Geschäftskontakte zu erneuern.

Sinnvoll ist es, die Veranstaltungen gezielt auszuwählen:
▶ Handelt es sich um ein Fachpublikum einer Zielbranche?
▶ Werden Sie Entscheider antreffen?

Wenn Sie auf einer Messe einen Stand buchen, lohnt es sich, Zeit und Fantasie in den Messe-Auftritt und die Art der Ansprache der potenziellen Kunden zu investieren:

▶ Entwickeln Sie Ideen und ein Konzept für einen pfiffigen Stand und Aktionen, um Besucher auf Ihr Angebot und Ihren Messeauftritt aufmerksam zu machen.
▶ Versuchen Sie parallel, einen Workshop oder einen Fachvortrag anzubieten, damit Interessenten Ihnen bei der Arbeit ‚über die Schulter gucken' können.
▶ Laden Sie bereits im Vorfeld die potenziellen Kunden zu einem solchen Vortrag oder Workshop ein.

Vor Ort haben Sie viele Möglichkeiten:

▶ Gestalten sie den äußeren Rahmen/Ihren Auftritt/Ihren Stand ungewöhnlich und ansprechend.
▶ Erleichtern Sie sich die Kundenansprache durch das Anbieten von Getränken, durch kreativ gestaltete Prospekte, kleine Aktivitäten, durch Geschenke oder Gewinnspiele.
▶ Sammeln Sie die Adressen und Visitenkarten Ihrer Gesprächspartner und Interessenten und, wenn möglich, machen Sie sich zu jedem Kontakt Notizen.

Messe-Kontakt-Notiz

Messe / Veranstaltung: Datum:
Visitenkarte des Gesprächspartners:

Visitenkarte

Funktion:
Sonstiges:

Stichpunkte zum Gesprächsverlauf:
_____

Vereinbarungen:
Telefonieren: ja   nein   wann?_____

Angebot schicken: ja   nein   über: _____

Terminvereinbarung: ja   nein   wann?_____

Sonstiges:
_____

Möchte regelmäßig über Neuigkeiten, Angebote
informiert werden: ja   nein

Wie konkret ist das Interesse an einem Angebot/Auftrag –
geschätzt?   0%   100%

Aktionen vor Ort
Theateraktionen und Walking-Acts lassen sich auf Messen hervor-
ragend als Eyecatcher einsetzen. So schlagen sie gleich mehrere
Fliegen mit einer Klappe:

▶ Sie machen mit dieser Kostprobe neugierig und Lust auf mehr.
▶ Sie verbinden die Aktion mit einem Spiel und können dabei
  wertvolle Informationen und Adressen sammeln.
▶ Sie erzielen einen hohen Erinnerungswert beim Besucher, der
  für die Nachfassaktion und Nachbereitung dieser Veranstaltung
  zusätzliche Aufmerksamkeit bei der Zielgruppe verspricht.

Stellen Sie ihren Messeauftritt unter ein Thema, z.B. Gesundheit,
Fitness, Comic, Sport, Forschung, Nonsensumfrage usw. Entwickeln
Sie zum Thema passende publikumswirksame Figuren mit fantasie-
vollen Kostümen. Die Figuren mischen sich unter die Besucher und
spielen die Typen überzeugend. Sie gehen auf die Besucher zu und
sprechen diese aus ihrer Rolle heraus an. Wichtig ist, dass den Be-
suchern dabei das Spiel und der Witz an der Sache deutlich wird.
Laden Sie mit der Überreichung Ihrer Visitenkarte, eines Gutschei-
nes oder eines anderen Mediums zum Besuch am Stand ein.

Zwei Aktions-Beispiele

▶ Beispiel: Comicfiguren
Asterix und Obelix sprechen die Besucher an und verteilen ‚Hinkel-Gut-
steine', verbunden mit der Frage: „Haben Sie schon mal den Zaubertrank
von Miraculix gekostet? Bei Abgabe dieses ‚Hinkel-Gutsteines' und Ihrer
Visitenkarte an unserem Stand haben Sie die einmalige Gelegenheit einer Kostprobe."

▶ Beispiel: Fotoreporter
Man nehme einen Fotoreporter und statte diesen mit einer Sofortbildka-
mera aus. Er geht auf die Besucher zu mit dem Satz: „Sie sind genau der
Typ! Sie haben wir für unser Fotoshooting gesucht. Darf ich ein Foto
von Ihnen machen?" Der Besucher bekommt das fertige Foto ausgehän-
digt mit der Information, dass am Stand beim Vorzeigen des Fotos eine
Überraschung auf ihn wartet. Das kann dann ein Kartenhalter für das
Foto oder die Teilnahme an einem Gewinnspiel sein. Hier sind Ihrem
Ideenreichtum keine Grenzen gesetzt.

▶ Sinnvolle Mailing-Aktionen

Waren Sie erfolgreich im Kontakten, bringen Sie sich etwa 10 bis 14 Tage nach der Veranstaltung schriftlich in Erinnerung – per Brief, e-Mail oder Newsletter. Haben Sie beim Messeauftritt einen Eyecatcher eingesetzt, sollten Sie den Erinnerungswert der Spielfiguren nutzen und den Bezug zum Thema durch Wort und Bild wieder aufgreifen. Der Empfänger Ihrer Post kann dann sofort die Verbindung herstellen, das Interesse steigt und damit die Chance, gelesen zu werden.

Damit Ihre Post auch im doppelten Sinne ankommt, erfahren Sie nun einige Tipps zur Vermeidung von Fehlern bei Mailing-Aktionen:

▶ Halten Sie Ihre Adresserfassung auf aktuellem Stand.
▶ Finden Sie die richtigen Ansprechpartner in den Unternehmen heraus. Sprechen Sie diese Personen persönlich an.
▶ Weisen Sie schon im Anschreiben auf den Nutzen Ihres Angebotes für das Unternehmen hin.
▶ Legen Sie immer ein leicht handhabbares Antwort-/Reaktions-Medium bei.
▶ Achten Sie darauf, dass die technische Verarbeitung (z.B. der Serienbrief) dem Empfänger verborgen bleibt und er sich individuell angesprochen fühlen kann.
▶ Nutzen Sie die Chancen einer gut organisierten Nachbereitung (Follow-Up) in Form von Nachfasstelefonaten und Briefen.
▶ Dokumentieren Sie den Rücklauf und werten sie diesen zur Optimierung nachfolgender Aktionen aus.

▶ Kontakte, Kooperationen und Netzwerke

Die Neukundengewinnung über Empfehlungs- und Beziehungsmarketing hat sich in der Praxis für Freiberufler bewährt. Hier sind die Chancen groß, denn erfahrungsgemäß kommen die meisten Aufträge über Beziehungen und Weiterempfehlungen zustande.

Durchforsten Sie also Ihr derzeitiges und früheres Umfeld nach Kontakten, aus denen sich Geschäftsbeziehungen entwickeln lassen. Das können freiberufliche Kollegen oder Mitarbeiter in Unternehmen sein, mit denen Sie in der Vergangenheit zu tun hatten. Auch ehemalige Mitschüler/innen, Ihre Ausbildungsstätten mit den Dozenten und Studienkollegen, private Bekanntschaften aus Verein, Politik, Sport, Hobby, Ihre Familie oder der (erweiterte) Freundeskreis sind ergiebige Quellen. Aktivieren, fördern und pflegen Sie Ihre Kontakte, lassen Sie sich ins Gespräch bringen und fragen Sie nach Empfehlungen. Nutzen Sie diese – eine bessere Eintrittskarte können Sie nicht bekommen.

Andocken und verknüpfen – nutzen Sie vorhandene Kontakte!

Hüten Sie sich aber davor, ständig und penetrant mit einem ‚Empfehle mich' auf der Stirn herumzulaufen. Vielmehr ist das Erfolgsgeheimnis, im Kontakt präsent zu sein, sich auf den Gesprächspartner und seine Themen einzulassen, den berühmten ‚Small Talk' zu pflegen, mitzuschwingen und in Beziehung zu gehen. Sympathie und auch eine kompetente, vertrauensvolle Ausstrahlung entwickeln sich nämlich nicht nur an den fachbezogenen Themen, sondern vor allem an der Art, wie Sie zuhören, nachfragen oder wie Sie sich für eine (gemeinsame) Sache engagieren.

Und denken Sie daran: Das Akquirieren über Kontakte braucht Geduld. Meist bringt nicht der erste viel versprechende Ansatz den Auftrag. Aber unverhofft kommt oft! Nach und nach, durch Weiterempfehlen und Erzählen, kommen Interessenten über zwei, drei oder mehr Stationen mit einer Anfrage auf Sie zurück. Es lohnt sich, längerfristig zu denken und zu planen.

Das Akquirieren über Kontakte braucht Geduld.

Gute Beziehungen lassen sich auch über Netzwerke und Kooperationen aufbauen. Die Vielzahl von Verbänden, Institutionen, inoffiziellen und offiziellen Netzwerken ist unüberschaubar. Jede Branche hat ihren Fachverband, dazu kommen die vielen branchenübergreifenden Vereinigungen, die regionalen Netzwerke, Foren und Clubs.

Auf der Suche nach geeigneten Verbindungen ist es gut, wenn Sie Ihre Zielgruppe im Blick haben, jedoch nicht ausschließlich. Denn die Erfahrung zeigt, dass sich immer wieder dort interessante Bekanntschaften ergeben, wo man sie gerade nicht vermutet. In kollegialen Netzwerken treffen Sie zum Beispiel viele Freiberufler, die schon über gute Kontakte zu Firmen verfügen und ein Vertrauensverhältnis aufgebaut haben. Hier sind Kooperationen möglich, denn der Einsatz von Theater könnte eine interessante Ergänzung zu deren konventionellem Angebot darstellen.

Doch: Die Netzwerkarbeit braucht Engagement. Denn nur wenn Sie investieren, fallen Sie auf und bekommen auch etwas zurück!

Nutzen sie auch die Portale, Kooperationsbörsen und Netzwerke des Internets zur Präsentation ihres Angebotes ‚Unternehmenstheater'. Oft wird für eine geringe Gebühr die Eintragung einer eigenen Homepage als Unterseite angeboten. Ein Internetauftritt, und sei es auch nur eine Seite, ist heute in fast jeder Branche unverzichtbar, ebenso wie eine e-Mail-Adresse.

▶ Öffentlichkeitsarbeit

Rühren Sie die ‚kostenlose' Werbetrommel in Zeitschriften, Zeitungen, Rundfunk und Fernsehen und auch im Internet. Sorgen Sie für Berichte über Ihre Arbeit, Ihr Unternehmen und Ihr Angebot. Das ist gar nicht so schwer.

Klappern gehört zum Handwerk!

Denn Unternehmenstheater, so erfahren wir immer wieder, ist für viele Journalisten noch immer eine spannende, interessante Neuheit. Das exotische ‚Flair' zieht an, eignet sich für eine lebendige, unterhaltsame Berichterstattung und bunte, anregende Bilder. Zusätzlich fördert der scheinbare Widerspruch zwischen Spiel und ernsthaftem Lernen das Interesse am Unternehmenstheater und damit auch Ihre Chancen in einem Printmedium, Rundfunk oder sogar Fernsehen mit einem Bericht platziert zu werden.

Selbst wenn Ihre Zielgruppe nicht direkt angesprochen wird, verbreitet sich dennoch Ihr Name und Ihr Konzept. Denn auch Führungskräfte und Entscheider in den Unternehmen lesen die regionale Presse und schauen Fernsehen.

Beispiel: Bericht im Kölner Stadtanzeiger

Ein weiterer Nutzen: Presseberichte, Artikel aus Zeitschriften oder gar Fernsehberichte eignen sich wunderbar als Referenz. Es lohnt sich daher durchaus, selbst Texte zu verfassen und diese anzubieten. Fachpresse, fachbezogene Internetbörsen und -portale oder e-Mail-Newsletter bedienen sich immer wieder gerne der ihnen zur Verfügung gestellten Fachartikel.

▶ Sponsoring, kostenlose Auftritte und Aktionen

Ob Sie von einem Sponsor für einen Unternehmenstheaterauftritt engagiert werden oder Sie selber als Sponsor auf einer Veranstaltung auftreten, sorgen Sie auf jeden Fall dafür, dass die Presse informiert ist. Verabreden Sie mit den Organisatoren, wer von Ihnen sich dafür engagiert, dass die breite Öffentlichkeit von Ihrem ‚gesponserten' Einsatz erfährt. Eine Aufwandsentschädigung für Spesen etc. sollte es als Gegenleistung für den Sponsor-Auftritt allerdings immer geben.

Alte Weisheit:
‚Tue Gutes und rede darüber!'

Ganz besonders pressewirksam sind Aktionen mit großen Unternehmen, z.B. in Verbindung mit Events oder Road-Shows. Denn große Firmennamen in Verbindung mit außergewöhnlichen, innovativen Ideen sind für Presseleute immer ein Magnet. Eine der Autorinnen hat zum Beispiel im Kundenauftrag auf einer internationalen Messe ein Unternehmenstheaterstück zum Thema ‚Integration Schwerbehinderter in den Arbeitsmarkt' aufgeführt. Dieser Anlass war für die Medien ein guter Aufhänger und für die Autorin kostenlose PR.

Nach dem Motto ‚Tue Gutes und rede darüber' können Sie sich auch als Sponsor auf Veranstaltungen mit breiter Öffentlichkeitswirkung oder auf Fachtagungen Ihrer Zielbranche einen guten Namen machen.

Allerdings sollten Sie damit nicht zu freizügig umgehen, schnell kann der Eindruck entstehen: ‚Was nichts kostet, ist auch nichts wert'. Oder man erwartet wie selbstverständlich, dass es beim nächsten Treffen auch wieder eine Darbietung zu gleichen Bedingungen gibt ...

Eine etwas unaufwendigere Möglichkeit ist es, wenn Sie kostenlos interessante, möglichst interaktive Vorträge über Unternehmenstheater halten, oder sogar zu Miniseminaren oder Schnupper-Workshops einladen. Nutzen Sie dazu Messen, Foren, Clubs, Netzwerke und Verbände, wenn Sie es nicht selbst organisieren wollen. Auch so können Sie wirkungsvoll das Zielpublikum erreichen und sich von potenziellen Kunden oder Multiplikatoren bei der Arbeit über die Schulter gucken lassen.

Alleskönner

▶ Auszug aus Bericht im Extra-Blatt:

Unternehmenstheater „Alleskönner"

... Das Theaterstück „Alleskönner – oder vom Umgang mit Einschränkungen" von Maria Havermann-Feye zeigte auf der REHA CARE International den erfolgreichen Aufstieg eines Pärchens im Business, der jäh durch einen Unfall mit Folgen unterbrochen wird. Nach Überwindung vieler Hindernisse schafft man letztlich die Karriere. Allerdings nicht mehr auf der Leiter, sondern auf Rampen.

Die wichtigsten Tipps auf einen Blick:

▶ Legen Sie in jeder Hinsicht Wert auf ein stimmiges, professionelles Erscheinungsbild.
▶ Zeigen Sie, was Sie können! Präsentieren Sie Unternehmenstheater öffentlich und im Wirkungskreis Ihrer Zielgruppe. Sorgen Sie dafür, dass man Ihnen bei der Arbeit über die Schulter gucken kann.
▶ Machen Sie sich einen Namen. Leisten Sie auf breiter Basis Informations- und Öffentlichkeitsarbeit für Ihr Wirken und Ihr Angebot.

Wie überzeuge ich meine Kunden von der Methode Theater?

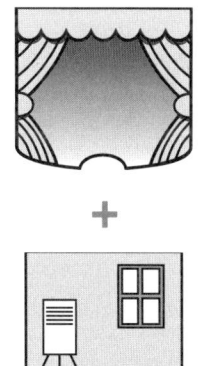

Das Theaterspiel ist eine exotische Methode zur Personalentwicklung und ihr Nutzen erschließt sich dem Kunden nicht automatisch. Des Weiteren erfordert sie zunächst den Mut und die Risikobereitschaft Ihres Gesprächspartners, sich darauf einzulassen. Typischerweise besteht die Sorge des Kunden vor der persönlichen Blamage, dass, falls die Aktion in den Augen der Belegschaft ein Reinfall wird, dies auch auf ihn zurückfallen würde.

Ob am Telefon, beim Messegespräch oder im Akquisitionstermin – schon im ersten Gespräch mit dem Kunden entscheidet sich meist, ob Sie mit Theater ‚landen' können oder nicht. Gerade der erste Eindruck ist wichtig. Was Sie hier versäumen, können Sie später nur schwer wieder wettmachen.

Die folgenden Überlegungen unterstützen Sie dabei, ein gutes Gespräch mit dem Kunden zu führen und eine erfolgreiche Überzeugungsstrategie zu entwickeln.

Wir sprechen in diesem Kapitel häufig von ‚Unternehmenstheater', weil es sich um die weitreichendere Methodik handelt. Vielleicht kommen Sie aber als Trainer, der ‚nur' Theaterelemente im Training einsetzten möchte, auch mal in die Situation, dies dem Kunden erklären zu müssen. Dann können Sie sich – etwas Kreativität vorausgesetzt – ohne Weiteres ebenfalls aus diesem Kapitel bedienen.

Der Kunde braucht Informationen

Ziel des Kundengesprächs sollte auf jeden Fall sein, dem Kunden ein möglichst deutliches Bild davon zu vermitteln, worauf er sich mit Unternehmenstheater einlässt.

Bevor Sie mit Argumenten für den Einsatz von Unternehmenstheater beginnen, ist Informationsarbeit angesagt. Denn auch wenn Unternehmenstheater heute in Fach- und Trainerkreisen ein Begriff ist, so ist es vor allem mit seinen zahlreichen Anwendungsformen vielen Personalverantwortlichen, Organisationsentwicklern und Event-Agenturen nicht präsent. Rechnen Sie also auch mit der Frage: *„Unternehmenstheater – Was ist das?"* Es gibt immer noch großen Informations- und Aufklärungsbedarf.

Anschauungsmaterialien, wie Fotos, Zeitungsartikel oder Reportagen in Zeitschriften machen neugierig und unterstützen Ihre Aussagen.

Um das Interesse Ihres Gesprächspartners zu wecken, ist eine kurze, einprägsame Begriffserläuterung besser geeignet als weit ausholende Erklärungen. Wenn Sie Glück haben, wird man Sie mit Fragen löchern. Dann können Sie Ihr Wissen, angereichert mit passenden Beispielen, an den Kunden bringen. Anschauungsmaterialien, wie Fotos, ein Video, eine DVD, Zeitungsartikel oder Reportagen in Zeitschriften machen neugierig und unterstützen Ihre Aussagen.

Haben Sie genug Informationen?

Fragen Sie gezielt nach. Nutzen sie dazu die offenen W-Fragen. Durch diese Fragetechnik laden Sie Ihr Gegenüber zum Erzählen ein. Denn auch Sie brauchen Informationen, um die Interessen und Wünsche des Kunden zu erkennen, um sein Anliegen zu verstehen, um die passenden Beispiele zu bringen und Ihre Argumente gezielt auszuwählen. Durch die Art Ihrer Fragen können Sie dem Kunden auch zeigen, dass Ihnen Unternehmensthemen präsent sind. Das schafft Vertrauen und belegt Ihre Kompetenz.

Eine gute Unterstützung ist ein ‚Fragengeländer' für den Erstkontakt, das Sie sich auf Ihren Bedarf anpassen können. Je nach Situation können Sie es Frage für Frage abarbeiten oder einfach im ‚Hinterkopf' haben. Nebenstehend ein Beispiel:

Fragengeländer für den Erstkontakt

Informationen
- ▶ Was genau ist das Anliegen?
- ▶ Für welche Fragen / Problem / Herausforderungen
  soll eine Lösung erarbeitet werden?
- ▶ Welche Ziele stehen dahinter?
- ▶ Welche Botschaften sollen vermittelt werden?
- ▶ Was wurde bisher unternommen?
- ▶ Wer ist betroffen?
- ▶ ...

- ▶ Wie sehen andere das Vorhaben?
- ▶ Welche Schwierigkeiten erwarten Sie?
  Wo genau sehen Sie die Knackpunkte?
- ▶ Gibt es Tabuthemen?
- ▶ Dürfen auch heikle Themen angesprochen werden?
- ▶ ...

Erwartungen an die Zusammenarbeit / Erfolgskriterien
- ▶ Was erhoffen Sie sich von unserer Zusammenarbeit?
- ▶ Was ist nachher besser als vorher?
- ▶ Woran merken Sie das?
- ▶ Welchen persönlichen Nutzen erhoffen Sie sich?
- ▶ Soll sich wirklich etwas verändern?
- ▶ Was darf auf keinen Fall passieren?
- ▶ ...

Rahmen
- ▶ An welchen zeitlichen Rahmen haben Sie gedacht?
- ▶ Welches Budget haben Sie sich vorgestellt?
- ▶ ...

Nächste Schritte
- ▶ Wie verbleiben wir?
- ▶ ...

Berührungspunkte finden

Unternehmenstheater begrifflich zu erklären ist relativ einfach, aber seine Wirkung zu kommunizieren ist leichter gesagt als getan. Doch das ist wichtig, denn der Kunde muss ,warm werden' mit der Methode Theater. Da kann es klärend und von Vorteil sein, sich auf Erlebtes und Erfahrenes beim Interessenten zu beziehen. Im günstigsten Fall ruft das Bilder aus der Erfahrungs- und Erlebniswelt des Gesprächspartners hervor, die Ihre Argumente unterstützen.

Der Kunde muss warm werden mit der Methode Theater.

Fragen Sie die Interessenten nach ihren ganz persönlichen Berührungspunkten mit dem Medium Theater. Von Theaterbesuchen kann in der Regel jeder berichten. Viele Ihrer potenziellen Kunden haben wahrscheinlich bereits Bühnenerfahrung und verbinden damit positive oder auch negative Erinnerungen. Der Literaturkurs in der Schulzeit, die Aufführung mit der Jugendgruppe oder Theaterexperimente in der Studentenzeit sind nur einige Beispiele. Diese und ähnliche Berührungspunkte sind aufschlussreich.

Gute Erfahrungen können Ihnen das weitere Gespräch erleichtern, denn wer Theater am eigenen Leib positiv erlebt hat, kann nachvollziehen, wie es funktioniert und wirkt. Negative Erinnerungen können dagegen eine Erklärung für die Zurückhaltung Ihres Gesprächspartners sein.

Eine weitere Möglichkeit ist, dass Menschen zwar positive Erinnerungen an ihre Theatervergangenheit hegen, diese aber im Zusammenhang mit ihrer Kindheit bzw. Jugendzeit abspeichern und nicht auf das Berufsleben übertragen wollen.

Berührungspunkte fördern das Gespräch oder bringen verdeckte Themen auf den Tisch.

Durch das Forschen nach Berührungspunkten haben Sie die Chance, dieses Thema auf den Tisch zu bringen. Sie können dann damit umgehen und Ihre Argumentation darauf einrichten.

Eine andere Form des Schaffens von Berührungspunkten ist diese: Vielleicht können Sie dem Interessenten eine Gelegenheit anbieten, Ihnen über die Schulter zu gucken? Oder Sie organisieren einen Schnupper-Workshop oder ein Mini-Seminar für interessierte Kunden? Solch eine praxisorientierte Veranstaltung hat eine hohe Überzeugungskraft.

Verbindung zwischen beruflicher Praxis und Theater herstellen

In der Praxis begegnet die Autorin häufig Sprüchen wie: *„Theater haben wir schon genug!"* oder: *„Theater machen brauchen wir nicht mehr, da haben wir reichlich Leute, die das können."* Ihr Gesprächspartner beschreibt damit seinen Berufsalltag mit der von ihm als ,nervig und stressig' empfundenen Situation im Unternehmen. Dieser Zustand wird als Behinderung des Arbeitsprozesses wahrgenommen, viele oder gar alle Beteiligten leiden darunter und die Lage erscheint ihnen unabänderlich. Greifen Sie solche oder ähnliche Aussprüche als Anknüpfungspunkte auf. Kontern Sie geschickt, indem Sie Ihrem Gegenüber anbieten, genau dieses Theater auf die Bühne zu bringen. Im Seminar, auf der Betriebsversammlung oder während der Fachtagung.

„Theater! Das haben wir schon genug!"

Mit etwas Glück gelingt es, durch eine solche Verknüpfung eine positive Wende in das Gespräch zu bringen. Ihr Gesprächspartner wandelt sich vom unbeteiligten Zuhörer in einen Interessenten. Die angebotene Lösung ist für ihn noch nicht vorstellbar, aber jetzt ist er bereit und offen für weiterführende Informationen und überzeugende Argumente.

Durch Argumente überzeugen

Irgendwann kommt der Augenblick, in dem Ihre Überzeugungskraft und Argumentation zum Nutzen und zur Wirkung von Unternehmenstheater gefragt ist. Klären, sammeln und ordnen Sie sich im Vorfeld Argumente, die für den Einsatz von Unternehmenstheater sprechen. Zeigen Sie in der Argumentation die Vielseitigkeit von Unternehmenstheater und seine Flexibilität in der Anwendung auf. Egal, in welche Richtung Sie im Einzelnen argumentieren – wichtig ist, dass dabei sehr deutlich wird, dass es sich beim Unternehmenstheater um ein *Instrument* handelt. Es ist ein *Arbeitsmittel*, das sich in ein Gesamtkonzept einbinden lässt und mit dem

Unternehmenstheater und Theaterelemente sind Arbeitsmittel, mit denen Ziele erreicht werden.

Ziele erreicht werden – und das gegenüber anderen Arbeitsmitteln einige Vorzüge hat.

Eine Auswahl von Argumenten und Hinweisen, die ihre Kunden von der Wirkung und dem Nutzen eines Unternehmenstheaterprojektes und von Theatermethoden überzeugen können, finden Sie im Kapitel *„Wozu denn das ganze Theater?" (S. 117)*. Bedienen Sie sich dort und ergänzen Sie die Auswahl mit ihren persönlichen Begründungen.

Bedenken Sie aber: Nicht jedes Argument passt auch zu jedem Kunden. Deshalb ist es wichtig, zuerst herauszufinden, welche Erwartungen und Wünsche der Interessent hat und womit er sich nur schwer anfreunden oder identifizieren kann. Es ist z.B. nicht besonders sinnvoll, die Kreativitätsförderung und Experimentierfreude beim Einsatz von Unternehmenstheater in den Vordergrund zu stellen, wenn Ihr Gegenüber der Geschäftsführer eines traditionellen mittelständischen Unternehmens ist, der zum 250-jährigen Firmenjubiläum Rückblick und Standortbestimmung initiieren will. Schauen sie, wen sie vor sich haben und welches die Ziele sind.

Und noch ein Tipp: Überlegen Sie sich, wie Sie Ihren Kunden neugierig machen können, ohne den Eindruck zu erwecken, ihn um jeden Preis überzeugen zu wollen. Halten Sie sich besser an den Spruch: *„Will man etwas fangen, muss man es erst loslassen."* Lehnen Sie sich also entspannt zurück und lassen Sie dem Kunden Zeit, sich mit den Informationen und Argumenten vertraut zu machen. Ist dieser innere Prozess beim Interessenten in Gang gesetzt, kommt er wahrscheinlich von selbst mit weiterem Informationsbedarf oder Verständnisfragen auf Sie zu.

Auf Bedenken reagieren

Nachfolgend finden Sie einige der häufigsten Bedenken aus Kundengesprächen. Um den Kunden zu verstehen und im Gespräch wirklich zu erreichen, ist es wichtig, seine Einwände ernst zu nehmen und nicht einfach nach Schema F ‚abzuwehren'. Es lohnt sich, dabei gut zuzuhören und nachzufragen, was genau gemeint ist.

Einwand	Unser Kommentar	So können Sie reagieren
„Eine ganz schön teure Sache, die Sie mir da verkaufen wollen ..."	Der Kunde hat ja Recht. Unternehmenstheater ist teuer. Oft sind die Projekte so angelegt, dass mehrere Leute gebraucht werden. Schauspieler, Trainer, evtl. eine Agentur – sie alle müssen bezahlt werden. Längerfristig angelegte Prozesse sind zeitintensiv, die Mitarbeiter arbeiten zeitweise im Projekt und nicht am Arbeitsplatz. Auch das kostet Geld. Die meisten Unternehmen sind jedoch durchaus bereit, auch größere Summen auszugeben, wenn das Verhältnis zwischen Preis und Nutzen stimmt und ihnen das glaubhaft vermittelt wird.	▶ „Stimmt, es bedeutet Aufwand und kostet Geld. Ein effizienter Veränderungsprozess braucht Sorgfalt, Professionalität und ungewöhnliche Wege. Das ist leider nicht umsonst zu haben." ▶ „Sie setzen damit gegenüber Ihren Mitarbeitern ein Zeichen, dass Ihnen das Thema / die Veranstaltung einiges Wert ist." ▶ „Sie investieren dabei in die Zukunft Ihres Unternehmens. Der Nutzen und die Ziele, die erreicht werden können, zeigen, dass die Investition sich lohnt. Letztendlich zahlt es sich aus." ▶ „Mit Unternehmenstheater sind Sie sehr schnell an den Punkten, um die es wirklich geht. Das Vorgehen bringt die wichtigen Themen auf den Tisch, fördert das Gespräch darüber und bewirkt einen wirklich nachhaltigen Prozess. Gegenüber weniger effektiven Formen sparen Sie sogar Zeit und Geld." ▶ ...
„Welche Garantien können Sie mir geben, dass das, was Sie beschreiben, auch funktioniert?"	Der Kunde investiert aus seiner Sicht in ein Risiko, das er nicht gut absichern kann. Die Verlockung ist groß, die Chancen sind riesig – aber die Folgen des angestoßenen Prozesses liegen in der Zukunft, das Endprodukt lässt sich nicht anfassen und begut-	▶ „Es gibt keine Garantien. Wenn Mitarbeiter jedoch mit einbezogen werden und mitgestalten können, ist die Wahrscheinlichkeit, dass es nicht funktioniert, ausgesprochen gering." ▶ „Es gelingt uns, das Ganze so zu gestalten, dass es funktioniert."

Einwand	Unser Kommentar	So können Sie reagieren
	achten. Was geschehen soll und sich verändern wird, ist zwar planbar und beschreibbar, bleibt aber dennoch spekulativ und ist daher für den Kunden nicht wirklich überschaubar. Das Gelingen hängt von vielen Faktoren ab. Garantien aber gibt's nicht.	▶ „Eines funktioniert immer: Die Methodik spricht den Menschen auf verschiedenen Ebenen an – sachlich und emotional. Das löst immer etwas aus. Damit arbeiten wir weiter, auf das Ziel hin. Da wir prozessorientiert vorgehen, können wir uns immer wieder neu abstimmen und auf veränderte Anforderungen eingehen." ▶ „Wer nicht wagt, der nicht gewinnt" ▶ ...
„Ich weiß nicht, ob das bei unseren Leuten ankommt..."	Hier drückt sich Unsicherheit und vielleicht die Befürchtung aus, bei einem Reinfall das Gesicht vor der Belegschaft zu verlieren. Es könnte aber auch etwas ganz anderes dahinter stecken: Unternehmenstheaterprozesse fördern und verlangen Veränderungen, und zwar nicht nur bei den anderen. Das ist auch dann, wenn die Notwendigkeit bereits erkannt wurde, häufig mit ambivalenten Gefühlen verbunden und (auch und gerade von oberster Ebene) nicht immer wirklich gewollt.	▶ „Was genau befürchten Sie? Was genau könnte schwierig werden?" ▶ „Wir beginnen mit einfachen Übungen und Spielformen, auf die sich erfahrungsgemäß jeder einlassen kann. Wir beobachten wie die Leute reagieren und gestalten das weitere Vorgehen entsprechend." ▶ „Entscheidend ist Art der Ansprache. Es gelingt mir, die Leute so anzuleiten und den Sinn der Methodik so zu vermitteln, dass das Vorgehen akzeptiert wird." ▶ „Was glauben Sie, käme bei Ihren Leuten gut an? Wie müsste das Thema / der Prozess / die Veranstaltung verpackt / angepackt werden, so dass Ihre Leute dabei sind?" ▶ ...

Einwand	Unser Kommentar	So können Sie reagieren
„Wir sind in einer ziemlich ernsten Lage und da wollen Sie mit Theater kommen? Ich kann mir nicht vorstellen, dass das was bringt."	Immer noch ist für viele Menschen ernsthafte Arbeit in Verbindung mit (Theater-)Spiel und Spaß ein Widerspruch. Die motivierende Wirkung des Unternehmenstheaters und sein Nutzen als zielführendes Instrument für Entwicklungsprozesse sind häufig nicht bewusst.	▶ „Was ist los? Wenn Sie mir den Ernst der Lage konkret schildern, können wir gemeinsam überlegen, ob und wie genau wir mit Unternehmenstheater weiter kommen." ▶ „Unternehmenstheater ist für uns kein kulturelles Ereignis, sondern das Arbeitsmittel, mit dem Ihre Ziele erreicht werden. Es wäre z.B. möglich, über das Theater eine gemeinsame Gesprächsbasis zu schaffen und dann einen konstruktiven, lösungsorientierten Prozess für die Zukunft des Unternehmens in Gang zu bringen." ▶ „Wenn die Lage ernst ist, dann wird es Unsicherheit und auch Ängste innerhalb der Belegschaft geben. Es ist klüger, diese Emotionen aufzugreifen und ihnen zu begegnen, als sie zu ignorieren. Dazu ist Theater ein hervorragendes Medium." ▶ Geben Sie dem Kunden ein konkretes Vorgehensbeispiel, in dem der Nutzen und die Ernsthaftigkeit des Ansatzes deutlich werden. Machen Sie am besten am Flipchart deutlich, wie Sie Unternehmenstheater in ein Gesamtkonzept einbinden, das auf die Ziele des Unternehmens abgestimmt ist. ▶ ...

Szene drei

Wie erstelle ich ein Angebot für Unternehmenstheater?

Der erste Schritt ist getan, Ihre Überzeugungsarbeit hat gewirkt, wenn die Anfrage des Interessenten bei ihnen auf dem Tisch liegt. Jetzt heißt es, sich an die inhaltliche Arbeit zu machen.

Was tun mit der Anfrage / der Ausschreibung?

Die Praxis hat gezeigt, dass die erste Anfrage von Informationen begleitet wird, die Aufschluss über Art, den Rahmen und Ablauf der Veranstaltung geben. Grob werden das Unternehmen mit seinen Produkten, die Inhalte und die Zielsetzung, die Zielgruppe und die Anzahl der Teilnehmer beschrieben. In dieser Phase sind die Angaben meist recht vage. Dabei macht es keinen Unterschied, ob die Anfrage über eine Agentur oder direkt vom Auftraggeber kommt.

Da die Beschreibung häufig zu knapp ausfällt, ist ein Telefongespräch oder eine e-Mail zur Klärung von Verständnisfragen sinnvoll. Finden Sie heraus, wer Ihre Verhandlungspartner sind, und erkundigen Sie sich, was erwartet wird und gefragt ist. Der telefonische Kontakt hat den Vorteil, dass Sie bereits einen ersten persönlichen Kontakt zum potenziellen Kunden aufnehmen und hier auf kurzem Wege wertvolle Informationen zur Veranstaltung erhalten, die sich dann positiv auf Ihr schriftliches Angebot auswirken.

Gut ist es, im Vorfeld einige Fragen zu sammeln, um das Gespräch detailliert vorbereitet führen zu können *(siehe hierzu das Fragengeländer in: Wie überzeuge ich den Kunden von der Methode Theater?, S. 147)*. Gehen Sie auf die Wünsche und Erwartungen Ihres Gegenübers ein. Sie sind die Grundlage für ein gelungenes Projekt. Die Erfahrung ist: Je näher Sie am Auftraggeber mit seinen Wünschen und besonders seinen Befürchtungen sind, und je transparenter Sie Ihre Arbeit im Vorfeld machen, desto größer sind die Chancen, den Auftrag zu bekommen.

Nutzen sie einen Fragenkatalog, um sich zu informieren.

Zeigen Sie dem interessierten Kunden Ihre Fachkompetenz, indem Sie die Herausforderung annehmen und spontan ein kleines Ideenmenü zu den Informationen entwickeln, die Ihnen der Kunde an Input geliefert hat. Halten Sie in dieser Phase engen Kontakt zum Auftraggeber, hören Sie gut hin und versuchen Sie, soviele Informationen wie möglich zu bekommen.

Das Briefing

Bevor Sie den Auftrag für das Unternehmenstheater-Projekt verbuchen können, erwartet der Auftraggeber in spe ein detailliertes Angebot von Ihnen. Der Erfolg hängt ganz wesentlich von der geschickten Verwertung Ihrer Informationen ab. Das heißt zunächst einmal: Weiter Infos sammeln und diese vervollständigen.

Im Zeitalter der digitalen Kommunikation ist das Internet für diese Zwecke eine große Unterstützung und Erleichterung. Dort finden Sie einen ganzen Pool von Informationen zum Auftraggeber und dem zu bearbeitenden Thema, häufig sogar Konkretes zu vergleichbaren Projekten.

Ist das nicht der Fall: Keine falsche Scheu vor einem weiteren Direktkontakt! Nach unseren Erfahrungen erhöhen Ihr Engagement und die investierte Zeit die Chancen auf den Zuschlag enorm.

▶ **Ist Unternehmenstheater die richtige Wahl?**
Beginnen Sie damit, sich zu vergewissern, ob Unternehmenstheater oder Methoden aus der Theaterwelt im vorliegenden Fall das

richtige Mittel ist. Haben Sie Bedenken, so machen Sie einen Alternativvorschlag oder ziehen einen Kollegen zu Rate. Falls Sie unsicher sind und keine überzeugenden Argumente finden, lassen Sie die Finger vom Auftrag. Ein fehlgeschlagenes Unternehmenstheater-Projekt frustriert alle Beteiligten und hinterlässt einen nachhaltig negativen Beigeschmack. Solche Experimente bringen die Unternehmenstheaterbranche in Misskredit.

▶ Sind Sie für den Auftrag der/die Richtige?

Klären Sie für sich Ihre Ansprüche und Ihre persönliche Einstellung zum anstehenden Auftrag.

Wir empfehlen, die Ziele des Projektes im Hinblick auf den idealistischen oder künstlerischen Anspruch an die eigene Arbeit und deren Wirkung auf die Beteiligten besonders kritisch zu hinterfragen. Hierzu ein Beispiel aus der Praxis: Der Auftraggeber möchte mit Ihrer Hilfe die Belegschaft schonend auf die Entlassung von Mitarbeitern oder die Schließung des Standortes vorbereiten. Eine wichtige persönliche Klärung für die Ausführung des Auftrages ist in diesem Zusammenhang von Nöten: *„Stehe ich hinter den vom Auftraggeber verfolgten Zielen?"*

Was gehört in die Angebotsmappe?

Das Angebot besteht aus verschiedenen Elementen. Es beinhaltet alle Informationen zum Rahmen, zum Inhalt, Ablauf und zu den Kosten des Projektes. In die Angebotsmappe gehören:

▶ Das Anschreiben
▶ Die Projektbeschreibung
▶ Die Konzeption
▶ Die Ideenskizze zum Theatereinsatz
▶ Der Leistungsumfang mit Leistungskatalog, Zeitplanung, Honorarberechnung und Allgemeinen Geschäftsbedingungen (AGB)
▶ Die Präsentationsmappe
  • Unternehmensbroschüre / Unternehmenspräsentation
  • Referenzadressen, -projekte oder -liste (falls vorhanden)
  • Präsentations-CD (falls vorhanden)

▶ Das Anschreiben

Beschränken Sie sich im Anschreiben auf das Wesentliche. Gehen Sie – wenn nötig – kurz darauf ein, wie Sie vom Projekt erfahren haben und bedanken Sie sich auf jeden Fall für das Interesse oder die Informationen. Ein netter Schlusssatz, der den Leser dazu einlädt, das Angebot mit Interesse zu lesen, rundet das Schreiben ab. Fügen Sie das Angebot in einer separaten Mappe als Anlage bei.

Kurz und knapp, aber freundlich zugewandt sollte das Anschreiben sein.

▶ Die Projektbeschreibung

Mit der Projektbeschreibung machen Sie deutlich, dass Sie sich bereits eingehend mit der Thematik des Auftraggebers und seinen Wünschen beschäftigt haben. Sie bringen darin die wichtigsten Daten und Informationen auf den Punkt. Hier erscheinen der Arbeitstitel der Geschichte und die Vorgaben des Kunden in Kurzform. Die Rahmenbedingungen richten sich in der Regel stark nach den Vorgaben des Kunden. Der Vollständigkeit halber, und um Missverständnissen vorzubeugen, nehmen Sie die Rahmenbedingungen und Voraussetzungen wie Ort, Zeit, Technikbedarf in das Angebot mit auf.

▶ Sorgen Sie mit einer Zusammenfassung zur Zielsetzung der Veranstaltung dafür, dass der Kunde sicher ist, dass Sie ihn mit seinen Wünschen und Erwartungen verstanden haben.

▶ Bringen Sie die Leistungsanforderung des Kunden mit prägnanten Aussagen auf den Punkt.

▶ Zeigen Sie auf, welche Wirkung Sie bei den Beteiligten (Publikum oder Teilnehmer im Training) erzielen wollen.

Die Projektbeschreibung ist die Basis für alle weiteren Schritte. Ein Muster finden Sie im Kasten auf der Folgeseite.

Projektbeschreibung

Projekt:	**Unternehmenstheater zum Fachhändlertag**
	der Herbert Mustermann GmbH, Aachen
	Das Motto: ,Der Einzelne soll aktiv werden.'
Arbeitstitel:	Unternehmenstheater „Kick-off für Kurt Keck"
Veranstalter:	Herbert Mustermann GmbH, Aachen, Hersteller von hochwertigen
	Heimwerkermaschinen aller Art
Veranstaltung:	Fachhändlertag des Unternehmens Mustermann GmbH
Termin:	Freitag, 5. September
Veranstaltungsort:	Bad Nauheim
Rahmenprogramm:	Get together und Kick-off
	Fachtagung mit Vorträgen zum Status quo; Vorstellung des Mustermann-Konzeptes; Workshops für die Fachhändler; Resümee mit Chill-out
Zielgruppe:	Die Tagung wird von ca. 250 Fachhändlern des Heimwerkerbedarfs besucht. Die Produkte des Unternehmens Mustermann sind bekannt. Die Fachhändler arbeiten bereits mit der Firma Mustermann zusammen.
Zielsetzung:	Starker Aufforderungscharakter zum Engagement und aktiven Einsatz jedes Fachhändlers in schwierigen Zeiten, Schulterschluss mit einem starken zuverlässigen Partner wie der Herbert Mustermann GmbH. Die Botschaft ist: „Wer mitzieht, gewinnt!"

Allgemeine Rahmenbedingungen

Aufführungsort:	genauer Ort bzw. Halle und Bühne werden 6 Wochen vor der Veranstaltung durch den Auftraggeber bekannt gegeben.
Aufführung:	zwei Aufführungen
Zeitpunkt:	vorgesehen ist das Unternehmenstheater als Kick-off zum Veranstaltungsbeginn und als Chill-out zum Abschluss der Veranstaltung
Aufführungsdauer:	zum Auftakt am Vormittag 1 x ca. 25 Minuten
	zum Ausklang der Veranstaltung am Abend 1 x 10 Minuten
Bühnenaufbau:	Forum mit Bestuhlung, Bühne oder Bühnenelementen, Bühnenbild, Licht- und Tontechnik, Requisiten und Kostüme

Ziel der Unternehmenstheateraufführung

Das Unternehmenstheaterstück richtet sich an die Teilnehmer der Fachhändlertagung der Herbert Mustermann GmbH. Durch Interaktives Improvisationstheater als ein außergewöhnliches, witzig-peppiges Highlight der Veranstaltung wird der Glaube an den Aufbruch in eine positive Zukunft markiert. Mit diesem Tag wird der Grundstein für die Erfolge in der Zukunft gelegt. Die Fachhändler sind überzeugt, in der Herbert Mustermann GmbH einen zuverlässigen und erfolgreichen Partner gefunden zu haben. Im Glauben an die Innovationskraft und Marktpräsenz des Unternehmens Mustermann gestärkt, kehren sie hoch motiviert und voll des Tatendrangs in ihren Tätigkeitsbereich zurück. Hier setzen sie die neu gewonnene Identifikation mit der Marke und dem Unternehmen Mustermann in die Tat um.

• Gemeinsam sind wir stark! • Gemeinsam machen wir das Unmögliche möglich!
• Gemeinsam sind wir unschlagbar!

▶ Die Konzeption

Dieser Part ist das Kernstück des Projektes. Alles, was an schmückendem Beiwerk später hinzugefügt wird, dient der optimalen Kommunikation der Botschaft, um den Empfänger mit dem Kernstück zu erreichen.

▶ Geben Sie einen Ausblick, auf welche Art und Weise Sie die Botschaften und Ziele des Unternehmens in das theatrale Gesamtkonzept einbinden wollen.

Von besonderem Interesse ist für den Kunden:
▶ mit welchen Mitteln Sie Lösungsansätze aufzeigen,
▶ wie Sie sich den Transfer und die Auswertung vorstellen.

Idealerweise geben Sie eine Erläuterung zur Umsetzung mit den ausgewählten bzw. vorgeschlagenen Theaterformen:

▶ Erklären Sie, falls nötig, die eingesetzten Theaterformen und -elemente.
▶ Verdeutlichen Sie die Wirkungsweise der Theaterformen und eventuell den wechselseitigen Bezug.
▶ Bedienen Sie sich im Projekt symbolischer Darstellungen und Metaphern, dann gehen Sie auf die Wirkungsweise und die nachhaltige Verankerung durch diese Elemente ein.

Handelt es sich bei dem Projekt um eine Trainingsmaßnahme oder schließt sich diese an eine Unternehmenstheaterveranstaltung an, dann geben Sie
▶ Einblick in ihre methodisch-didaktische Arbeits- und Vorgehensweise im Training.

Das Muster einer Konzeption finden Sie im Kasten auf der Folgeseite.

Konzeption

Arbeitstitel: ,Kick-off für Kurt Keck'

Den Fachhändlern wird in der Geschichte von Kurt Keck (siehe Ideenskizze) humorvoll, aber mit Tiefgang der Spiegel vorgehalten. Dabei greifen wir auf fachspezifisches Wissen und die branchenübliche Sprache zurück. Wir gehen auf das berufliche und private Umfeld der Zielgruppe ein. Die tägliche Herausforderung der Fachhändler und die damit verbundenen Befürchtungen und Erwartungen bringen wir peppig und witzig in den Mittelpunkt. In der vorgestellten Ideenskizze nehmen wir Bezug auf folgende Kernthemen der Tagung:

• Der Einzelne soll aktiv werden
• Bevorzugung von Billigprodukten und die Folgen
• Mangelnde Händlertreue
• Preiskampf zwischen den Händlern

Im dem Stück zeigen wir dem Fachhändler für seine scheinbar ausweglose Situation durch überraschende Wendungen und Handlungen überzeugende Lösungsansätze auf. Nach dem Motto: Erfolg entsteht durch ...

• verantwortliches Handeln
• Identifikation mit dem Produkt
• Stärkung des Wir-Gefühls
• Veränderungsbereitschaft
• Persönlichkeitsentwicklung
• Selbstreflexion

Zur Umsetzung der Geschichte werden unterschiedliche Stilmittel wie Comedy, Improvisationstheater, Körper- und Sprechtheater und Interaktives Theater genutzt. Durch Interaktion und den Einsatz von Symbolen und Metaphern wird zusätzlich die nachhaltige Verankerung der Aussage des Stücks bewirkt.

Im vorliegenden Projekt sind die ausgewählten Theaterformen besonders geeignet, da sie:
• dem Zielpublikum in der Regel bekannt sind,
• die Botschaft humorvoll kommunizieren können,
• unterschiedliche Blickwinkel und Verfremdung ermöglichen,
• verschiedene Wahrnehmungsebenen ansprechen,
• Raum für Interaktion lassen.

In enger Absprache mit Ihrem Trainerteam sollten die aufgezeigten Themen in den anschließenden Workshops aufgegriffen und vertieft werden.

Besonders vorteilhaft und nachhaltig wäre es, die Lösungsansätze handlungsorientiert mit den erarbeiteten Methoden aus dem Theaterspiel der Workshop-Teilnehmer zu verankern und somit zusätzliche Lösungen von ihnen selbst finden oder erarbeiten zu lassen. Gleichzeitig wird damit das „Erleb- und Erfahrbar-Machen" von persönlichem Handeln gefördert und die positive Wirkung nach innen und auf die Umgebung deutlich.

▶ Die Ideenskizze zum Theatereinsatz

Nach Klärung der Kundenwünsche können Sie Ihre Fantasie walten lassen und Geschichten erfinden – jedoch immer in enger Verknüpfung mit den Vorgaben. Die recherchierten Ziele und Erwartungen der beiden Zielgruppen – Auftraggeber und Teilnehmer – sind die Basis für die ersten Geschichtsideen.

Im Team lassen sich Ideen für die Story noch besser entwickeln. Da können unterschiedliche Ideenstränge verfolgt und miteinander verflochten werden. Geben Sie der Geschichte einen Arbeitstitel. Fassen Sie die Einfälle in einer Kurzgeschichte zusammen und halten Sie sie in der Ideenskizze fest. Verwenden Sie eine Sprache, die beim Interessenten die Fantasie anregt und Bilder erzeugt.

Die Ideenskizze soll einen ‚verlockenden' Einblick geben, die Imagination beim Kunden anregen und Lust auf mehr machen. Erzeugen Sie Spannung und machen Sie Ihre Interessenten neugierig, aber verraten Sie nur das Nötigste zum Verständnis. Auf keinen Fall sollten Sie den Höhepunkt mit der Auflösung preisgeben. Es wäre zu ärgerlich, wenn Sie feststellen müssten, dass Ihre Geschichte in abgewandelter Form oder Teile daraus von Dritten benutzt würden *(siehe auch: Angebotsfrist und Copyright, S. 166)*.

Das Muster einer Ideenskizze finden Sie auf der Folgeseite.

Ideenskizze

Arbeitstitel: ‚Kick-off für Kurt Keck'

Die Rezession greift um sich, der Euro fließt nicht mehr und die Umsätze gehen zurück. Auch unseren langjährigen Mustermann-Fachhändler Kurt Keck hat dieser Alltag fest im Griff. Seine Gedanken kreisen ständig um Marktanteile, seine ungewisse Zukunft und Geldsorgen bis hin zu Existenzängsten.

Diese Ängste lassen ihn keine Nacht mehr richtig schlafen. In den Nächten wird er von Alpträumen geplagt und von Stimmen verfolgt. Er hat den Glauben an sich, seine Fähigkeiten und seine guten Produkte verloren. Morgens wacht er total gerädert auf und sieht dem Tag missmutig entgegen. Am liebsten würde er sich die Bettdecke wieder über den Kopf ziehen.

Im Halbschlaf schickt er ein ironisches Stoßgebet zum Himmel: „He, du da oben, das war schon wieder so `ne scheiß Nacht. Kannst du mir nich´ mal so `nen richtig geilen Zahn auf die Bettkante setzen? Damit sich das Leben wieder lohnt."

Und sein Stoßgebet wird erhört. Von Fanfaren begleitet, rauscht eine reizende, flotte, geflügelte Mustermannbohrmaschinen-Fee herein. Kurt ist in seinem negativen Weltbild allerdings so gefangen, dass er für die reizende Fee-Begleitung kein Auge hat.

Auf dem Weg in das Geschäft des Fachhändlers begegnen sie an einer Baustelle den bereits fleißigen Handwerkern. Mit anerkennenden Pfiffen und Rufen begleiten sie das vorbeiziehende Paar. Kurt Keck merkt davon nichts. Er nimmt nur die Verfolgung durch das Schreckgespenst Konkurrenz war und beschleunigt seinen Schritt.

Im Geschäft angekommen, werden die beiden schon von der schrillen Kreissäge IRO 100, ein asiatisches Billigprodukt, erwartet. Kurt Keck geht intuitiv auf Distanz, aber auf Dauer kann er ihrem verlockenden Angebot nicht widerstehen. Daraus entspinnt sich ein Konkurrenzkampf zwischen den beiden Geräten, die um die Gunst den Händlers buhlen. In dieser Situation öffnet sich die Ladentür.

Aus dem Publikum werden zwei Personen auf die Bühne geholt, die jeweils einen Kunden spielen dürfen. Während Kurt Keck um eine fachmännische Beratung bemüht ist, versuchen die Maschinen sich gegenseitig bei der Kundschaft auszustechen, allen voran die IRO 100. Sie setzt all ihre Trümpfe ein und macht den Kunden eindeutige Angebote.

Kurt Keck sieht nur noch eine Chance. Er fordert die beiden Kunden zum ultimativen Test der beiden Geräte auf, der aber für alle Beteiligten eine überraschende Wendung nimmt ...

▶ Der Leistungsumfang und das Timing

Machen Sie Ihrem Auftraggeber Ihre Leistung in Einzelpositionen transparent und nachvollziehbar. Dazu gehört:

▶ der Zeit- und Arbeitsaufwand,
▶ die Zeitplanung,
▶ der Ablaufplan.

Das Timing

Für das Timing des Projektes hat es sich bewährt, die sechs Schritte terminlich grob in Form von Kalenderwochen einzuordnen. Der Kunde kann sich schnell ein Bild über die Abfolge der Arbeitsschritte und den zeitlichen Ablauf verschaffen. Ein Muster finden sie im Kasten nebenan.

Der finanzielle Rahmen

Der finanzielle Umfang für Unternehmenstheater-Veranstaltungen hängt von der allgemeinen Marktsituation ab. In der Regel ist der Umfang nach dem ersten ausführlichen Briefing kalkulierbar. Übersteigt Ihr Preis das Budget des Auftraggebers, dann überprüfen Sie, ob das Unternehmenstheaterprojekt auch als kleinere Variante realisierbar ist. Hier hilft meist die detaillierte Aufschlüsselung Ihrer Leistung in Einzelpositionen nach Basis- und Zusatzleistungen. Beraten Sie den Auftraggeber bei der Auswahl der Leistungen und machen Sie klar, auf was er verzichtet.

Die Arbeitaufwand für ein Stück ist enorm und kann drei Monate und mehr in Anspruch nehmen. Je nach Umfang kann es sich um ein Ein-Personen-Projekt handeln oder es arbeitet ein 8- bis 12-köpfiges Team an der Konzeption und Umsetzung Hand in Hand. Bei dem Aufwand leuchtet es schnell ein, dass die Preise für eine Einheit Unternehmenstheater in einer Spanne zwischen ca. 5.000 Euro und mehr als 100.000 Euro liegen können. Allerdings variieren die Preise je nach Umfang und Anbieter erheblich.

Für Seminare mit theaterspezifischem Ansatz gilt auch der Grundsatz: Je größer der Aufwand, desto höher der Preis. Auf jeden Fall ist es ratsam, auch hier die Preise aufgrund der spezifischen Kon-

Ablaufplan und Timing

Arbeitstitel: ‚Kick-off für Kurt Keck'

Für die Projektentwicklung und Durchführung schlagen wir folgende Zeitschiene vor:

Schritt 1
Ein erstes Kurzbriefing zur Situationsanalyse und Klärung der Rahmenbedingungen, über Ziele der Darbietung, Zielgruppe, Vorgaben und Erwartungen, liegt in schriftlicher Form vor.

Schritt 2 (Kalenderwoche XX)
Vom Unternehmenstheater-Team werden in Improvisationen erste Ideen zur Geschichte entwickelt. Passend zu den Inhalten werden Titelvorschläge unterbreitet. Die Auswahl des Titels wird von Ihnen vorgenommen und in das Veranstaltungsprogramm aufgenommen.

Schritt 3 (Kalenderwoche XX)
Das Theaterteam entwickelt ein Grundgerüst der Geschichte, Texte und das Bühnenbild. In einem nächsten Treffen wird Ihnen diese so genannte Redline (roter Faden) der Geschichte vorgestellt. Hier können Ihre Vorschläge, Ideen, Wünsche und Anregungen in die Weiterentwicklung des Theaterstückes einfließen. Bei dieser Zusammenkunft werden die Beteiligten die Veranstaltungsräume besichtigen und den Ablauf im Kontext des Rahmenprogramms endgültig festlegen. Die Zeitschiene wird verglichen und angepasst.

Schritt 4 (Kalenderwoche XX)
Auf Basis dieses Ideenpools wird vom Unternehmenstheater-Team das Theaterstück entwickelt und für die Aufführung einstudiert. Das Bühnenbild und die Aufbauten werden erstellt. Die Storyline wird auf Video aufgezeichnet, Ihnen vorgestellt und im abschließenden Konzeptionsgespräch von Ihnen zur Aufführung freigegeben. Die Freigabe erfolgt von Ihnen sofort und in schriftlicher Form, spätestens zwei Tage nach dem Konzeptionsgespräch.

Schritt 5 (Kalenderwoche XX)
Anreise des Theaterteams am Vortag
Besichtigung der Veranstaltungsräume
Bühnen-, Technik- und Lichtaufbau
Generalprobe

am Veranstaltungstag
ab 10.30 Uhr: Improvisationstheater „Kick-off für Kurt Keck"

während der Fachhändlertagung
Das Unternehmenstheater-Team nimmt an der Veranstaltung und den Workshops teil. Es fasst die Eindrücke und Ergebnisse des Tages in Improvisationen zusammen.

Abendprogramm: Chill-out-Präsentation der Tageseindrücke mit interaktivem Improvisationstheater durch das Unternehmenstheater-Team.

Anschließend oder nach Bedarf am folgenden Tag Bühnenabbau und Abreise des Theaterteams.

Schritt 6 (Kalenderwoche)
Auf Wunsch Nachbereitung: Abschlussgespräch mit Feedback und Pressespiegel.

Angebotsfrist

,Wir würden uns über den Auftrag freuen.

Wir räumen Ihnen eine Option für den Veranstaltungstermin XX.XX.XX bis zum XX.XX.XX ein.

Bitte lassen Sie uns bald wissen, wie Sie sich entschieden haben.'

zeption individuell zu berechnen. Sie richten sich nach dem zeitlichen Umfang der Vorbereitung, dem Aufwand in Konzeption und Durchführung, ob vorhandene Seminarräume genutzt werden können und nach der Anzahl der Teilnehmer. Bei mehr als zwölf Teilnehmern ist der Einsatz eines Co-Trainers oder zumindest eine Assistenz ratsam. Unter *www.trainertreffen.de* finden Sie eine Beispielrechnung für Trainerhonorare.

Reisekosten und Spesen gehen extra

Übernachtung, Verpflegung und Fahrtkosten für das Team werden meist vom Auftraggeber bezahlt. Auch wenn es noch so selbstverständlich erscheint, sollten Sie es in Ihrem Angebot mit einem Satz erwähnen. Damit sind Sie in jedem Fall auf der sicheren Seite.

Angebotsfrist

Vergessen Sie nicht den Satz zur Angebotsfrist. Sie bestimmen damit, wie lange Sie an Ihr Angebot gebunden sind. Nach Ablauf der Frist haben Sie den Rücken frei und können neu verhandeln oder müssen andere Kunden nicht vertrösten. Wie der Satz zum Beispiel formuliert sein könnte, finden Sie im Kasten nebenan.

Vorsicht bei der Veröffentlichung Ihrer Ideen!

Urheberrechte

,Als Urheber des Stückes bleiben die Aufführungs- und Veröffentlichungsrechte bei dem Unternehmenstheater-Team XX.'

Ebenso wichtig wie die Angebotsfrist ist eine Bemerkung zum Copyright. Ideen und Ideenskizzen lassen sich, realistisch betrachtet, nicht wirksam vor einem Missbrauch durch Dritte schützen. Ein entsprechender Satz dazu lässt die moralische Verpflichtung Ihnen gegenüber und die Hemmschwelle beim Ideenklau aber sicherlich ansteigen. Außerdem haben Sie bei einer rechtlichen Auseinandersetzung wenigstens etwas in der Hand. Mit dem nebenstehenden Satz machen Sie deutlich, dass Sie Urheber der Idee sind und bei der Benutzung durch Dritte gefragt werden wollen und müssen.

▶ Die Präsentationsmappe

Überlegen Sie sich, wie Sie Ihren zukünftigen Kunden von Ihrer Kompetenz und Professionalität überzeugen. Eine Präsentationsmappe, die mit Ihrem Werbematerial Ihre Unternehmensphilosophie transportiert, sollte beim Angebot auf keinen Fall fehlen. Haben Sie eine gut gemachte CD/DVD mit erfolgreichen Unternehmenstheater-Projekten, können Sie auch diese dem Angebot beilegen.

Kompetenz untermauern und dem Kunden anhand von Kostproben den Mund wässrig machen.

Wenn möglich, lassen Sie Ihre Kunden sprechen. Geben Sie Referenzen jedoch nur nach vorheriger Absprache weiter. Es versteht sich von selbst, dass Sie nur Kunden mit gelungenen Projekten als Referenz angeben. Ob indirekt *„Unsere Kunden sagen über uns ..."* oder in Form von Dankesschreiben zufriedener Kunden und Teilnehmer – auf diesem Wege können Sie die Qualität Ihrer Arbeit unterstreichen.

Referenzen! Lassen Sie Ihre Kunden über Unternehmenstheater-Projekte berichten.

Präsentationstermin und Kostproben

Nach Ihrer Angebotsabgabe ist es durchaus üblich, Sie zu einer Vor-Ort-Präsentation einzuladen. Das kann unterschiedliche Gründe haben. Möglicherweise stehen Sie im Wettbewerb mit weiteren Anbietern, oder es wird mit diesem Projekt das erste Mal Unternehmenstheater beim Auftraggeber eingesetzt, und dieser möchte sich ein detailliertes Bild davon machen. Es könnte aber auch sein, dass die Entscheider ihrem Management oder den betroffenen Fachbereichen das Projekt im Vorfeld vorstellen möchten. Wo möglich, wird die Führungsebene mit ins Boot geholt, um ein weiteres Meinungsbild zu erhalten.

Folgen Sie bei der Präsentation im Wesentlichen Ihrem abgegebenen Angebot. Wählen Sie für Ihre Darstellung und zur Unterstützung des Gespräches:

- ▶ die Präsentationsmappe,
- ▶ eine Folienpräsentation oder
- ▶ eine PowerPoint-Präsentation oder
- ▶ eine Film-Präsentation.

Ein Praxisbeispiel hat immer eine hohe Überzeugungskraft.

Schlagen Sie Ihrem Kunden eine kurze, vorbereitete Live-Kostprobe vor. Diese muss nicht unbedingt mit dem Kundenthema zusammenhängen, sondern kann aus vorangegangenen Unternehmenstheater-Projekten stammen. Achten Sie aber darauf, dass Sie die Präsentation abstrahieren, um keinen Ihrer Kunden bloßzustellen.

Oder wenn es Ihnen in einem Präsentationstermin passend erscheint, erfreuen Sie Ihre Gesprächspartner mit einer kleinen spontanen Einlage Ihrer Schauspielkunst.

Interesse und Freude lösen Sie sicher auch mit einer Einladung zu einer Unternehmenstheater-Produktion aus. Klären Sie vorab mit dem jeweiligen Auftraggeber der Produktion ab, ob ein externer Zuschauer oder Teilnehmer willkommen ist.

Quellen:

(1) Honorarberechnungen: www.trainertreffen.de.
(2) SCHMITT, Katharina: Theater in Betrieb. PERSONALmagazin 04/2001.
(3) KUNTZ Stefan: Survival Kit, www.kuenstlerrat.de.

Szene vier

Welche Vorarbeit braucht Unternehmenstheater?

Sind alle Fragen mit dem Kunden geklärt und ist der Auftrag endlich im Haus, kann die Arbeit am Projekt beginnen. Klar ist: Der Einsatz von Theater bedeutet in der Regel mehr Aufwand als konventionelle Veranstaltungen oder Trainings. Das gilt sowohl für die Konzeption wie auch für die Vorbereitung. Dass sich das dennoch lohnt und warum das so ist, können Sie in ‚Wozu denn das ganze Theater'?, S. 117, nachlesen.

Die zahlreichen kundenspezifischen Anforderungen und Besonderheiten machen Unternehmenstheater so individuell. Das bringt Spannung und macht es unverwechselbar, erschwert aber die Ausarbeitung und Erstellung einer allgemein gültigen Arbeitsanweisung, die auf beliebige weitere Projekte übertragbar wäre.

Trotzdem sollen Sie nachfolgend eine Art Fahrplan für die Planung und den Aufbau von Unternehmenstheater-Projekten erhalten. Auf die Ausarbeitung und Konzeption von Workshops, Trainings und Tagungen in Verbindung mit Theater gehen wir an dieser Stelle nicht ein. Dennoch eignen sich die nachfolgend beschriebenen Überlegungen, der Stückinhalt und die Aufführung bestens auch als Ausgangs- oder Anknüpfungspunkt für die Konzeption von begleitenden Maßnahmen.

Die Vorarbeiten

Haben Sie es z.B. mit nebenstehendem Auftrag zu tun, ist es sinnvoll, die vorbereitenden Tätigkeiten in folgende Phasen zu unterteilen:

Der Auftrag

Ein Unternehmerverband der Bauindustrie möchte, dass die Qualität der ausgeführten Beschichtungsarbeiten gesteigert wird, um die Reklamationsquote zu senken. Bei einem Kongress, auf dem Architekten, Hersteller, Zulieferer und Handwerker vertreten sind, sollen die Tagungsbesucher mit einem Unternehmenstheaterstück als Kick-off-Event für das Thema sensibilisiert werden.

▶ Entwicklung und Erstellung des Projektplans

▶ Vorbereitung und Entstehung der Basisgeschichte

▶ Entwicklung und Ausarbeitung des Theaterstückes

▶ Probenarbeit, technische Umsetzung und Aufführung des Theaterstückes

Während der gesamten Vorarbeitsphase sind die Nähe und der ständige Austausch mit dem Kunden unerlässlich. Eine detaillierte, schriftliche Zeit- und Projektplanung erleichtert Ihnen und dem Kunden dabei den Überblick *(vgl. Checkliste zur Projektumsetzung – pdf-Link: www.managerseminare.de/pdf/theater.pdf)*.

Entwicklung und Erstellung des Projektplans

In dieser Phase geht es darum, die Arbeit schrittweise, gut strukturiert und zielstrebig anzugehen. Sinnvoll ist es, mit dem Auftraggeber ,Meilensteine' zu definieren, die zum regelmäßigen Abgleich der Zielsetzung, der Rahmenbedingungen und der Zeitschiene dienen. Bleiben Sie dazu immer in Kontakt und holen Sie sich regelmäßig Feedback. So verlieren Sie niemals die Richtschnur und den Maßstab für die Planung und die anschließende Umsetzung.

Wie bei jedem Geschäft gilt auch hier: Versprechen Sie nur, was Sie auch halten können. Und: Sorgfalt in der Projektplanung zahlt sich aus!

▶ Auswahl des Teams

Wenn Sie ein Konzeptionsteam zusammenstellen, ist es ratsam, vorher zu überlegen, welche verschiedenen Fähigkeiten für das Projekt förderlich sind. Unerlässlich sind natürlich Erfahrungen im Bereich der Bühnenarbeit und ein Verständnis vom Business. Je-

Projektplan erstellen

▶ Auswahl des Teams
▶ Festlegung der Zeitschiene
▶ Check der Rahmenbedingungen
▶ Briefing durch den Auftraggeber
▶ Recherche zum Thema
▶ Klärung der Ziele

(vgl.: Checkliste zur Projektumsetzung, pdf-Link: www.managerseminare.de/ pdf/theater.pdf)

Amelie Funcke, Maria Havermann-Feye: Training mit Theater

doch: ein guter Schauspieler muss noch kein begabter Theaterpäd-
agoge sein – falls also z.B. Mitarbeiter animiert und motiviert werden müssen, werden Talente als Trainer, Moderator oder Pädagoge
gebraucht. Weiterhin hilfreich sind Kenntnisse in den Feldern Betriebswirtschaft, Personalentwicklung, Beratung und Coaching.
Sinnvoll ist es auch, wenn ein erfahrener Organisator und Koordi-
nator als Ansprechpartner für die Teammitglieder mit im Boot ist.

Profitieren Sie von der Fachkompetenz und dem Ideenreichtum
dieses Teams. Es ist nicht nur ergiebiger, sondern macht auch mehr
Spaß, in der Gruppe ein Stück zu entwickeln. Bei kleineren über-
schaubaren Projekten hat sich eine Teamgröße von mindestens
drei Personen bewährt, die mit ihren Kompetenzen mehrere Fach-
bereiche abdecken. Je nach Dauer, Projektinhalt und -volumen
sollten Sie die Teamgröße den Anforderungen anpassen.

▶ Festlegung der Zeitschiene

Die Vorbereitung und Umsetzung eines Unternehmenstheaterprojektes kann je nach Umfang einen Zeitraum von bis zu sechs Monaten erfordern. Der Zeitaufwand variiert mit der Projektgröße und
hängt vom Aufwand für die Recherchearbeit, vom Umfang der begleitenden Maßnahmen wie Training und Coaching und von der
Teilnehmerzahl ab. Achten Sie schon von Beginn an auf eine gute
Zeiteinteilung und planen sie bei kritischen Punkten Pufferzeiten
mit ein.

▶ Check der Rahmenbedingungen

Klären Sie zunächst die feststehenden Daten und Bedingungen
und erstellen Sie eine Liste der technischen Rahmenbedingungen,
die für die Durchführung des Projektes unbedingt erforderlich
sind. Unternehmenstheater-Projekte sind kundenspezifisch konzipiert, daher wird die Liste für jedes Projekt anders ausfallen. Die
wichtigsten Fragen haben wir in einer beispielhaften Checkliste
(pdf-Link: www.managerseminare.de/pdf/theater.pdf) zusammengestellt. Halten Sie diese Liste während des Projektverlaufs immer im
Blick und aktualisieren Sie veränderte Bedingungen, Bedürfnisse
und Anforderungen zeitnah. Dokumentieren Sie auf dieser Liste

auch alles, was von Ihnen zusätzlich besorgt und bereitgestellt werden muss.

▶ Briefing und Recherche

Werden Sie Insider!

Bevor Sie mit der inhaltlichen Arbeit beginnen, werden Sie Insider beim auftraggebenden Unternehmen. Vorbedingung für eine erfolgreiche Veranstaltung ist das Briefing und die Recherche. Sorgen Sie dafür, dass Sie verstehen, wovon Ihr Auftraggeber redet. Sammeln Sie so viele und ausführliche Informationen wie möglich über das Unternehmen, die Zielsetzung und die Teilnehmer – bereits vor dem Briefing. So gehen Sie gut vorbereitet in das Briefing hinein. Eine vorbereitete Checkliste als Gesprächsgrundlage ist bei dem Treffen eine wertvolle Hilfe. Ein Muster befindet sich im Netz *(www.managerseminare.de/pdf/theater.pdf)*.

Aktivieren Sie eine gesunde Portion Neugier und Wissensdurst für die Recherche. Wenn möglich, gehen Sie auf alle Beteiligten – Auftraggeber, Mitarbeiter und Publikum – zu. Holen Sie sich die Informationen direkt von den Betroffenen. Zapfen Sie alle Quellen an, die Ihnen bekannt sind und ergiebig erscheinen. Beziehen Sie neben der Recherche vor Ort das Internet, wenn möglich auch das Intranet des Auftraggebers mit ein.

Schon mit der Recherche können Sie zum Gelingen des späteren Prozesses beitragen – die Menschen spüren, dass ihre Meinung gefragt ist, ihre Neugier wird geweckt.

Keine Sorge: Wenn Sie freundlich und offen erklären, wozu die Infos dienen, wird man Ihnen behilflich sein und Auskunft geben. Mit Ihren Fragen können Sie sogar schon im Vorfeld für das Projekt Interesse und Neugierde bei den Beteiligten wecken und damit zum Gelingen beitragen.

Gehen Sie mit Freude und Humor an die Informationssammlung. Finden Sie heraus, wo sich die ‚wahren' Kommunikationszentren des Unternehmens befinden. Bessere Informationslieferanten und Beobachter als die Mitarbeiter selbst bekommen Sie nicht. Hören Sie den Mitarbeitern zu und teilen Sie ein Stück Berufsalltag mit ihnen. Achten Sie auch auf Details und auf scheinbar unwesentliche Kleinigkeiten und Nebensächlichkeiten.

Sie haben einen entscheidenden Vorteil: den eines Beobachters von außen. Nutzen Sie ihn und hinterfragen Sie alles bei allen. Betrachten Sie die Aussagen aus allen Blickwinkeln und vor allem vom Standpunkt aller Beteiligten. Hilfreich sind dabei eine gute Intuition und Einfühlungsvermögen.

▶ Klärung der Ziele

Nun rücken die Ziele in den Mittelpunkt. Ihnen gilt in dieser Phase der Projektplanung besondere Aufmerksamkeit. Bereits mit dem Briefing haben Sie den ersten Schritt zur Zielklärung gemacht. Hier hat sich die Ausrichtung des Projektes entschieden. Um für alle Beteiligten den maximalen Nutzen aus dem Unternehmenstheater-Projekt herauszuholen, ist die Verdichtung vom zunächst vorgegebenen Richtziel über die Grobziele hin zu den Feinzielen eine effiziente Methode. Nehmen Sie sich genügend Zeit und Raum, die verschiedenen Zielebenen des Projektes aufmerksam und ausführlich zu betrachten. Je tiefer Sie in die Planung einsteigen, desto konkreter, feiner werden die Ziele. Ihre Aufgabe ist es, mit der Unterstützung des Auftraggebers diese immer exakter zu formulieren. Mit folgender Fragetechnik lassen sich die Ziele für die einzelnen Zielebenen formulieren:

Die Frage *„Warum?"* führt Sie eine Ebene höher (dem Richtziel näher), die Frage *„Wie?"* führt Sie eine Ebene tiefer (das Kommunikations- oder Lernziel wird konkreter, in Richtung Feinziele). (1)

Wie ein Zieldiagramm in der Praxis aussehen kann, zeigen wir anhand des Projektes ‚Frag erst die Profis' *(siehe Folgeseite)*.

Achtung! Schauen Sie bei der Zielklärung genau hin. Verschaffen Sie sich einen Überblick über die angestrebten Ziele, aber auch über eventuell versteckte Ziele des Auftraggebers, um nicht im Verlauf des Projektes unliebsame Überraschungen zu erleben.

Trotz klarer Zieldefinition bleibt beim Einsatz von Theater im Business ein gewisser ‚Eigensinn' bestehen. Die Autoren von ‚Unternehmenstheater in der Praxis' erklären das so: *„Das Spiel schafft Freiräume, bietet Überraschungen und ist herausfordernd und anregend, kurz: Mitarbeitertheater kann Organisationsentwicklung im besten Sinne sein."* (2)

Ziele

Richtziel
Allgemeine Richtungsangabe für das in Auftrag gegebene Unternehmenstheater-Projekt, evtl. mit begleitenden Seminaren.

Grobziel
Angabe der Zielsetzung für die Aufführung oder das Kick-off in Verbindung mit der Tagung, dem Kongress oder der Gesamtveranstaltung.

Feinziel
Zielsetzung für die Aufführung oder einzelne Sequenzen der Aufführung.

Zieldiagramm zum Praxisbeispiel: ‚Frag erst die Profis'

Richtziel
Bei dem Publikum und den Teilnehmern soll erreicht werden:
• Steigerung der Arbeitsqualität
• Senkung der Reklamationen

Grobziel	**Grobziel**	**Grobziel**
Aus- und Weiterbildung der Anwender, Beschichter und Verarbeiter	Ausbau des Beratungsangebotes vom Bauplaner, Bauleiter und Produkthersteller	Schaffung praxisorientierter Übungsfelder

Feinziel	**Feinziel**	**Feinziel**
Produktschulung durch den Hersteller durchführen	Best-Practice-Beraterprogramm bei den Verarbeitern einführen	Praxistraining beim Hersteller durchführen
Feinziel Aussagekräftige Literatur zu Produkten und deren Anwendung für die Branchen erstellen	**Feinziel** Virtuelle Beraterdatenbank einrichten	**Feinziel** Praxistraining beim Anwender durchführen
Feinziel e-Learning-Programme zu Produkten und Verarbeitung installieren	**Feinziel** IT-Beraterprogramm etablieren	**Feinziel** Praxis-Workshop-Programm mit Architekt, Bauherr, Produkthersteller, Verarbeiter
	Feinziel Kollegiale Beratung und Supervision einführen	

Vorbereitung und Entstehung der Basisgeschichte

„Das Wesentliche ist unsichtbar", sagt der kleine Prinz (3). Das gilt auch für die von den Beteiligten zur Verfügung gestellten Informationen, jedenfalls zum Teil. Erfahrungsgemäß wird das wirklich ‚Wichtige' oft nicht klar kommuniziert. Es steht zwischen den Zeilen oder zeigt sich als Subtext hinter den verbalisierten Aussagen. Häufig werden z.B. Erwartungen direkt, Befürchtungen aber eher indirekt mitgeteilt.

Das Team braucht dieses Wissen im ‚Hinterkopf' sowie viel Feingefühl und Empathie, um sich in die Gedanken- und Gefühlswelt der Beteiligten hineinzuversetzen.

In dieser zweiten Phase werden die recherchierten Informationen vom Konzeptionsteam analysiert, ausgewertet und den beteiligten Gruppen zugeordnet. Die dadurch gewonnenen Erkenntnisse bilden dann die Basis zur Entwicklung des Grundgerüstes der Geschichte.

Unser Tipp: Denken und handeln Sie aus einer offenen, wertschätzenden Haltung heraus und haben Sie immer die Welt des Auftraggebers, Publikums und Teilnehmers im Blick. Je intensiver Sie sich in die Lage der Beteiligten hineindenken und ihre Berufs- und Alltagsproblematik verstehen, desto besser und zielgenauer werden Sie die Botschaften mit dem Unternehmenstheater transportieren.

Vorbereitung der Basisgeschichte
▶ Erwartungen und Befürchtungen des Auftraggebers, sowie der Teilnehmer/des Publikums
▶ Gemeinsamkeiten bei den Erwartungen und Befürchtungen
▶ Materialsammlung zum beruflichen, gesellschaftlichen und persönlichen Umfeld der Zielgruppe
▶ Entstehung der Basisgeschichte
▶ Dokumentation der Basisgeschichte

▶ Was bewegt den Auftraggeber, das Publikum, die Teilnehmer?

Wenn hier vom ‚Auftraggeber' oder ‚Publikum' gesprochen wird, könnte der Eindruck entstehen, dass es sich um abstrakte Begriffe handelt. Dahinter stehen jedoch Menschen mit ihren ganz persönlichen Befürchtungen und Erwartungen.

Hilfreich für die weitere Arbeit ist es, ein Gefühl dafür zu entwickeln, was die Beteiligten in Bezug auf das anstehende Projekt bewegt.

Methodisch können Sie so vorgehen: Sammeln Sie im Vorbereitungsteam Ihre Fantasien von den Erwartungen und Befürchtungen aller Beteiligten auf Moderationskarten. So sind Sie in der Lage, Herausforderungen, Widersprüche, Problemfelder, mögliche Themen frühzeitig zu erkennen, zu berücksichtigen und, wenn nötig, auszuschließen.

Suchen Sie anschließend nach Gemeinsamkeiten – dort verbergen sich die interessantesten Berührungspunkte und Integrationsmöglichkeiten.

Nachfolgend ein Beispiel, bezogen auf den oben stehenden Auftrag *(S. 169)*.

Was bewegt das Publikum, den Auftraggeber?

Fantasie-Befürchtung Publikum
- Zeitverschwendung
- Blamage
- Langeweile
- „Firlefanz", „Spielen"
- Kunst
- Schönfärberei
- Weitere Verschlechterung der wirtschaftlichen Lage
- Keine Veränderung der derzeitigen Situation
- ...

Fantasie-Befürchtung Auftraggeber
- Kundenrückgang
- Blamage
- Krisenstimmung
- Uneffektives Projekt
- Langweilige Veranstaltung
- Keine positiven Resultate
- ...

Fantasie-Erwartung Publikum
- Spaß
- Entertainment / Unterhaltung
- Nützlichkeitsorientierung
- Austausch unter Kollegen
- Neue Ideen / Impulse
- Vermittlung von Strategien
- Detaillierte Infos
- Gute Verpflegung
- Verbesserung der wirtschaftlichen Situation
- ...

Fantasie-Erwartung Auftraggeber
- Fachkompetenz ausbauen / nutzen
- Verbesserte Qualität / Kommunikation
- Weniger Reklamationen
- Steigender Umsatz
- Image
- Kundenbindung
- Feedback
- ...

Es mag für Sie überraschend klingen: Wir stellen bei dieser Vorgehensweise immer wieder fest, dass die echten Erwartungen und Befürchtungen der Beteiligten sehr ähnlich, wenn nicht gar identisch sind. Diese Erkenntnis erleichtert die Konzeptionsarbeit um einiges.

▶ In welchem Umfeld bewegt sich die Zielgruppe?

Ihr Auftrag ist es, die Zielgruppe mit den Botschaften zu erreichen. Ohne Spaß und Unterhaltung geht da gar nichts! Sonst spielen Sie am Zuschauer vorbei. Jedoch: Wann fühlt sich Ihr Zuschauer unterhalten? Oder: Wann erreichen Sie ihre Teilnehmer im Seminar?

Wenn Sie das Publikum und/oder die Teilnehmer als ,Radio'-Empfänger der Botschaft betrachten, dann sind Sie mit dem Unternehmenstheater der Sender. Um aber Ihre Zielgruppe zu erreichen, müssen Sie sich auf deren Empfängerfrequenz einstellen. Dazu empfehlen wir: Finden Sie heraus, was die Beteiligten bewegt und interessiert, welche Klischees vorherrschen usw.

Mit einer Materialsammlung zur Zielgruppe kommen Sie der ,Wellenlänge' dieser Menschen auf die Spur. Achtung! Diese Sammlung findet ausschließlich im Konzeptionsteam statt und dient der Ordnung und Reflexion der eigenen gesammelten Infos zur Zielgruppe. Hierbei greift das Team auch auf Erfahrungen, Bilder und Vorstellungen aus dem gesellschaftlichen Kontext zurück.

Methodisch gehen Sie wieder vor, wie unter ,*Was bewegt den Auftraggeber?', (S. 175)*, beschrieben. Sammeln Sie alles, was Ihnen einfällt, auch wenn es zunächst noch so ,schräg' klingen mag. Sie sollten aber die ungeschriebenen Gesetze und Tabus der Zielgruppe beachten. Je ausführlicher die Sammlung ausfällt, desto umfangreicher die Infos zum späteren Selektieren. Ein Muster eines Fragebogens zur Materialsammlung befindet sich im Web: *(pdf-Link: www.managerseminare.de/pdf/theater.pdf)*.

Beispiel

Beispiel einer Materialsammlung zum Umfeld der Zielgruppe *(Auftrag S. 169)*. Die Zielgruppe sind Inhaber von Fachbetrieben des Bauhandwerks.

▶ **Berufliche Anforderungen** (Selbstständiger Kleinunternehmer / Subunternehmer, Finanzierung, Mitarbeiterführung / -einsatz, handwerkliche Arbeiten, Stress, Zeitmangel ...)
▶ **Gesellschaftliches Umfeld** (männlich, ab 40 Jahre, Familie, Haus, Kleinstadt, Vereinsleben, Vereinsfeste, Gemütlichkeit ...)
▶ **Persönliches Umfeld** (Hobbies: Sport, Fußball, Autorennen, Kegeln ...; Interessen: Autos, Fernsehen, rund ums Haus werken und bauen, Garten, Musical, Comedy ...)

▶ Wie die Basisgeschichte entsteht

Eine Erfahrung:
Die verrücktesten,
scheinbar
zusammenhanglosen
Aussagen kristallisieren
sich in den meisten Fällen
als die ergiebigsten und
tragfähigsten Ideen für
die Geschichte heraus.

Verwenden Sie als Anregung zur Entwicklung der Geschichte die (am besten auf Moderationskarten) dokumentierten Informationen und Fantasien. Legen Sie diese für alle Mitglieder des Konzeptionsteams gut sichtbar im Raum aus. Die anschließende schrittweise Entwicklung der Basisgeschichte erfordert vom Team eine große Portion Einfühlungsvermögen und Identifikation mit den Zuschauern oder den Teilnehmern.

Zum weiteren Vorgehen bei der Geschichtenerfindung stellen wir Ihnen hier beispielhaft die Methode *‚Improvisation in Aktion'* vor. Weitere Anregungen, Techniken und detaillierte Anleitungen finden Sie in: *Wie macht man eine Szene?, S. 229,* und in: *Wie kann ich eine Gruppe unterstützen, selbstständig eine Szene zu entwickeln?, S. 243.* Mit den Methoden lassen sich kleinere und größere Szenen entwickeln, die zu einer Geschichte zusammengefasst werden können.

‚Improvisation in Aktion' wurde von uns entwickelt und erprobt. Diese Form des Geschichtenerfindens wird von unseren Konzeptionsteams genutzt und eignet sich besonders, um Kreativität anzuregen und freizusetzen. Das Besondere: Improvisiert wird in Bewegung – getreu dem Motto: Äußere fördert innere Bewegung. Der Gewinn ist ein ungewöhnlicher Einfalls- und Ideenreichtum.

Ausgangspunkt für die ‚Improvisation in Aktion' sind Fantasien zum beruflichen, gesellschaftlichen und persönlichen Umfeld des Publikums oder der Teilnehmer. Situationen, Orte, Personen, Dinge bis hin zu Klischees werden gesammelt und zu Schwerpunktthemen verdichtet.

‚Improvisation in Aktion' ist eine ‚Mehrzweck'-Methode mit der auch die zielgruppengerechte Inszenierung von Seminaren vorbereitet werden kann. Sie eignet sich ebenfalls hervorragend als Unterstützung, wenn Ihre Seminarteilnehmer selbst eine Szene zu entwickeln haben.

Improvisation in Aktion

Gruppengröße: 3-15 Personen; 1-2 Beobachter
Dauer: Mindestens 60 Minuten
Vorbereitung: mehrere Pinwände für Materialsammlung zum Thema

1. Schritt: Assoziativ Ideen finden und verdichten
Aufgabenstellung: Bewegen Sie sich im und durch den Raum – gehend, tanzend, schreitend, hüpfend, laufend, schleichend, in Zeitlupe, auf Zehenspitzen usw. Wechseln Sie im Laufe der Übung immer wieder die Gangart. Assoziieren Sie Bilder und Aussagen zu Situationen, Orten, Personen und Gegenständen im Zusammenhang mit dem beruflichen und privaten Umfeld des Publikums / der Teilnehmer. Sprechen Sie alle Ideen in Stichworten in den Raum.

Der Beobachter verfolgt aufmerksam das Szenario. Von ihm werden die artikulierten Stichworte gesammelt, dokumentiert und nach folgenden Kriterien ausgewertet:
▶ Was wurde am häufigsten genannt?
▶ Welche Ideen und Aussagen haben die größte Resonanz im Raum / in der Gruppe?
▶ Welche Aussprüche rufen Reaktionen in der Gruppe hervor, z.B. Lachen, Kichern, spontane Antworten, Kommentare, Zwischenrufe...?

Der Beobachter präsentiert nach ca. 10 Minuten die Verdichtung der Schwerpunkte. Je nach Umfang der Auftragsstellung können 10 bis 30 energiereiche Themen zusammenkommen.

2. Schritt: Ideen und Themen aus der Berufsrolle kommentieren
Aufgabenstellung: Versetzen Sie sich in die Alltagsrollen der Zielgruppe (z.B. Fachhändler, Verkäufer, Facharbeiter, Ingenieur). Kommentieren Sie aus diesen Rollen heraus mit kurzen Aussagen und Bildern die gesammelten Schwerpunktthemen: Je ungewöhnlicher, ausgefallener und verrückter, desto besser. Dieser Durchgang wird wieder mit Bewegung im Raum kombiniert.

Der Beobachter wiederholt den Vorgang aus dem ersten Schritt.

3. Schritt: Die Zielgruppe und ihr Umfeld aus verschiedenen Blickwinkeln betrachten
Nehmen Sie erneut eine Rolle ein. Wählen Sie aus folgenden Rollen aus:
▶ Personen aus dem beruflichen und privaten Umfeld der Zielgruppe (Frau, Freund/in, Kind, Mutter, Vater, Vorgesetzter, Nachbar, Bekannte vom Sport, Schrebergarten, ...),
▶ Dinge aus dem beruflichen Umfeld (z.B. beim Facharbeiter seine Maschine, beim Außendienstler sein Auto, bei der Sekretärin ihren PC),

Improvisation in Aktion (Fortsetzung)

▶ Dinge, Tiere, Pflanzen aus dem privaten Umfeld (z.B. Motorrad, PKW, Reihenhaus, Fernsehsessel, Haushund, Zuchtkaninchen).

Kommentieren Sie aus dieser Rolle heraus das Leben und Geschehen rund um die Zielgruppe. Auch hier gilt: Jede Idee, erscheint sie auch noch so verrückt, ist wichtig und sollte ausgesprochen werden.
▶ Welche Erlebnisse bewegen die Zielgruppe?
▶ Was interessiert die Zielgruppe?
▶ Welche Vorlieben und Abneigungen hat die Zielgruppe?
▶ Welche Meinungen / Erfahrungen / Vorurteile herrschen vor?

Der Beobachter wiederholt den Vorgang aus dem ersten Schritt.

4. Schritt: Ideen / Themen / Aussagen bewerten und auswählen
Die gesammelten Aussagen werden nun unter folgenden Gesichtspunkten in der Gruppe ausgewertet:
▶ Welche der bisherigen Ideen sprechen an / sind überzeugend?
▶ Welche würden das Publikum / die Teilnehmer am ehesten begeistern?
▶ Wie können wir übertreiben / verfremden / Gegenstände, Tiere und Pflanzen personifizieren?
▶ Wie kann das Geschehen an außergewöhnliche Orte verlegt werden / mit ungewohnten Rollen besetzt werden?

5. Schritt: Geschichte entwickeln
Alle bisherigen Ideen werden im Hinblick auf die zu entwickelnde Szene bewertet:
▶ Wie lassen sich die besten Ideen zu einer Geschichte kombinieren?
▶ Was würden Außenstehende zu der Geschichte sagen?
Aus der Beantwortung dieser Fragestellungen ergibt sich die Basisgeschichte.

Variationen:
Gegenstände, Requisiten oder Kostümteile zur Unterstützung der Improvisationsphase einsetzen.

▶ Dokumentation der Geschichte

Sind Sie begeistert und überzeugt von Ihrer Geschichte? Haben Sie das Gefühl, eine gute Story in den Händen zu halten? Dann werden Sie es leicht haben, den Auftraggeber damit anzustecken. Seine Begeisterung wird Ihnen seine volle Unterstützung bei der Umsetzung sichern.

Eine gute Ausgangsposition in Gesprächen ist, wenn Sie dem Kunden mindestens zwei gute Geschichten zur Auswahl anbieten können. Legen Sie die Vorschläge in Form einer Inhaltsangabe vor. Die beiden Geschichten können sich inhaltlich durchaus ähneln. Sie müssen sie ohnehin mit dem Auftraggeber abstimmen.

Optimieren Sie die Vorlagen gemeinsam und berücksichtigen Sie seine Wünsche und Änderungen. In vielen Fällen entsteht dann aus den Vorschlagsgeschichten die Story-Vorlage für das Theaterstück.

Eine Basisgeschichte zu ‚Frag erst die Profis‘

Praxisbeispiel, S. 169: Auftragsanfrage des Bauunternehmerverbandes
Die Zielgruppe sind Beschichter-Fachbetriebe der Baubranche.

‚Frag erst die Profis‘

Miss Bo Deen träumt von der Teilnahme an der Wahl zur Miss World. Dazu will sie sich besonders in Schale werfen. Sie wird von Herrn Archi Tekt vermessen und verplant, vom Berater für Industriebodenbelag herausgeputzt und von einem heißen Typen von Bodenverleger be- und verlegt. Jeder von ihnen tut sein Bestes. Sie vertraut den vermeintlichen „Fachmännern" vom Bau. Was dabei herauskommt, entspricht jedoch nicht jedermanns Vorstellungen. Wütend, entnervt und hilflos sieht sie die Bescherung.

Doch dann bekommt die desillusionierte Miss Bo Deen unvermittelt Hilfe durch einen Berater des Unternehmerverbandes der Bauindustrie und alles wird gut. Sie kann nun doch noch zur Wahl der Miss World antreten. Hätten diese „Fachmänner" zuerst die Profis gefragt, wäre es gleich richtig gelaufen.

Entwicklung und Ausarbeitung des Theaterstücks

Ausarbeitung des Theaterstücks

Formung zur Bühnenreife durch:
▶ Schreiben der Dialoge, Ausarbeiten der Handlung
▶ Entwickeln des Regiekonzeptes
▶ Inszenieren des Stückes
▶ Skizzieren des Bühnenbildes, der Kostüme, Requisiten
▶ Erstellen des Technikplanes

Abgleich mit dem Auftraggeber durch:
▶ Präsentation beim Auftraggeber
▶ Abnahme durch den Auftraggeber
▶ Einsatzplanung und Festlegung des Ablaufs
▶ Besichtigung der Veranstaltungsräume
▶ Berücksichtigung von Veränderungswünschen des Auftraggebers

Die Geschichte wird zum Stück, entwickelt sich und wächst. Damit Sie immer den Überblick haben und das Projekt in jeder Phase kontrollieren können, nutzen Sie die Checkliste Projektplan und Projektumsetzung: *www.managerseminare.de/pdf/theater.pdf.*

▶ Formung zur ‚Bühnenreife'

Die Story muss nun für die Bühnenaufführung aufbereitet werden. Aus der Geschichte wird durch die Entstehung und Formung der Texte, durch Dialoge und durch die Entwicklung der Dramaturgie das Theaterstück. Wählen Sie für diese Ausarbeitung erfahrene Fachleute aus den Bereichen der Theaterpädagogik, der Schauspielkunst und der Regie. Diese erarbeiten das Theaterstück auf Basis der Geschichte maßgeblich durch Improvisationen.

Dann steht das Theaterstück zunächst einmal auf dem Papier. Durch das Regiekonzept und die Regieanweisungen bekommt es schließlich ein Gesicht. Es entsteht eine Vorstellung davon, wie es auf der Bühne in Szene gesetzt werden kann. Durch Ausprobieren und Ändern und wieder Ausprobieren wird es langsam ‚bühnenreif'. Parallel zur Regiekonzeption wird in engen Absprachen und unter Berücksichtigung der Rahmenbedingungen das Bühnenbild geplant und skizziert und der Technikplan erstellt. Der Plan umfasst neben den Anweisungen für Licht und Ton auch den Einsatzplan von Arbeitskräften für Bühnenbau, Technikaufbau, Einsatz von Ton und Licht sowie filmische und fotografische Dokumentation der Aufführung.

▶ Abgleich mit dem Auftraggeber

Steht das Theaterstück, d.h., sind alle Texte und Dialoge fertig, die Regieanweisungen umgesetzt und die Schlüsselszenen inszeniert, kommt der Auftraggeber wieder ins Spiel. Dann gilt: ‚Zeigen Sie es ihm!'

In einer Präsentation – je nach Vereinbarung live oder per Video – wird ihm die Inszenierung mit Bühnenbildskizze und Technikplan vorgestellt. Zu diesem Zeitpunkt kann der Auftraggeber noch einschneidend in die Inszenierung eingreifen. Änderungen, Ergänzungen und Wünsche werden protokolliert, Details zum Bühnenbild, zur Technik und zum Einsatz von Arbeitskräften festgehalten.

Ebenfalls ist es nun an der Zeit, den Ablaufplan der Aufführung im zeitlichen Kontext des gesamten Rahmenprogramms zu klären. Von Vorteil ist dabei, wenn Sie sich in einer Besichtigung selbst ein Bild von den Veranstaltungsräumen machen können. Besteht diese Möglichkeit nicht, bitten Sie den Auftraggeber auf jeden Fall um einen detaillierten Plan mit Beschreibung der Veranstaltungsräume, Bühne, Garderoben und technischen Voraussetzungen.

Nach der Präsentation beim Kunden geht's noch einmal an die Inszenierungsarbeit. Die protokollierten Veränderungswünsche werden eingebaut und berücksichtigt. Die folgenden Pläne müssen nach dem Gespräch ergänzt und aktualisiert werden:

▶ Zeitplan
▶ Bühnenbildskizze
▶ Technikaufbauplan
▶ Ablaufplan Licht und Ton
▶ Einsatzplan Arbeitskräfte
▶ Video- und Fotodokumentation

Probenarbeiten, technische Umsetzung und Aufführung

Waren die ersten Phasen des Projektes überwiegend von der Planung und Vorbereitung geprägt, nehmen nun in der 4. Phase das Organisatorische und die praktische Realisation den Raum ein.

Jetzt beginnt für die Theaterleute der Endspurt mit der intensiven Probenarbeit. Organisations- und Koordinationstalent sind in besonderem Maße gefragt.

Technische Umsetzung und Aufführung

▶ Beginn intensiver Probenarbeit
▶ Realisation von Bühnenbild, Kostümen, Requisiten
▶ Präsentation der Endfassung beim Auftraggeber und schriftliche Freigabe
▶ Weitergabe des Technikplans
▶ Generalprobe
▶ Festlegung des Ablaufplanes für die Veranstaltung
▶ Kontrolle von Bühne und Technik am Veranstaltungstag

Verzichten Sie lieber nicht auf die Generalprobe!

Mit dem Bau des Bühnenbildes kann nun begonnen werden. Die Kostüme und Requisiten werden angefertigt und bereitgestellt. Stellen Sie, wenn gewünscht oder vereinbart, jetzt auch Szenenfotos und Pressetexte zur Verfügung. Damit erleichtern Sie Ihrem Kunden die Öffentlichkeits- und Werbearbeit erheblich.

Dem Auftraggeber wird das entsprechend seinen Wünschen angepasste, nun endgültig fertige Theaterstück zur Freigabe vorgestellt. Damit der Zeitplan eingehalten wird, können zu diesem Zeitpunkt nur noch kleine Änderungen berücksichtigt oder letzte Absprachen getroffen werden. Fordern Sie jetzt den Auftraggeber zur unmittelbaren schriftlichen Freigabe des Theaterstücks auf. Damit ist für beide Seiten klar, was sie erwartet. Es bleiben keine Unsicherheiten zurück.

Der Ablaufplan für die Veranstaltung und die letzten Angaben zu den erforderlichen technischen Voraussetzungen und Details werden abgestimmt und ausgetauscht.

Wenn der Termin naht, rennt die Zeit. Gerne ist man versucht, aus Zeitgründen die Generalprobe ausfallen zu lassen. Wir raten Ihnen jedoch auf keinen Fall, auf diese Probe zu verzichten. Hier kommen ggf. noch vorhandene Schwachstellen zu Tage. Nutzen Sie diese Chance, denn jetzt ist noch Zeit, um Korrekturen vorzunehmen. Mit der Generalprobe geben Sie den Schauspielern das Gefühl, gut vorbereitet zu sein. Ansonsten halten wir es mit der Bühnenweisheit: Ist die Generalprobe eine Katastrophe, wird die Premiere ein Erfolg!

Direkt vor dem Veranstaltungstermin ist der Stressfaktor am höchsten. Sie sollten sich dennoch nicht aus der Ruhe bringen lassen und die vor Ort noch zu erledigenden Aufgaben wie Bühnen-, Licht- und Technikaufbau unter Kontrolle haben. Dann steht einem Erfolg Ihres Projektes nichts mehr im Wege.

Quellen:

(1) aus IHK-Trainerausbildung München: Kein Weg ohne Ziel.
(2) FLUME, Peter; HIRSCHFELD, Karin und HOFFMANN, Christian: Unternehmenstheater in der Praxis. Gabler, Wiesbaden.
(3) SAINT EXUPÉRY, Antoine de: Der kleine Prinz. Rauch.

Bühne frei

Wie Sie Menschen fürs Spiel begeistern

Der Platzanweiser empfiehlt:

Wie bereite ich eine (ahnungslose) Gruppe auf das Theaterspielen vor?

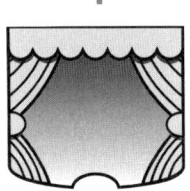

Vielleicht ist ja etwas dran, dass in jedem Menschen ein uralter Traum wirkt: der Wunsch, sich wie die Götter nach Belieben verwandeln zu können. Die Fähigkeit zur Verwandlung macht stark und mächtig – sie erweitert das Repertoire des Selbst und lässt nach Belieben auf der Klaviatur der Erscheinungsformen und ihrer Möglichkeiten spielen. Zeus gelingt es in der Gestalt eines prachtvollen Stiers das Interesse der schönen Europa zu wecken und sie zu entführen.

Gleichzeitig scheint aber auch eine tiefe Angst davor zu wirken, von bösen Mächten verwandelt zu werden. Dann verlieren Menschen ungewollt ihre Gestalt – sie sind nicht mehr sie selbst, das gewohnte Repertoire, die bewährten Mechanismen greifen nicht mehr. Das macht schwach und verletzlich. Auch ist aus Märchen und Erzählungen hinreichend bekannt, wieviel Mühen dann mit der ersehnten Erlösung verbunden sind. Und ohne Hilfe von außen funktioniert dabei gar nichts. Im „Froschkönig" muss der in den Frosch verwandelte Prinz hartnäckig werben und nerven, bis die Prinzessin ihn endlich an die Wand wirft und er erlöst ist.

Das Thema der Verwandlung geht gleichzeitig mit großer Neugierde und mit großen Ängsten einher. Das Theaterspiel aber lebt von der Verwandlung.

So geht das Thema der Verwandlung gleichzeitig mit großer Neugierde und mit großen Ängsten einher. Das Theaterspielen aber erfordert die Verwandlung, mehr noch: es lebt davon.

Wahrscheinlich haben Sie es als Trainer, der in einer (unerfahrenen) Gruppe Theaterspiel als Methode einsetzen möchte, bei Ihren Teilnehmer/innen mit entsprechend unterschiedlichen und auch ambivalenten Haltungen zu tun: Einige ‚geborene' Schauspieler/innen können nicht schnell genug auf der Bühne stehen und sind ganz wild darauf, in andere Rollen zu schlüpfen. Andere Teilnehmer/innen kostet es große Überwindung. Wieder anderen wohnen beide Seelen in der Brust, und es hängt von der Tagesform ab, welche der Seelen die Oberhand gewinnt.

Immer kommt es darauf an, die Vorsichtigen und Unentschlossenen zu gewinnen, ohne die ‚geborenen Schauspieler' zu bremsen. Das A und O dabei ist die Schaffung einer tragfähigen, einerseits geschützten, andererseits kreativen und experimentellen Atmosphäre, in der die einen sich ‚austoben' können und in der es den anderen möglich ist, Mut zur Darstellung zu entwickeln und Risiken einzugehen *(siehe auch: Wie bringe ich Teilnehmer dazu, Theater zu spielen?, S. 211)*.

Das A und O: Eine tragfähige, sowohl geschützte als auch kreative Atmosphäre schaffen.

Das ist das Spannungsfeld, in dem Sie sich als Trainerin oder Trainer bewegen, wenn es darum geht, eine Gruppe auf das Theaterspielen vorzubereiten. Wirksame Methoden der Vorbereitung sind:

▶ Darstellende Spiele
▶ Übungen zur Körperlockerung und -wahrnehmung
▶ Ausdruckstraining
▶ Imagination
▶ Spielaufgaben und -übungen
▶ Verwandlung / Verkleidung
▶ Bühnenbau und -gestaltung

Die Methoden können (und sollten sogar) miteinander kombiniert werden.

Darstellende Spiele

In diesen Spielen geht es darum, einen Begriff, eine Situation, einen Ort, ein Gefühl, eine Eigenschaft oder ähnliches darzustellen. Je nach Spiel variiert die gewünschte Darstellungsform, am häufigsten sind jedoch die pantomimischen Spiele anzutreffen. Aber auch Statuen bauen oder Geräuschkulissen kreieren gehören in diese Kategorie. Auf dem Markt sind eine Vielzahl von Spielen, die nicht viel Zeit brauchen und sich sehr gut zur Vorbereitung auf das Theaterspiel eignen.

Merkmal dieser Methoden ist die überaus entspannende und auflockernde Wirkung, die durch den Spaß, den die Teilnehmer während des Spiels haben, noch verstärkt wird. Nebenbei lernt man sich näher kennen und wird miteinander vertraut. Die Anforderungen an die Darstellungskunst sind in der Regel sehr gering – unbeholfen Gezeigtes erntet sogar häufig mehr Applaus und Erfolg. Der spielerische Charakter bewirkt, dass die Teilnehmer beinahe nicht merken, dass sie auf einer Bühne stehen – Angst stellt sich erst gar nicht ein. Im Gegenteil: Die Spiele bereiten den Boden für eine kreative Atmosphäre, fördern Imagination und Vorstellungskraft.

Ein weiterer Vorteil: Darstellende Spiele können gezielt thematisch angepasst werden. Und das kann sehr bedeutsam sein: Denn die Verknüpfung mit dem Seminarthema trägt maßgeblich dazu bei, dass die Gruppe das Spiel annimmt und es nicht als ‚Spielerei' empfindet.

Die folgende ‚Zuschauerpantomime' (die Grundidee ist geklaut aus der Fernsehsendung „Geld oder Liebe" mit Jürgen von der Lippe) können Sie z.B. einfach durch die Wahl der darzustellenden Begriffe an jedes beliebige Seminarthema anpassen.

Zuschauerpantomime

Material: vorbereitete Bögen mit Begriffen, Stoppuhr

Zwei Gruppen werden gebildet, die gegeneinander antreten.
Die Spielleitung bittet einen Kandidaten der Gruppe 1 nach vorn.
Zunächst wird allen ein Thema genannt, auf das sich die nun folgenden Begriffe beziehen. Dem Publikum werden dann die Begriffe gezeigt (die der Kandidat natürlich nicht sehen darf). Die Zuschauer/innen müssen den jeweils gezeigten Begriff pantomimisch darstellen. Der Kandidat versucht innerhalb einer vorgegebenen Zeit (1-1,5 Minuten), soviele Wörter wie möglich zu erraten. Hat er zu einem Begriff überhaupt keine Idee, sagt er: „Weiter." Sind alle Begriffe des Themas abgearbeitet, wird das folgende Thema laut genannt, die Begriffe folgen ... Die erratenen Begriffe werden gezählt.
Anschließend schickt Gruppe 2 ihren Kandidaten. Je nach Stimmung können mehrere Durchgänge gemacht werden.

Grundsätzlich gelten für die Anwendung von darstellenden Spielen zwei bewährte Regeln:

1. Steigern Sie sich vom Einfachen zum Komplizierten

Bei der ‚Zuschauerpantomime' z.B. (Anleitung s. Kasten) operieren wir zu Beginn immer mit ganz leichten Begriffen: Unter der Überschrift „Dinge, die riechen" müssen zunächst folgende Dinge vom Publikum dargestellt werden:

▶ Zigarette
▶ Parfüm
▶ Schweiß
▶ Blume
▶ usw. (noch 2-3 Begriffe folgen)

Ziele darstellender Spiele

Ziele von darstellenden Spielen:
▶ Locker werden
▶ Spielfreude entwickeln
▶ Gruppengefühl stärken
▶ Gemeinsam Spaß haben
▶ Kreative Atmosphäre aufbauen
▶ Vorstellungskraft fördern

Dieser Einstieg lässt die Gruppe sofort alle Zurückhaltung verlieren, denn die Begriffe sind sehr einfach pantomimisch darzustellen, weil für sie so etwas wie allgemeingültige, ‚schematische' Gesten existieren. Nun folgt unter der Überschrift „Reaktionen auf einen guten Witz":

▶ Lachen
▶ Kichern
▶ Grinsen
▶ …

Diese Fortsetzung sorgt für eine ausgelassene Stimmung, die den weiteren Verlauf des Spiels fördert. Ab jetzt können Sie die Wahl der Überschrift und die Begriffe an das jeweilige Seminarthema, die Gruppe oder die Situation anpassen. Achten Sie dabei auf eine ausgewogene, interessante Mischung zwischen leicht und schwierig, Ernst und Witz, einfach und komplex.

2. Suchen Sie die Verknüpfung mit dem Seminarthema

Denn die thematische Verknüpfung fördert die Akzeptanz der Methode und bewirkt, dass die Teilnehmer/innen das Spiel nicht in die Kategorie „Spielerei wie im Kindergarten" einordnen.

Übungen zur Körperlockerung und -wahrnehmung

Der Zustand des Körpers beeinflusst die Psyche, sagt Samy Molcho, und wir teilen seine Erfahrung. Ein trainierter, beweglicher Körper, warme, gelenkige Glieder und Muskeln lösen nicht nur Wohlbefinden aus, sondern wirken auch positiv auf das Selbstbewusstsein. Denn: ‚Äußere Bewegung bewirkt innere Bewegung', und daher setzen Übungen zur Körperlockerung Kreativität frei *(siehe auch: Ausdruckstraining, S. 192)*. Und das wiederum fördert den Mut zum Theaterspielen. Grund genug, nicht nur einem freien Geist, sondern auch der Lockerung und dem Training des Körpers Beachtung zu schenken.

„Der Körper hat ebenso viele Möglichkeiten der Einwirkung auf die Psyche wie umgekehrt die Psyche und das Denken auf den Körper."
(Samy Molcho)

Wenn Sie mit Ihren Teilnehmer/innen ein Körpertraining durchführen wollen, haben Sie theoretisch eine Vielzahl von möglichen Varianten, wie Sie vorgehen können. Sie können das Training spielerisch oder gymnastisch gestalten, ruhig oder aktiv, sie können Übungen aus dem Yoga, Tai Chi Chuan, Qi Gong, aus der Rückenschule nutzen – es führt zu weit, aufzuführen, was es alles gibt. Immer aber sollten die Teilnehmer mit einem warmen Körper, geschärftem Sinn für die Körperwahrnehmung, locker entspannt und dennoch mit Spannung in Körper und Geist aus diesen Übungen herausgehen.

Ziele Körpertraining
Ziele für das Körpertraining: ▶ Warm werden ▶ Sinne schärfen ▶ Körper wahrnehmen ▶ Lockern, entspannen ▶ Spannung in Körper und Geist bringen ▶ Selbstbewusstsein stärken

Es empfiehlt sich, in einer Mischung aus Behutsamkeit und großer Selbstverständlichkeit vorzugehen. Denn einerseits sind viele Menschen Körperübungen nicht gewohnt – die Gefahr von unerwünschten Verspannungen ist deshalb groß. Andererseits mutet es vielen Teilnehmern komisch an, wenn Sie in einem Seminar (außerhalb eines ausdrücklichen Theaterseminars) gymnastische Übungen vorschlagen. Je selbstverständlicher Ihre Haltung, desto selbstverständlicher machen die Teilnehmer/innen auch mit *(siehe hierzu auch: Wie bringe ich Teilnehmer dazu, Theater zu spielen?, S. 211)*.

Ausdruckstraining

Bei der Ausgestaltung einer Rolle ist die Stimmigkeit und Glaubwürdigkeit im Zusammenspiel von Körperausdruck und verbalem Ausdruck entscheidend für den Erfolg.

Zwar ist die nonverbale Ausdrucksfähigkeit ein Talent, über das alle Menschen verfügen, denn wir alle kommunizieren über die verbale Sprache und übermitteln gleichzeitig Botschaften über den Körperausdruck. Der Körper kennt kein Schweigen, er spricht immer, ob gewollt oder nicht. Jedoch sind wir meist so sehr mit dem Verbalen beschäftigt, dass wir die Information, die der eigene Körper sendet, überhaupt nicht wahrnehmen.

Ihr Körper spricht immer, ob Sie wollen oder nicht.

So selbstverständlich sind diese Signale, dass wir nicht mal wissen, dass wir sie senden. Die Körpersprache des Gegenübers wird zwar wahrgenommen und in der Regel auch richtig gedeutet, aber dies geschieht unbewusst und ohne Analyse (1). Allenfalls bleibt bei Unstimmigkeiten (Inkongruenz) ein komisches Gefühl. So kommt es, dass sich die meisten Menschen mit Körpersignalen recht wenig auskennen, es sei denn, sie haben sich speziell damit auseinander gesetzt.

Für das Theaterspielen ist die bewusste Auseinandersetzung mit dem Körperausdruck aber sehr wesentlich, denn zum richtigem Leben gibt es einen bedeutsamen Unterschied: Während Sie dort meist authentisch kommunizieren – d.h. Ihr innerer Gefühlszustand findet automatisch seine Entsprechung in den von Ihnen gesendeten Signalen – müssen Sie sich für die künstliche Bühnensituation diese Entsprechung erst schaffen.

Mit der folgenden Übung können Sie auf anschauliche Weise verdeutlichen, welche unbewussten körpersprachlichen Signale ausgesendet werden, ohne diese zu bewerten. Die Teilnehmer/innen können darüber hinaus spielerisch und ungezwungen die ersten positiven Erfahrungen mit dem Bühnenauftritt machen (max. 30 Sek. je Teilnehmer/in) und Erkenntnisse über die Wirkung der von ihnen ausgesendeten körpersprachlichen Signale sammeln.

Übung: Lebendige Spiegel

Material: Je Teilnehmer/in eine vorbereitete Karte mit dessen/ deren Namen; ein Gefäß für diese Karten.

Alle schreiben ihre Namen auf eine Karte. Diese werden gesammelt und anschließend neu verteilt. Zieht jemand dabei den eigenen Name, wird die Karte noch einmal ausgetauscht. Alle sind nun bei dieser Übung einmal Spieler und einmal Beobachter der gezogenen Person.

Anweisung für die Spieler/innen:
‚Gehen Sie zum Bühnenmittelpunkt und warten Sie, bis alle aufmerksam sind. Sagen Sie dann folgenden Text: *„Guten Tag! Mein Name ist ... Ich besuche heute ein Weiterbildungsseminar. Auf Wiedersehen!"* Danach folgt eine Verbeugung und die darstellende Person geht ab.'

Anweisung für die Beobachter/innen:
Sobald die Person, deren Namen Sie zuvor gezogen haben, die Bühne betritt, richten Sie Ihre Aufmerksamkeit auf deren Körpersignale wie Haltung, Mimik, Gestik und Stimme. Nachdem der Auftritt mit der Verbeugung geendet hat, betreten Sie die Bühne und wiederholen so exakt wie möglich das Beobachtete und Gehörte.

▶ **Untrennbar verbunden: die äußere und die innere Haltung**

Äußere und innere Haltung hängen untrennbar miteinander zusammen und voneinander ab. Die Folge ist, dass es schlicht unmöglich ist, bestimmte Dinge zu tun oder zu fühlen, wenn die äußere Form nicht stimmt.

Die folgenden, von Samy Molcho beschriebenen Experimente, mögen das verdeutlichen (3):

▶ Ballen Sie Ihre Fäuste, legen Sie die Stirn in Falten, spannen Sie Ihren Kiefer an und denken Sie an etwas Schönes ...

Experimente (3)

▶ Ballen Sie Ihre Fäuste, legen Sie die Stirn in Falten, spannen Sie Ihren Kiefer an und denken Sie an etwas Schönes ...

▶ Lecken Sie sich genussvoll die Lippen, nehmen Sie eine offene Körperhaltung ein und denken Sie negativ über das Leben nach ...

▶ Lassen Sie den Unterkiefer schlapp herabhängen und versuchen Sie, eine Rechenaufgabe zu lösen ...

▶ Ziehen Sie die Augenbrauen hoch und versuchen Sie, eine Entscheidung zu treffen ...

▶ Lecken Sie sich genussvoll die Lippen, nehmen Sie eine offene Körperhaltung ein und denken Sie negativ über das Leben nach ...

Es funktioniert nicht, denn äußere Form und innere Empfindung passen nicht zusammen.

Weitere Übungen (3):
▶ Lassen Sie den Unterkiefer schlapp herabhängen und versuchen Sie, eine Rechenaufgabe zu lösen ...

Die Lösung dauert zumindest länger als normal, denn das Hängenlassen des Kiefers bewirkt eine Lähmung der Willenskraft, stoppt die Informationsaufnahme. Man ist erstaunt, gelähmt vor Schreck oder überwältigt von Gefühl.

▶ Ziehen Sie die Augenbrauen hoch und versuchen Sie, eine Entscheidung zu treffen ...

Auch das fällt schwer, weil der Körper durch das Hochziehen der Augenbrauen einen höheren Informationsbedarf signalisiert. Wir können nicht auf mehr Informationen aus sein und gleichzeitig Entscheidungen treffen.

Ziel und Gegenstand eines Ausdruckstrainings ist es also zu lernen, den Körper in die zu den verschiedenen inneren Zuständen jeweils passende Haltung zu bringen.

Sie können dies auf zweierlei Weise tun:
▶ Sich das Gefühl erschaffen, indem Sie sich in den Gefühlszustand hineinversetzen – oder:
▶ Sich die Körpersignale erschaffen, indem Sie die dazugehörige Körpersprache imitieren.

Beides braucht Training.

▶ **Wie erschaffe ich ein Gefühl?**

Ein Gefühl (z.B. Freude, Stolz, ...) können Sie erschaffen, indem Sie sich an eine Situation erinnern, in der Sie das entsprechende Gefühl erlebt haben oder erleben würden. Je tiefer es Ihnen gelingt, in eine solche Situation ‚hineinzugehen', desto deutlicher spürbar wird die dazugehörige Empfindung. Die adäquate Körperhaltung bildet sich dann wie von selbst.

Für die Vorbereitung einer Gruppe auf das Theaterspielen in einem Training empfehlen wir diese Methode jedoch nicht. Das ‚Sich Erinnern' der Teilnehmer/innen haben Sie nämlich nicht in der Hand. Es kann bei Einzelnen ungeahnte Reaktionen auslösen, die Sie als Trainer/in im Seminar nicht auffangen können.

Ziele Ausdruckstraining
Ziele von Ausdruckstrainings: ▶ Lernen, den Körper in eine zu einem inneren Zustand passende Haltung zu bringen. ▶ Mut zur Darstellung entwickeln. ▶ Qualität / Eindeutigkeit des Ausdrucks verbessern.

Fantasiespiele

Eine Ausnahme bilden die Fantasiespiele. Hier erzählen Sie selbst ausgedachte Geschichten, in die sich die Teilnehmenden hineinversetzen. Dabei bleibt es nicht beim ‚Gedankenspaziergang', sondern jede Person für sich (oder die Gruppe) führt die erdachten Handlungen parallel zu Ihrer Erzählung auch aus. Die dabei erschaffenen Gefühle sind in der Regel weit genug vom ‚richtigen Leben' entfernt – die gefundenen Körperhaltungen lassen sich anschließend oder in eingebauten ‚Stopps' nachvollziehen und analysieren.

Das folgende Beispiel kann nicht nur als reines Ausdruckstraining, sondern z.B. auch als Vorbereitung auf die Darstellung beruflicher Alltagssituationen eingesetzt werden. Es regt nämlich dazu an, die Dinge aus einem ungewöhnlichen Blickwinkel zu betrachten und eingefahrene Muster in Frage zu stellen. Die Erfahrungen aus dem Fantasiespiel können im Hinblick auf die Darstellungsaufgabe ausgewertet und nutzbar gemacht werden *(siehe hierzu auch: Wie werte ich Szenen aus?, S. 276)*.

Fantasiespiel: Die Gaukler kommen

Material: Große Schachtel mit Clownnasen für alle Personen CD-Player, CD's.
Musikvorschlag: H. J. Hufeisen, Track 3.
Vorbereitung: Pro Person ein Stuhl an der Wand.

Einführung:
Die Spielleitung bittet alle Teilnehmer, auf den Stühlen Platz zu nehmen. „Sie hören jetzt eine Geschichte. Stellen Sie sich das Gehörte so konkret wie möglich vor und führen Sie die beschriebenen Handlungen auch aus."

Geschichte:
Stellen Sie sich vor: Sie sitzen entspannt auf einer Bank im Freien und spüren die warme Sonne im Gesicht. Sie riechen die frische Morgenluft und atmen einige Male tief ein und aus. Sie strecken und recken sich, dehnen Ihre Glieder und gähnen. Wenn Sie es nicht schon getan haben, öffnen Sie jetzt die Augen. Vor Ihnen liegt eine saftig grüne Blumenwiese, die sich bis zum Waldrand erstreckt. Sie stehen auf, gehen vorsichtig über die Wiese und bewundern die vielen Blumen in ihren Farben und Formen. Sie spüren den weichen Boden und das Gras unter Ihren Füßen. (Pause, Musik einschalten)

Aus der Ferne dringt leise Musik an Ihr Ohr. Sie nehmen den Rhythmus auf und bewegen sich zur Musik über die Wiese.
Vom Waldrand schallen Stimmen und Lachen herüber. Da kommt eine Gauklertruppe aus dem Wald, mit Pferd und Wagen. Die Gaukler winken Ihnen fröhlich zu und Sie winken zurück. Sie begrüßen einander mit Neugier. Die Gaukler haben Clownnasen mitgebracht. Sie suchen sich eine Clownnase aus einer Schachtel aus und setzen diese auf. Da verändert sich alles, eine ganz neue Welt eröffnet sich Ihnen. Überrascht und staunend betrachten Sie Ihre Umgebung, so, als würden Sie die Dinge zum ersten Mal sehen. (Pause)

Nun entdecken und erschaffen Sie immer wieder neue Spielkameraden: Ihre Hände und Finger, Ihre Schuhe und Füße, Ihre Klei-

Die Gaukler kommen (Fortsetzung)

dung oder der Knopf an Ihrer Jacke, Ihre Haare, Ohren usw. Sie betrachten sie als selbstständige Wesen, zu denen Sie eine Verbindung aufbauen. (Pause)

In Ihrer Umgebung entdecken Sie andere Clowns. Sie nehmen Kontakt auf, mal mit Neugier, mal mit ängstlichem Misstrauen, mal schüchtern oder auch mit Freude. Sie finden Gefallen an dem Wechselspiel der Gefühle und erproben jetzt die Reaktionen der anderen, indem Sie immer wieder wechseln zwischen Ängstlichkeit, Traurigkeit, Freude, Angriffslust, Lachen oder Weinen. (Pause)

Es ist Zeit, Abschied zu nehmen. Sie danken Ihren Spielkameraden, ziehen langsam die Clownnasen aus und legen diese in die Schachtel zurück. Sie drehen sich noch einmal um, winken den Gauklern zu und gehen langsam über die Blumenwiese zu Ihrer Bank zurück. Dort nehmen Sie Platz und kommen mit allen Sinnen wieder hier im Raum an. Lassen Sie das Erlebte, die Bilder noch einmal an sich vorbeiziehen. Welches Spiel der Clowns hat Ihnen am besten gefallen?

Wenn Sie Fantasiespiele einsetzen oder selbst erfinden wollen, ist es ratsam, die folgenden Hinweise zu beachten:

▶ Ein Fantasiespiel sollte nicht länger als max. 15 Min. dauern.
▶ Wichtig ist eine sorgsame Vorbereitung des Raumes, damit der Spielfluss nicht durch herumstehende Möbel, Aktenkoffer oder Getränke gestört wird.
▶ Setzen Sie Musik sparsam ein und passen Sie diese sorgsam dem Inhalt der Geschichte an.
▶ Zum leichteren Einstieg und zur Förderung der Konzentration und Vorstellungskraft können Sie den Teilnehmenden vorschlagen, die Augen zu schließen. Vergessen Sie dann aber nicht die Anweisung zu geben, die Augen wieder zu öffnen.

- ▶ Sprechen Sie ruhig und verständlich.
- ▶ Passen Sie Geschichte, Sprache und Wortwahl der Zielgruppe an.
- ▶ Führen Sie die Teilnehmer über die fünf Sinne in die Geschichte ein.
- ▶ Wenn Sie die Teilnehmer während des Fantasiespiels zu Handlungen auffordern, ist es notwendig, ihnen mit kurzen Pausen die Möglichkeiten zur Umsetzung zu geben. Beobachten Sie dazu das Geschehen und entscheiden Sie aus der Situation, wie schnell Sie vorgehen bzw. wie viel Zeit Sie der Gruppe lassen.
- ▶ Achten Sie darauf, dass die erschaffenen Orte, Personen und Situationen weit genug von der Realität der Teilnehmenden entfernt und dennoch allgemein bekannt sind. Zumindest muss es leicht fallen, sich ein Bild zu machen.
- ▶ Ratsam ist es auch, dem Fantasiespiel einen positiven Handlungsrahmen mit Happy-End zu geben. Entwerfen Sie auf gar keinen Fall Horrorszenarien.

Wie erschaffe ich Körpersignale?

„Nicht Du tust etwas, sondern bringe den Körper in eine Lage, dann geschieht es von ganz alleine."
(Werner Müller) [2]

„Bringe den Körper in eine Lage ...", rät der Pantomime Werner Müller, *„... dann geschieht es von ganz alleine".* Was geschieht, ist dies: Die Emotion, die zur jeweiligen Körperlage gehört, stellt sich wie von selbst ein. Auch die passende Gangart, der Blick und der Klang der Stimme ergeben sich (fast) automatisch aus dem Haltungsschwerpunkt.

In der Theaterliteratur werden zahlreiche Möglichkeiten auf der Basis verschiedener Modelle oder Denkgebäude empfohlen, wie man sich Grundhaltungen und Körperschwerpunkte erarbeiten bzw. mit dem Körperausdruck arbeiten kann. Beispielhaft seien hier vier kurz beschrieben:

- ▶ Die vier Grundgefühle: Freude – Trauer – Wut – Angst
- ▶ Die sieben Todsünden (2): Geiz – Neid – Wollust – Völlerei – Faulheit – Zorn – Hochmut
- ▶ Die vier Elemente (2): Erde – Wasser – Feuer – Luft
- ▶ Die sechs Schachfiguren

▶ Die vier Grundgefühle

Die Gefühle Freude, Trauer, Zorn und Angst werden als Statuen erarbeitet. Dahinter steht der Gedanke, dass es sich bei diesen vier Emotionen um die Grundgefühle handelt, aus denen sich andere Gefühle ableiten lassen. So ist z.B. ‚Ärger' eine abgeschwächte Variante des Zorn, ‚Unbehagen' die schwächere und ‚Panik' die stärkere Form der Angst. Um die vier Grundgefühle zu erarbeiten, sind verschiedene Vorgehensweisen möglich:

▶ Die Emotionen können mit der ganzen Gruppe im Kreis aus einer Bewegung heraus entwickelt werden.

▶ Sie teilen die Gruppe in Statuen und Bildhauer und lassen die Bildhauer Statuen formen.

▶ Als interaktive Variante oder Weiterentwicklung werden Gruppenstatuen gebildet, die dann mit unterschiedlichen Emotionen aufeinander reagieren.

▶ In Dreiergruppen werden die Gefühle in drei Stufen entwickelt, z.B. unbehaglich – ängstlich – panisch; bekümmert – traurig – verzweifelt, usw.

▶ Das Ganze wird als Ratespiel inszeniert.

▶ Die Gruppe oder einzelne Teilnehmer durchqueren den Raum und stellen dabei eines der Grundgefühle dar. Die Emotion kann auf dem Weg auch langsam gesteigert (z.B. von leichter Verärgerung zu blinder Wut) oder ins Gegenteil (z.B. von Freude zur Trauer) verkehrt werden.

▶ Viele weitere Varianten sind möglich. Lassen Sie Ihrer Fantasie freien Lauf!

Der Stolz

▶ Die sieben Todsünden (2)

Der Haltungs- und Bewegungsschwerpunkt der sieben Todsünden – Geiz, Neid, Wollust, Völlerei, Faulheit, Zorn, Hochmut – werden erarbeitet, erprobt und durch kleine Improvisationen eingeübt. Werner Müller entnimmt die sieben Todsünden den mittelalterlichen Mysterienspielen und entwickelt daraus Übungen zur Erweiterung des Körperausdrucks. Hintergrund ist, dass gerade die ‚schlechten' Eigenschaften über die deutlichsten körperlichen Signale verfügen. Interessant ist, dass jede der Todsünden eine aktive und eine passive Erscheinungsform hat, je nachdem, ob der Solarplexus (= der Körpermittelpunkt, etwa auf Höhe des Bauchnabels) nach außen geöffnet oder geschlossen ist. Beispielsweise wirkt der ‚Stolz‘, bei dem der Körperschwerpunkt der nach oben gestreckte Nacken ist, mit verschlossenem Solarplexus arrogant und unnahbar. Geht jedoch jemand stolz, mit geöffnetem Solarplexus auf andere zu, wirkt er eitel und als wolle er die anderen für sich einnehmen.

Im Anschluss an die Erarbeitung und Erprobung der sieben Todsünden können Sie diese in verschiedenen Improvisationen auftreten und einüben lassen: im Supermarkt, auf der Straße, auf Feiern, im Wartezimmer, im Betrieb.

▶ **Die vier Elemente (2)**
Ausgehend von den vier Elementen werden Haltungs- und Bewegungsschwerpunkte entwickelt, die sich dann, ähnlich wie bei den sieben Todsünden, in die Rollengestaltung einbeziehen lassen. Ausgangspunkt für die Erarbeitung der Elemente ist immer der Schwerpunkt ‚Erde‘. Der Mensch steht ‚fest verwurzelt‘, mit beiden Beinen auf der Erde. Die Beine stehen wie Säulen auf dem Boden, darüber das Becken und der Körpermittelpunkt, alles zusammen ein Gewölbe bildend. Aus dieser Grundstellung heraus werden die anderen Elemente aufgebaut. Bei Wasser stellen Sie sich beispielsweise vor, Sie stehen bis zum Hals im Wasser. Sie spüren den Auftrieb, gleichzeitig aber auch, dass Ihr Körper schwerer ist als das Element. Dies bringt Sie in eine Art Schwebezustand, in dem die Wellenbewegungen des Wassers den Rhythmus geben.

Sehr schön lassen sich an den vier Elementen auch verschiedene Atemschwerpunkte erproben, die zusammen mit der Haltung Einfluss auf Lage und Ausgestaltung der Stimme haben. So liegt z.B. beim Element Erde der Atemschwerpunkt auf dem Ausatmen, wodurch die Stimme fest und bestimmt klingt. Bei der Luft ist der Atemschwerpunkt dagegen das Einatmen. Die Stimme wird eher kichernd und schwebend.

Es bietet sich an, die Schwerpunkte der Elemente zur Vertiefung und Übung auf den Menschen zu übertragen. Dazu eignen sich die unterschiedlichen Improvisationen: Personen, die von verschiedenen Elementen geprägt sind, begegnen sich z.B ...

- ▶ ... in einem Verkaufsgespräch,
- ▶ ... im Projektplanungs-Team,
- ▶ ... auf einer Betriebsfeier,
- ▶ ... in der Produktionshalle,
- ▶ ... bei einem Verkehrsunfall,
- ▶ ... bei einer Beschwerde,
- ▶ ... auf der Chefetage,
- ▶ ... beim Putzen des Großraumbüros.

▶ Die sechs Schachfiguren

Die Schachfiguren – König, Dame, Läufer, Pferd, Turm, Bauer – werden mit ihren Eigenarten zum Ausgangspunkt der Fantasie für die Einübung neuer Bewegungs- und Haltungsschwerpunkte. Zu den Figuren können verschiedene Charakterzüge und Eigenschaften kreiert werden, die dann die Grundlage für die Darstellung bilden. Beispiele:

- ▶ König: weise, unbeweglich
- ▶ Dame: vornehm, gebieterisch
- ▶ Läufer: diensteifrig, eilig
- ▶ Turm: behäbig, stark
- ▶ Pferd: ungestüm, unberechenbar
- ▶ Bauer: wieselig, schlau

Sie können die Arbeit mit den Schachfiguren wieder auf verschiedene Art und Weise anlegen:

- ▶ Die Teilnehmenden setzen die Figuren ohne große Vorbereitung spontan in Bewegung um.
- ▶ Es werden vorher einige Eigenschaften mit den Teilnehmenden gesammelt.
- ▶ Teams oder Kleingruppen machen sich getrennt Gedanken zu den Schachfiguren und bereiten eine kleine darstellerische Präsentation vor.
- ▶ ...

Im Anschluss an die Erarbeitung der Figuren können Sie diese wieder durch kleine Improvisationen vertiefen: Personen, mit ihrem Ausdruck angelehnt an die unterschiedlichen Typen, begegnen sich in unterschiedlichen Situationen (s.o.).

Die bis hierhin beschriebenen Varianten des Ausdruckstrainings sind beispielhaft und können beliebig ergänzt werden. Tier- oder Märchenfiguren sind z.B. eine geeignete Alternative. Sie können das Training auch sehr spielerisch anlegen, indem Sie auf die weiter oben beschriebenen ‚Darstellenden Spiele' zurückgreifen. Viele weitere einzelne Übungen finden Sie in der Theaterliteratur. Etliche Möglichkeiten lassen sich hinzu erfinden. Genau dazu möchten wir Sie auch ermutigen. Wenn Ihnen die beschriebenen Formen für Ihre Gruppe ungeeignet erscheinen oder Ihnen einfach nicht gefallen, dann trauen Sie Ihrem Gefühl: Setzen Sie die Methode nicht ein, sondern erfinden Sie sich Ihre eigene. Beachten Sie dabei aber, dass es i.d.R. zunächst einfacher ist, Extreme zu erarbeiten, d.h. möglichst einfache Stereotype zu verwenden, die eine grobe Darstellung erlauben und Feinheiten nicht unbedingt erfordern.

Imaginationsübung

▶ „Der magische Ball"
Die Gruppe steht im Kreis. Die Spielleitung greift einen großen Klumpen ‚magische' Luft und formt daraus einen Ball. Mit den Worten *„Dies ist ein Fußball"* wirft sie ihn einem Teilnehmer zu, der den imaginären Fußball fängt. Nun verändert sich der Ball, z.B. in einen Luftballon, wird der nächsten Person zugeworfen, die den Luftballon fängt. Jeder Werfer verändert den magischen Ball nach Belieben auf's Neue, z.B. in einen Medizinball, Schneeball, Feder, Berliner, Glaskugel, usw., die Fänger reagieren entsprechend.

Imagination

Bei der Imagination geht es um den Einsatz von Vorstellungskraft und Fantasie zur Erschaffung von (imaginären) Kräften, Gegenständen, Räumen, Welten. Sie lässt sich nicht eindeutig vom Ausdruckstraining und vom Fantasiespiel abgrenzen, soll aber aufgrund ihrer Bedeutung extra herausgestellt werden. Denn die Imagination ist ein Schlüssel zum Theaterspiel. Die Erweiterung ihrer Imaginationsfähigkeit öffnet den Beteiligten Türen zu unterschiedlichen Situationen, Rollen und Blickwinkeln. Durch gezielte Übungen und Aufgaben können Sie erstaunlich klare innere Bilder wecken, die die Teilnehmenden bei der stimmigen Gestaltung einer Rolle oder Situation unterstützen. Sie werden überrascht sein, wie einfach, schnell und lustvoll die Ideen der Teilnehmenden zur vorgegebenen Aufgabe sprudeln und in die Tat umgesetzt werden.

Spielaufgaben und -übungen

Im Zusammenhang mit dem Ausdruckstraining wurde es schon beschrieben: Zur Vertiefung, zur Einstimmung in die Szenenentwicklung oder zur spielerischen Sammlung von Bühnenerfahrung können Sie die Teilnehmenden in Kleingruppen kurze Improvisationen erarbeiten lassen. Wichtige Hilfestellungen sind dabei klare Vorgaben und ein äußerst knapp bemessener Zeitrahmen (5'-15'). Denn der Verzicht auf Vorgaben und zu viel Zeit verführen eine Gruppe dazu, zu diskutieren und zu perfektionistisch an die Sache heranzugehen. Häufig verfügen diese kleinen, unter Zeitdruck entstandenen Szenen schon über so viel Überraschungsmomente und Situationskomik, dass es richtig schwierig wird, das Niveau nach Überarbeitung der Szene zu halten. Je nachdem, in welchem Zusammenhang Sie die Szenen von Ihren Teilnehmenden entwickeln lassen, ist das aber auch nicht nötig. Diese ersten Szenen können durchaus schon ihren Zweck erfüllen und Sie können darauf aufbauend Ihr Thema weiter bearbeiten *(siehe hierzu auch: Wie werte ich Szenen aus?, S. 276)*.

Vorgaben bzw. Ausgangspunkt für eine Szenenentwicklung können z.B. sein:

► Ein Thema, z.B. ‚Ihre Unternehmenskultur‘.
► Eine Schlagzeile / ein Sprichwort.
► Ein Ort, z.B. ‚Auf der Chefetage‘.
► Eigenschaften / Gegensätze, z.B. ‚mutig – ängstlich‘.
► Eine Kombination von Faktoren, z.B.: ‚Ort – Eigenschaft – Beruf – Gegenstand‘.
► Ein Foto, das den Anfang oder das Ende der Szene markiert.
► usw.

(Näheres hierzu in: Wie kann ich eine Gruppe unterstützen, selbstständig eine Szene zu entwickeln?, S. 243)

Verwandlung / Verkleidung

Ihr Requisitenkoffer

Das könnte der Inhalt Ihres Verkleidungs- und Requisitenkoffers sein:
▶ Tücher, Stoffe, Sicherheitsnadeln
▶ Schuhe (z.B. goldene Sandaletten, Lackschuhe, Gummistiefel, Holzclogs, Springerstiefel, ...)
▶ Verschiedene Hüte
▶ Ein Fernglas
▶ Eine Trommel
▶ Ein Telefon/Handy
▶ Ein Schirm/Stock
▶ Tiermasken aus Pappe (Karnevalsbedarf)
▶ Hammer
▶ Blaumann
▶ Brillen
▶ Kopftuch
▶ Hauskittel
▶ Aktentasche
▶ Clownnasen
▶ Eine schöne Perücke
▶ Eine Pistole

Verkleidung und die Requisite sind eine große Hilfe, die eigene Haut zu verlassen und in eine fremde Rolle zu schlüpfen. Das Spiel mit den Materialien wirkt sofort anregend, nimmt Hemmungen und macht den Teilnehmern Lust und Mut zur Darstellung.

Versteckt hinter einer Brille, verkleidet mit Hut, in fremden Schuhen, verhüllt mit Stoff oder hinter einer Clownnase ist es nämlich ungleich einfacher, etwas Ungewohntes zu tun oder zu sagen. Wie von selbst verändern sich mit der passenden Verkleidung die Haltung und der Gang, die Stimme tönt neu, der Wortschatz passt sich an. Besonders wichtig ist die Möglichkeit, das Gesicht zu verändern, denn wer sein Gesicht bedeckt hat, kann es auch nicht ‚verlieren'.

Vielfältig gestalten können Sie auch mit einfachen Stoffbahnen und einigen Sicherheitsnadeln – die unterschiedlichsten Verkleidungen lassen sich herstellen, wichtiger noch: andeuten. Denn nicht auf die perfekte Verkleidung oder Maske kommt es an, sondern darauf, die ‚Verwandlung' zu erleichtern. Und dazu reicht es aus, einen Typ z.B. durch ein Requisit, ein Stück Stoff oder ein Accessoire anzudeuten.

Stellen Sie für Ihren Requisitenkoffer eine bunte, anregende Mischung zusammen: Verschiedene Stoffe, Schuhe, Hüte, einen Schirm, ein Fernglas, usw. Fündig werden Sie etwa im Ausverkauf, Dekorationsbedarf, bei (meist älteren) Verwandten, auf Flohmärkten. Achten Sie aber unbedingt auf einen einwandfreien, gepflegten Zustand der Sachen, denn Verkleidungs- und Requisitenkoffer haben sonst leicht etwas im wahrsten Sinne des Wortes ‚Anrüchiges'.

Wird das Theaterspielen als Schwerpunkt im Training eingesetzt, können Sie zur Einstimmung der Teilnehmer/innen schon vor Beginn den Seminarraum wie ein kleines Zimmertheater mit einer Kostüm- und Requisitenecke, dem Schminkplatz mit Spiegel, verschiedenen Garderobenplätzen für die Kleingruppenarbeit und natürlich der Bühne gestalten.

Bühnenbau und -gestaltung

Eine interessante Variante, die wir aber nur für mehrtägige Seminare empfehlen, in denen das Theaterspiel im Vordergrund steht, ist folgende: Ausgehend von der These, dass ein erfolgreiches Teambuilding die Voraussetzung für ein lustvolles, unbeschwertes Agieren einer Gruppe auf der Bühne ist, machen Sie direkt zu Beginn die Teamentwicklung zum Gegenstand der Vorbereitung: Die Gruppe bekommt die Aufgabe, sich ihre Bühne selbst zu bauen und zu gestalten. Dazu steht eine begrenzte Anzahl von Materialien zur Verfügung. Kleingruppen werden kreativ und bereiten Entwürfe vor, die untereinander diskutiert und abgestimmt werden müssen. Anschließend wird gebaut. Ziel ist es, nach einer vorgegebenen Zeit eine fertige Bühne zu präsentieren, auf der sich dann alle zur Schlussverbeugung versammeln.

Wie baue ich eine Vorbereitung auf und stelle die Übungen zusammen?

Je nach Zeitplan ist es sinnvoll, eine bunte, abwechslungsreiche Mischung aus den vorgestellten Vorbereitungsformen zusammenzustellen bzw. diese miteinander zu kombinieren. Im Ausdruckstraining oder bei Spielübungen können Sie z.B. wunderbar Kostüme oder Requisiten einsetzen. Darstellende Spiele lassen sich sowohl als Körperlockerung wie auch als Ausdruckstraining und sogar als Spielübung verwenden. Grundsätzlich hat sich folgende Reihenfolge bewährt:

Bewährte Reihenfolge:
1. Körperlockerung
2. Ausdruckstraining
3. Spielübungen

1. Körperlockerung,
2. Ausdruckstraining,
3. Spielübungen.

Wie in jedem Training gilt auch hier: Vom Einfachen zum Komplizierten. Wechseln Sie ab zwischen ruhigen und aktiven Übungsformen und sparen Sie auf keinen Fall mit dem Applaus, wenn es an die Spielübungen geht.

In diesem Zusammenhang verraten wir Ihnen einen Geheimtipp: Beginnen Sie, wie manche Regisseure es tun, die Szenenarbeit und Spielübungen mit der Probe der Schlussverbeugung. Die Überraschung über dieses Vorgehen und der Applaus bewirken einen Motivationskick, den die Teilnehmenden gut gebrauchen können und im Spiel wirkungsvoll umsetzen werden.

Der genaue Aufbau und die maßgeschneiderte Gestaltung der Vorbereitung hängt aber wesentlich von diesen Fragen ab:

▶ **Zielsetzung:**
Welche Zielsetzung verfolgen Sie? Soll z.B. mehr der Prozess oder das Ergebnis im Mittelpunkt stehen?

▶ **Teilnehmende:**
Wer sind die Teilnehmenden? Welche Vorerfahrungen bringen sie mit? Wie wurden sie vorinformiert?

▶ **Rahmenbedingungen:**
Wie sind die Rahmenbedingungen? Wieviel Raum / Zeit soll die Methode Theater einnehmen? Wie groß ist die Gruppe? Welches Equipment steht Ihnen zur Verfügung?

▶ Zielsetzung:

Zur Bestimmung der Zielsetzung lautet die Grundfrage: Was steht im Vordergrund?

a. Der Prozess?
b. Das Ergebnis?
c. Der Inhalt?

a. Der Prozess steht im Vordergrund
Steht der Prozess im Mittelpunkt, z.B. beim Einsatz des Theaterspiels im Rahmen einer Teamentwicklung, bekommen die Vorbereitungsübungen und -spiele eine neue Bedeutung: Auch sie dienen dann in erster Linie dem Prozess und nicht so sehr dem Ergebnis oder der Qualität. Teams entwickeln sich am besten im gemeinsamen Tun, sie wachsen an Aufgaben, die echte Herausforderungen

sind, und sie brauchen ein Erfolgserlebnis. Wählen Sie also vor allem Übungen aus, in denen das gemeinsame Tun im Vordergrund steht.

Machen Sie es der Gruppe nicht zu leicht. Echte Herausforderungen finden Sie in Übungen aus dem Ausdruckstraining. Auch eignet sich der Zugang über den Bühnenbau *(siehe S. 205)* hervorragend für den Einsatz in einer Teamentwicklung.

Ausdrucksübung: ‚Briefe lesen'

Eine echte Herausforderung: Die Ausdrucksübung ‚Briefe lesen'

Der/die Trainer/in hat für jeden Teilnehmer einen Brief in einem verschlossenen Umschlag vorbereitet. Einzeln nehmen die Teilnehmenden auf einem besonderen Stuhl Platz, öffnen ihren Brief, lesen ihn und reagieren auf den Inhalt durch Mimik und Körperhaltung. Die Zuschauer beobachten ganz genau und raten anschließend, was Inhalt des Briefes sein könnte. Zum Schluss wird das Rätsel aufgelöst. Die nächste Person ist an der Reihe, usw.

Beispiele für den Inhalt eines Briefes:
▶ „Dies ist das Kündigungsschreiben Ihrer Firma. Sie hatten nicht mehr damit gerechnet und erst gestern vor Freunden und Ihrer Frau / Ihrem Mann geprahlt, dass Ihnen das sicher nicht passieren wird ..."
▶ „Ein Schreiben einer Firma an Ihren Bruder, das Sie versehentlich aufgemacht haben. Ihr Bruder, den Sie ohnehin beneiden, hat bei einem Preisausschreiben ein dickes Auto gewonnen ..."
▶ „Ein Schreiben der Personalabteilung. Sie sollen einen Einöd-Bezirk 500 km entfernt neu aufbauen. Eine große Chance.
– Aber gerade ist Ihr Haus fertig geworden und Sie haben nach der letzten Ehekrise Ihrer Frau versprochen, ab sofort von Freitagnachmittag bis Montagmorgen für die Familie da zu sein ..."

Variation: Das Ganze spielt sich auf der Bühne ab. Der Teilnehmer kommt rein, findet den Brief, dessen Inhalt er nicht kennt, öffnet ihn, usw.

b. Das Ergebnis steht im Vordergrund

Ist das Ergebnis das Ziel, z.B. die Aufführung eines Bühnenstückes vor einem Publikum, geht es nicht nur um den Inhalt, sondern auch um die Qualität der Darstellung. Im Interesse der Darsteller/innen, aber auch aus Respekt gegenüber dem Publikum ist hier eine sehr sorgfältige Vorbereitung jedes Einzelnen geboten. Je höher dabei der Anspruch an die Qualität, desto (zeit-)intensiver ist i.d.R. auch die Vorbereitung. Je nach Größe des Projekts halten wir das ohne fachkundige Unterstützung für kaum möglich. Wenn Sie also nicht selbst über eine entsprechende Ausbildung verfügen oder einschlägige Fortbildungen gemacht haben, empfehlen wir Ihnen unbedingt, mit Fachleuten aus der Theater- oder Regiearbeit zu kooperieren *(siehe hierzu die Liste: Anbieter von Unternehmenstheater, S. 302)*.

c. Der Inhalt steht im Vordergrund

Steht der Inhalt im Vordergrund, z.B. die Entwicklung von Akquise- oder Verkaufsstrategien, dürfen Sie die Qualität getrost vernachlässigen. Sorgen Sie in diesem Fall vor allem für eine gute Atmosphäre. Denn wenn das Klima stimmt, stellen sich die Spielfreude und der Mut dazu von selbst ein. Streuen Sie zur Einstimmung von Anfang an passende, mit dem Thema verknüpfte, darstellende Spiele oder Ausdrucksübungen ein und fördern Sie so eine tragfähige, kreative und experimentelle Atmosphäre. Auf weitere Vorbereitung können Sie weitgehend verzichten. Denn Sie wollen ja keine Profi-Schauspieler aus Ihren Teilnehmer/innen machen, sondern über das Medium des Theaterspiels ein Thema vertiefen oder einen anderen Zugang finden. Der Inhalt und die anschließende Auswertung sind vorrangig und nicht so sehr die darstellerische Qualität.

▶ Teilnehmende

Teilnehmende mit Vorerfahrungen bzw. Gruppen, die genau wissen, was auf sie zukommt, können Sie in aller Regel ohne Probleme mit einem Vorbereitungsablauf fast jeder Art konfrontieren. Denn dann können Sie auf das Wissen um die Sinnhaftigkeit guter Vorbereitung bzw. auf gespannte Neugier bauen. Wer allerdings nicht genau weiß, was ihn erwartet, muss sehr sorgfältig an Übungen und Vorgehensweisen herangeführt werden.

Hier bewährt sich:

▶ Ein sorgfältig geplanter Beginn: Am Anfang müssen auf jeden
   Fall Übungen oder Spiele stehen, die Spaß machen und auf die
   sich wirklich jede/r ohne Probleme einlassen kann.
▶ Die ständige Transparenz über den Sinn und das Ziel der
   ganzen Sache.
▶ Das Einführen der Stoppregel: Jede Person hat die Möglichkeit,
   sofort „Stopp" zu sagen, wenn sie etwas nicht machen möchte.
   Eine Begründung ist nicht erforderlich. Diese Regel gibt den
   Teilnehmern Sicherheit und betont die Freiwilligkeit.
▶ Eine selbstverständliche Ausstrahlung des Trainers.
▶ Die inhaltliche Verknüpfung mit dem Thema des Seminars, dem
   Unternehmen oder der Situation.

▶ Rahmenbedingungen

Die wesentlichen Rahmenbedingungen, mit denen Sie sich stets
aufs Neue konfrontiert sehen, sind die Größe und Beschaffenheit
des verfügbaren Raums, außerdem die Zeit, die Sie der Sache einräumen können, und schließlich die Größe der Teilnehmergruppe.

a. Raum

Theaterarbeit braucht große Räume. Sie brauchen Platz, um sich
zu bewegen und auch, um ein Bühnengefühl zu bekommen. Zum
Bühnengefühl gehört ein gewisser Abstand zwischen Darsteller
und Publikum. Auch das Publikum braucht den Abstand, um das
Bühnengeschehen angemessen betrachten zu können.

Ebenso brauchen die meisten der Körper- und Ausdrucksübungen
Platz. Die in vielen pädagogisch oder professionell orientierten
Theater-Workshops selbstverständliche körperliche Nähe ist für die
Menschen, mit denen wir in unseren Seminaren zu tun haben,
eher ungewohnt. Viele mögen es einfach nicht, wenn man ihnen
zu nahe kommt, erst recht nicht im Zusammenhang mit ungewohnten Spielen und Übungen. Es ist wichtig, darauf Rücksicht zu
nehmen. Haben Sie nicht viel Raum zur Verfügung, sind Ihre Vor-
bereitungsmöglichkeiten auf jeden Fall sehr eingeschränkt. Durchforsten Sie dann ihr Repertoire nach Übungen und Spielen, die
sich auch auf kleinem Raum durchführen lassen.

b. Zeit

Die Intensität der Vorbereitung und die Auswahl der Methoden hängen natürlich auch davon ab, wie viel Zeit Sie der Sache einräumen. Steht wenig Zeit zur Verfügung, dann wählen Sie am besten ein bis zwei recht spielerische Methoden aus jeder Kategorie aus. Ziel der Übungen ist dann, ein angstfreies und förderndes Klima für die Darstellung zu schaffen. Steht dagegen viel Zeit zur Verfügung, können Sie ein intensives Aufbauprogramm entwerfen, das den Teilnehmenden ermöglicht, Fähigkeiten der Wahrnehmung, des Umgangs mit dem Körper und des Ausdrucks auszubilden und hinzuzugewinnen.

c. Gruppengröße

Überprüfen Sie die Übungen auch daraufhin, ob diese sich für Ihre Teilnehmerzahl eignen. Bei den meisten Methoden ist das kein Problem, denn mit ein bisschen Fantasie lassen sie sich variieren und durchaus in sehr unterschiedlich großen Gruppen einsetzen. Aus Einzelübungen werden Gruppenübungen oder Parallel-Anordnungen. Aber natürlich hat alles seine Grenzen. Eine Kleingruppe ist nach unserer Erfahrung ab sechs Personen nicht mehr optimal arbeitsfähig, und mehr als fünf szenische Aufführungen nacheinander strapazieren die Motivation und Konzentration, auch wenn sie kurz gehalten sind. Die optimale Gruppengröße sehen wir, wie bei anderen Seminaren auch, bei 8 bis 15 Personen.

Quellen:

(1) MORRIS, Desmond: Der Mensch, mit dem wir leben. Droemersche, München.
(2) MÜLLER, Werner: Körpertheater und Commedia dell'arte. Pfeiffer, München.
(3) MOLCHO, Samy: Körpersprache im Beruf. Goldmann, München.

Wie bringe ich Teilnehmer dazu, Theater zu spielen?

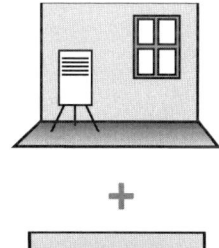

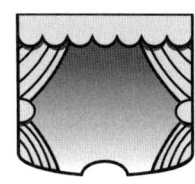

Wenn Sie mit Gruppen zu tun haben, die zwar auf ein Seminar, nicht aber auf ein Theaterseminar vorbereitet sind, müssen Sie sich etwas Besonderes einfallen lassen. Denn wenn sie nicht extra vorgewarnt wurden, erwarten die Teilnehmer/innen sicherlich nicht, mit dieser Methode konfrontiert zu werden. Und einige reagieren vielleicht auch zunächst nicht sehr erfreut.

Für viele Menschen ist das Theaterspielen erst einmal ungewohnt und auch mit Ängsten verbunden. Rechnen Sie daher ruhig mit Skepsis, wenn Sie mit diesem Ansinnen an Ihre Gruppe herantreten. Ist aber die erste Scheu überwunden, entwickeln dieselben Menschen rasch eine unbändige Freude und Lust an der Darstellung und am Spiel. Die anfängliche Zurückhaltung ist vergessen. Nicht selten zeigen sich dann auch zur Überraschung aller große Talente dort, wo sie gerade nicht vermutet wurden ...

Wie können Sie Ihre Teilnehmer dazu bringen, Theater zu spielen? Wie fördern Sie die Freude daran bzw. unterstützen die Gruppe bei der Überwindung der anfänglichen Scheu? Zu Ihrer Orientierung haben wir Ihnen zehn bewährte Tipps aus unserer Praxis zusammengestellt.

▶ Tipp 1:
Machen Sie das Theaterspiel von der ersten Minute an ‚salonfähig‘.

Schon das Ankommen der Seminarteilnehmer im Seminarhotel können Sie nutzen: Auf der Gästeliste finden sich neben den Namen der Seminarteilnehmer auch die berühmter Schauspieler/

innen, die Zimmer haben Namen berühmter Regisseure (oder Filme, Theaterstücke etc.), auf einem silbernen Tablett liegt ein Paar weiße Handschuhe, über der Tür zum Seminarraum hängt ein Emblem mit den berühmten Theatermasken oder ein Stück schwarzer Samtvorhang, Filmmusik unterstreicht das Ambiente. Schießen Sie jedoch nicht über das Ziel hinaus. Setzen Sie die Mittel sparsam und mit Bedacht ein. Denn wichtig ist, dass Sie keine Ängste schüren, sondern auf den Schmunzeleffekt zielen.

Schießen Sie nicht über das Ziel hinaus. Wichtig ist, dass Sie keine Ängste schüren, sondern auf den Schmunzeleffekt zielen.

Ist Ihnen das zu heikel, so sollten Sie spätestens aber in der Anfangsphase des Seminars, in der Kennenlern-Einheit, damit beginnen, das Thema Theater salonfähig zu machen. Ab jetzt findet es sich auf vielfältige Art und Weise immer wieder und zieht sich durch das ganze Seminar.

Sie können zum Beispiel:

▶ Namensspiele mit Ausdruckscharakter einsetzen.
▶ im Rahmen eines Kennenlernspiels passende Infos erfragen, z.B.: *„Wer hat schon mal in einem Theaterstück mitgespielt?"*
▶ spielerisch eine einfache Bühnen- bzw. Präsentationssituation schaffen. Auch der eigene Platz kann die Bühne sein.
▶ Requisiten als Metaphern zur Vorstellung der Personen nutzen.
▶ durch Applaus nach darstellenden Sequenzen den Bühnencharakter betonen.
▶ usw.

Bauen Sie nun immer wieder theatralische oder darstellende Elemente, z.B. als Auflockerer oder als roter Faden ein. Steigern Sie im Laufe des Seminars langsam die Anforderungen und gestalten Sie die Bausteine so, dass Sie und die Teilnehmer in erster Linie Spaß dabei haben.

▶ Tipp 2:
Sorgen Sie für eine gute Atmosphäre.

Die optimale Atmosphäre für das Theaterspiel ist kühn und experimentierfreudig, tragfähig und geschützt *(mehr hierzu: Wie bereite ich eine Gruppe auf das Theaterspielen vor?, S. 187)*. Kühn und experimentierfreudig vor allem für die Teilnehmenden, die die Herausforderung lieben und gerne auf der Bühne stehen. Tragfähig und geschützt dagegen für die Zurückhaltenden in ihrer Gruppe. In solchem Klima gedeihen Mut, Spielfreude und Darstellungskunst. Die Fragen *„Soll ich?"* oder *„Soll ich nicht?"* tauchen gar nicht erst auf, die Teilnehmer unterstützen sich gegenseitig.

Die optimale Atmosphäre: Kühn und experimentierfreudig sowie tragfähig und geschützt.

Die Weichen für eine gute Atmosphäre stellen Sie schon zu Beginn des Seminars. Gelingt der Start und kommen alle miteinander gut in Kontakt, verliert sich die Anfangsscheu schnell. Darauf können Sie dann aufbauen. Respekt und Wertschätzung, ein im weiteren Verlauf sinnvoller Seminaraufbau, eine gute Mischung im Grad der Herausforderung, konstruktives Feedback und nicht zuletzt viel Applaus und Anerkennung tragen ihr Übriges dazu bei.

▶ Tipp 3:
Gehen Sie mit selbstverständlicher Haltung voran.

Mögen die Teilnehmer ruhig etwas unsicher sein, wenn ihnen die für sie noch ungewohnte Methodik begegnet. Das ist ganz normal, gehört dazu und ist noch kein Grund zur Beunruhigung. Wenn Sie jedoch unsicher sind und dies zeigen (z.B. durch zögerliches Agieren, übertriebene Vorsicht, ein besorgtes Gesicht oder durch unglückliche Ausdrucksweise), kann das problematisch werden. Denn Ihre Besorgnis wird sich wahrscheinlich auf die Gruppe übertragen. Diese ist dann sicher nicht mehr bereit, alles mitzumachen.

Wichtig ist also, dass Sie mit einer selbstverständlichen, entschiedenen Haltung voran gehen, ohne Ihre Sensibilität für Einzelne und die Gruppensituation aufzugeben. Machen Sie am besten nicht zuviel Wind um das Theater, sondern legen Sie los. Betonen Sie nicht ständig, wie schwierig das alles ist, und wieviel Mut die Teilnehmer brauchen werden ... Das verunsichert nur und baut unnötigen Druck auf. Leiten Sie die Übungen und Aufgaben mit genau so einer selbstverständlichen Haltung an, als wollten Sie eine Folie auflegen. Je eindeutiger und sicherer Ihre Ausstrahlung, desto selbstverständlicher folgen die Teilnehmenden auch Ihrem Programm.

10 Trainer-Tipps:

1. Machen Sie das Theaterspiel von der ersten Minute an salonfähig.
2. Sorgen Sie für eine gute Atmosphäre.
3. Gehen Sie mit selbstverständlicher Haltung voran.
4. Führen Sie Regie, nehmen Sie sich die Verantwortung.
5. Kurz und knapp entlastet: nicht zuviel Zeit geben.
6. Schränken Sie ein: Geben Sie einen Rahmen vor.
7. Fordern Sie die Teilnehmenden individuell.
8. Nutzen Sie die Kraft dramaturgischer Mittel.
9. Vermitteln Sie den Sinn und den Bezug zum Thema.
10. Sorgen Sie für Spaß und Freude.

▶ Tipp 4:
Führen Sie Regie, nehmen Sie sich die Verantwortung.

Wenn die anderen Theater spielen, übernehmen Sie die Regie. Regie führen heißt mehr, als Anleitungen zu geben. Es bedeutet, verantwortlich zu führen, für Klarheit und Transparenz zu sorgen, Schutz und Sicherheit zu bieten und, wenn nötig, die ‚Last der Entscheidung' auf die eigenen Schultern zu nehmen. Es gibt Teilnehmer, für die Vorgaben eine große Hilfe sind. So paradox es klingt: Für manche Menschen ist es ungleich schwieriger, sich eine Rolle auszusuchen, als dieselbe zugeteilt zu bekommen. Stelle ich eine zugeteilte Rolle unglücklich dar, kann ich hinterher immer sagen *„Wusste ich doch gleich, dass ich das nicht spielen konnte, was kriege ich auch eine solche blödsinnige Rolle …"* und damit die Verantwortung von mir weg auf die Regie laden. Habe ich die Rolle selbst gewählt, ist das schon etwas schwieriger. Manche Menschen brauchen diese Entlastung, um Mut zu gewinnen und um dabei zu bleiben. Geben Sie sie ihnen. Nehmen Sie die Last der Verantwortung auf Ihre Schultern. Schätzen Sie die Lage ein: Wenn es Ihnen sinnvoll und förderlich erscheint, geben Sie Vorgaben. Teilen Sie die Zeit ein. Verteilen Sie die Rollen.

▶ Tipp 5:
Kurz und knapp entlastet: Geben Sie den Teilnehmenden nicht zuviel Zeit.

Auch dies scheint paradox: Wir haben immer wieder die Erfahrung gemacht, dass eine knappe Zeitvorgabe zur Entwicklung einer Szene oder Darstellung zwar zunächst Druck macht (*„wie um Himmels Willen soll man denn in der kurzen Zeit …"*), dann jedoch entlastet (*„wenn die Seminarleitung wenig Zeit gibt, kann sie auch nicht viel erwarten …"*) und die Teilnehmenden zu tollen Ideen bringt. Das Geheimnis liegt darin, dass die Gruppe gezwungen ist zu machen – für lange Diskussionen ist keine Zeit. Meist wirkt sich das positiv auf Motivation, Ergebnis und so auch auf das Erfolgserlebnis aus.

Daher: Haben Sie Mut zur Zeitknappheit. 5'-20' für den ersten Entwurf einer Szene reichen durchaus aus. Niemals mehr als eine Stunde geben, das verführt die Gruppe nur dazu, zu diskutieren und viel zu verkopft an die Sache heranzugehen.

▶ Tipp 6:
Schränken Sie ein: Geben Sie einen Rahmen vor.

Lassen Sie der Gruppe viel Gestaltungsfreiheit, aber überlegen Sie gut, in welchem Rahmen. Belasten Sie die Gruppe nicht mit der ‚Qual der Wahl', wenn es nicht nötig ist. Anleitungen zum Vorgehen bei der Szenenentwicklung, Themen- und Zeitvorgaben, Zuteilung eines Ortes oder eines Genres, in dem die Szene spielen soll, all das sind sinnvolle ‚Beschränkungen'. Die Einschränkung, der vorgegebene Rahmen, macht kreativ und ermöglicht eine schnelle, zielgerichtete Umsetzung von Ideen. Ist alles offen, sind die Gruppen schnell überfordert und wissen nicht, wo sie beginnen sollen. Sie haben zu viele unterschiedliche Einfälle, sind nicht in der Lage eine Wahl zu treffen oder können sich nicht einigen. Die Energie verpufft, Frust entsteht. Das können Sie vermeiden.

Die folgende Anleitung zur Szenenentwicklung zeigt Ihnen beispielhaft, wie ein vorgegebener Rahmen für ein recht komplexes Thema aussehen kann. Einfachere Aufgaben brauchen natürlich entsprechend weniger bzw. andere Vorgaben.

Beispiel: Anweisung zur Szenenentwicklung

Thema:	Wie können wir mit Widerständen im Veränderungsprozess umgehen?
Ort:	Im Fitness-Center (beim Kieser-Training)
Genre:	Krimi
Vorgehen:	Sie haben eine Stunde Zeit!
	1. Regisseur/in bestimmen
	2. Brainstorming zur Botschaft
	▶ Botschaft auswählen
	3. Brainstorming zur Handlung / Szene
	▶ Was könnte passieren?
	4. Rollen verteilen, Kulisse festlegen
	5. Proben, improvisieren
	▶ einfach drauf zu ...!

Manche TN brauchen ...

▶ einen leichten Schubs
▶ den Sprung ins kalte Wasser
▶ sanfte Führung
▶ ein Lockmittel
▶ genaue Anweisung
▶ kreative Freiheit
▶ jemanden, der etwas vormacht
▶ niemanden, der ihnen etwas vormacht
▶ ...

▶ Tipp 7:
Fordern Sie die Teilnehmenden individuell.

Zugegeben, das ist leichter gesagt, als getan. Aber es hilft wirklich, sich noch einmal vor Augen zu führen, dass Menschen unter Umständen sehr unterschiedliche Ansprache brauchen, um sie zu animieren, sich auf die Bühne zu stellen: Einige brauchen einen leichten Schubs, andere den Sprung ins kalte Wasser. Einige wollen sanft geführt werden, andere brauchen ein Lockmittel (*„dann haben Sie's schneller hinter sich ..."*), wieder andere nur ein Kommando *„Bühne frei"*. Einige wollen eine genaue Anweisung (*„sag dies, geh hier"*), andere wollen kreative Freiheit. Einige lernen und gucken ab, wenn Talentierte ihnen etwas vormachen, andere fühlen sich dadurch gerade entmutigt, weil sie glauben, dass sie an diese Perfektion nie herankommen ... Beobachten Sie Ihre Gruppe und schätzen Sie die Einzelnen ein. Experimentieren Sie ein wenig, und versuchen Sie herauszubekommen, wer welche Ansprache benötigt.

▶ Tipp 8:
Nutzen Sie die Kraft dramaturgischer Mittel.

Holen Sie sich Unterstützung durch Requisiten, Kostüme (Stoffe) und Musik. Anregende Requisiten und Kostüme verführen dazu, in Rollen zu schlüpfen und etwas auszuprobieren. Denn eine Verkleidung, sei sie auch nur angedeutet oder durch ein Requisit symbolisiert, wirkt wie ein Schutz und macht Mut, Ungewöhnliches zu tun oder zu sagen *(mehr in: Wie bereite ich eine Gruppe auf das Theaterspielen vor?, S. 187)*.

Gezielt ausgewählte Musik unterstreicht die Stimmung und die Aussage einer Szene. Sie erleichtert den Darstellern das Einfinden in eine Rolle und nimmt ihnen eine Menge Ausdrucksarbeit ab. Setzen Sie z.B. zum Sound von „Yesterday" (Beatles) zwei Personen auf der Bühne auf eine Bank, dann weiß das Publikum sofort, dass die beiden von alten Zeiten schwärmen. Manchmal ist Musik so stark, dass einige Teilnehmer gar nicht anders können, als sofort auf den Zug aufzuspringen. Legen Sie z.B. „Spiel mir das Lied vom Tod" auf, werden sich einige sofort breitbeinig wie supercoole Cowboys aufeinander zu bewegen und den Colt ziehen. Versuchen Sie Folgendes: Leihen Sie sich einige bunte Tütüs (= weite, knielange Röcke) und spielen Sie die Cancan-Musik. Sie werden sich wundern, wie schnell Sie zwar kein perfektes, aber umso besser gelauntes Crazy-Horse-Ballett (sowie ein johlendes Publikum) haben. Bitte starten Sie diesen Versuchsballon aber erst, wenn die Gruppe sich kennen gelernt hat, Spaß miteinander hatte und die Scheu voreinander überwunden ist *(Eine Liste praxistauglicher Musiktitel finden Sie auf Seite 306)*.

▶ Tipp 9:
Vermitteln Sie den Sinn und den Bezug zum Thema.

Wenn den Teilnehmenden der Sinn und der Themenbezug dessen, was Sie tun und verlangen, klar und deutlich vor Augen steht, dann sind sie auch bereit, die Methodik zu akzeptieren und sich einzulassen, auch wenn sie dabei mal über den eigenen Schatten springen müssen. Wichtig ist es deshalb, der Gruppe über den Gesamtkontext Orientierung zu geben. Zeigen Sie auf, wie das Theaterspiel das Seminarziel unterstützt, wie es in Ihr Konzept eingebettet ist und welchen Nutzen Sie sich versprechen. Machen Sie immer wieder diese Zusammenhänge deutlich und vor allen Dingen: Werten Sie sorgfältig aus. Fördern Sie immer wieder den Transfer *(mehr zum Transfer: Wie werte ich Szenen aus?, S. 276)*.

▶ Tipp 10:
Sorgen Sie für Spaß und Freude.

Wenn die Gruppe Freude am Theaterspiel entwickelt, haben alle gewonnen. Ein Problem mit der Akzeptanz taucht nicht auf, die Bereitschaft, sich auf Ungewöhnliches einzulassen ist da, die Motivation zu experimentieren groß, die Lernkanäle weit geöffnet. Auch die Qualität der Darstellung gewinnt, denn mit der Freude stellen sich Lockerheit und (Aus-)Gelassenheit automatisch ein. Tun Sie also das Ihnen Mögliche dazu, dass sich Spaß und Freude entwickeln können. Wählen Sie Spiele, Übungen und Aufgaben aus, die Sie selbst richtig klasse finden und stellen Sie diese mit leuchtenden Augen vor. Schaffen Sie eine gute Atmosphäre (s.o.), fördern Sie den Humor und eine achtsame Umgangskultur. Sparen Sie nicht mit Applaus und Anerkennung, strahlen Sie Freude aus.

Spaß behalten, auch wenn's mal schief geht: Eine katastrophale Generalprobe garantiert eine gelungene Premiere.

(Alte Bühnenregel)

Szene drei

Wie gehe ich mit Widerständen um?

Was ist eigentlich so schlimm und unangenehm am Widerstand? Auffallend ist, dass das Thema in jedem Train-the-Trainer-Workshop angesprochen wird – und selbstverständlich musste es auch ein ganzes Kapitel dieses Buches werden ... Warum fällt es so schwer, Widerstände im Seminar statt als unliebsame ‚Störung' als gesunde Herausforderung zu betrachten, die letztendlich alle weiter bringt?

Wie auch immer, es ist nun einmal so – wir sind noch nicht so weit. Theoretisch zwar, aber praktisch nicht. 99 Seelen streiten sich in unserer Brust:

▶ Der Widerstand im Seminar stört den Fluss der Veranstaltung (Nur: welcher Fluss verläuft schon geradlinig? Und machen die Vielfalt und das nicht Vorhersehbare den Fluss nicht erst interessant?).

▶ Er drosselt die Motivation und den Enthusiasmus (Aber ist es nicht gut, ab und zu innezuhalten und Zielorientierung, Vorgehensweisen und auch die Begeisterung zu überprüfen?).

▶ Er bringt aus dem Konzept, verunsichert, macht manchem Trainer sogar Angst (Und dennoch ist er ein Zeichen für Vielfalt und Vitalität.).

Wie äußern sich Widerstände?

Widerstand in einem Seminar mit aktiver Methodik fällt natürlich mehr auf, als wenn sich jemand ins Halbdunkel zurückzieht, während Sie einen Folien-Vortrag halten. Sie können froh sein, wenn Sie direkt und klar angesprochen werden. Dann wissen Sie sofort, woran Sie sind und können handeln. Häufig aber äußern sich Widerstände zunächst in anderen Dingen, z.B. hinter sachlichen (In)Fragestellungen, Regelverstößen wie Unpünktlichkeiten, Meckern in der Pause, Gleichgültigkeit oder schlechter Laune, bis hin zu Kopfschmerzen, ...

Die Gründe für den Widerstand können vielfältig sein. Sie können in der Person liegen oder außerhalb. Sie können im Seminar entstanden oder mitgebracht sein. Sie können auch ein Ausdruck der berühmten ‚Storming-Phase' des Gruppenprozesses sein. Unangenehm (und dennoch besser als gar nicht) ist, wenn die Sache erst auf den Tisch kommt, wenn es gar nicht mehr geht, wenn die ‚Luft brennt', die ganze Gruppe bereits infiziert ist. Dann ist sie schon so weit gediehen, dass es ungleich schwerer ist, sie noch zu bearbeiten.

Halten Sie also die Augen offen und werden Sie hellhörig für die kleinen Anzeichen. Denn je eher Sie etwas tun, desto besser.

Über den Umgang mit Widerständen

Zwei grundlegende Gedanken halten wir für den Umgang mit Widerständen für wichtig:

1. Ihre Grundhaltung zu der Situation kann Ihnen die Sache erleichtern oder erschweren. Schwierig wird es, wenn Sie eine Verweigerung als Angriff auf die eigene Person und das von Ihnen vorbereitete Konzept verstehen. Meist wird das der Angelegenheit nicht gerecht. Denn Menschen, die im Widerstand sind, wollen Ihnen in der Regel nichts Böses. Irgendetwas macht es ihnen schwer sich einzulassen. Oder es gilt, etwas in ihnen zu schützen, was zu wertvoll ist, um es leichtfertig aufs Spiel zu setzen. Mit einer positiven Einstellung wird es Ihnen viel leichter fallen, freundlich, zugewandt und lösungsorientiert zu reagieren.

   Wählen Sie Ihre Einstellung ...

2. Machen Sie sich klar, dass Sie nicht allmächtig sind. Sie können niemanden zwingen. Wenn jemand partout nicht will, können Sie wenig ausrichten. Sie sind darauf angewiesen, dass die Teilnehmenden etwas wollen und freiwillig mitmachen.

Widerständen im Vorfeld begegnen

Als Trainer/in haben Sie nicht alles in der Hand und Sie können auch nicht auf alles und jedes vorbereitet sein. So werden Sie sich das ein oder andere Mal vom Widerstand Einzelner oder der Gruppe überraschen lassen müssen. Aber Sie können dennoch im Vorfeld das Ihre vorbeugend tun.

Mit den folgenden ‚vertrauensbildenden' Maßnahmen können Sie zu einer Atmosphäre beitragen, die so beschaffen ist, dass der Einzelne ‚das Mittel des Widerstands' nicht braucht. Sie ist angstfrei und von Offenheit und Transparenz geprägt:

Eine Stopp-Regel

Jeder Teilnehmer kann z.B. bei Folgendem „Stopp" sagen:

▶ Verständnisschwierigkeiten
▶ Störungen
▶ Pausenbedürfnisse
▶ Sonstige Irritationen

Dabei sorgt jeder Teilnehmende für sich selbst. Das Seminar wird dann kurz unterbrochen und die Sache geklärt.

▶ Geben Sie zu Beginn Orientierung über den geplanten Ablauf und vermitteln Sie den Teilnehmenden immer wieder den Sinn und Nutzen dessen, was Sie vorhaben und tun.
▶ Legen Sie gemeinsam mit der Gruppe Regeln der Zusammenarbeit fest.
▶ Führen Sie dabei eine Stopp-Regel ein und nehmen Sie dadurch den Einzelnen mit in die Verantwortung.
▶ Ermutigen Sie die Gruppe zur Offenheit. Holen Sie sich immer wieder ein Zwischen-Feedback.
▶ Zeigen Sie dabei, dass Sie offen sind für Kritik und für Vorschläge aus der Gruppe.
▶ Sorgen Sie für ein förderliches Klima, Spaß und Freude.
▶ Bei längeren Projekten: Bereiten Sie die Gruppe Schritt für Schritt gut vor.

Weitere Tipps finden Sie in den Kapiteln: *Wie bringe ich Teilnehmer dazu, Theater zu spielen? (S. 211)* und: *Wie bereite ich eine Gruppe auf das Theaterspielen vor? (S. 187)* und: *Wie setze ich Theaterelemente in gängige Trainings ein? (S. 28)*

Widerständen in der Situation begegnen

Ist es dann doch so weit gekommen, ist dennoch nicht alles zu spät. Denn es gibt einige Dinge, die Sie dann tun können:

▶ Tipp 1:
Nehmen Sie die Sache ernst und gelassen.

... und vor allem nicht persönlich. Denn dazu haben Sie in den meisten Fällen keinen Grund. Nehmen Sie entsprechende Anzeichen oder offen ausgesprochene Verweigerungen nicht auf die leichte Schulter, denn Sie werden nicht umhin können, sich damit zu beschäftigen. Aber der Widerstand eines Teilnehmers ist kein Weltuntergang, sondern etwas ziemlich Alltägliches und wird Ihnen nicht gleich das ganze Projekt zerstören. Und Ihr souveräner Umgang damit ist eine neue Chance, um sich Respekt und Vertrauen zu schaffen.

Nehmen Sie die Sache ernst und gelassen und nicht persönlich.

▶ Tipp 2:
Schätzen Sie die Lage ein.

Bei Widerstand im Zusammenhang mit Methoden und Aufgaben, bei denen Teilnehmende auf der Bühne oder in anderer Weise viel von sich zeigen müssen, ist nicht immer sofort klar, wie tief das ‚Ohne mich!‘ wirklich geht. Manche Menschen brauchen auch nur einen Schubs oder eine leitende Hand, um den Schritt auf die Bühne oder zur ungewöhnlichen Methode zu wagen *(hierzu auch: Wie bringe ich Teilnehmer dazu, Theater zu spielen?, S. 211).*

Auch ist es wichtig einzuschätzen, ob sich wirklich ein einzelner Teilnehmer im Widerstand befindet oder ob dieser das Thema für die Gruppe übernimmt. Im ‚schwierigen‘ Verhalten einzelner Teilnehmer spiegelt sich nämlich manchmal die Unzufriedenheit der ganzen Gruppe. Ist das der Fall, ist es natürlich besser, sich mit der Gruppe zu beschäftigen als mit dem Einzelnen.

Schätzen Sie ein:

- ▶ Wie tief geht das ‚Ohne mich!' wirklich?
- ▶ Wen betrifft die Sache: einen Einzelnen oder die ganze Gruppe?

▶ Tipp 3:
Klären Sie die Hintergründe.

Die Gründe für Widerstände können sehr unterschiedlich sein – und entsprechend verschieden sind dann auch Ihre Möglichkeiten, damit umzugehen. Es gilt also möglichst herauszufinden, was dahinter steckt. Möglichst – denn leider funktioniert das nicht immer, jedenfalls nicht bis zur letzten Gewissheit. Denn manchmal sind den Teilnehmenden die Gründe selbst nicht klar oder aber sie wollen sie nicht nennen. Was Sie tun können, ist, freundliche Offenheit zu signalisieren und Ihren Teil dazu zu tun, indem Sie die Sache ansprechen.

Unterbrechen Sie dazu den Ablauf und fragen Sie die Teilnehmenden frei heraus, was los ist. Falls es sich um eine einzelne Person handelt, machen Sie eine Pause, um den betreffenden Teilnehmer unter vier Augen zu fragen. Akzeptieren Sie es auch, wenn Sie keine oder ausweichende Antworten bekommen. Versuchen Sie dann, gemeinsam mit dem Teilnehmer eine Lösung zu finden, wie im weiteren Verlauf der Veranstaltung damit umgegangen werden kann.

Einige Widerstandsgründe aus unserer Erfahrung:

- ▶ Bühnenangst / Angst sich zu ‚verwandeln' *(siehe: Wie bereite ich eine Gruppe auf das Theaterspielen vor?, S. 187)*.
- ▶ Befürchtungen sich zu blamieren aufgrund eines unsicheren Standings in der Gruppe.
- ▶ Mitgebrachter oder im Seminar entstandener Ärger.
- ▶ Unsicherheit / Orientierungslosigkeit darüber, wo das alles hinführen soll.
- ▶ Angst aufgrund von schlechten Vorerfahrungen.
- ▶ Energielosigkeit / Traurigkeit.
- ▶ Sich irgendwo hingedrängt fühlen, wo man nicht hin will.
- ▶ Die ganze Gruppe ist unzufrieden – ein Teilnehmer übernimmt dieses Thema.

▶ Tipp 4:
Machen Sie keinen Hehl aus Ihrer Unsicherheit.

Was machte vor vielen Jahren Thomas Gottschalk so erfolgreich, als er ganz neu im Showgeschäft war? Unter anderem, dass er überhaupt nicht versuchte, seine Unsicherheit zu verstecken. Er überspielte nicht, sondern deckte auf. Das hörte sich vor laufender Kamera etwa so an: *„Oh, damit habe ich jetzt gar nicht gerechnet, jetzt bin ich überrascht und weiß gerade nicht weiter – Regie – kann mir mal einer helfen …".* Das war damals sehr ungewöhnlich und dafür liebte ihn das Publikum.

Die eigene Unsicherheit anzusprechen macht menschlich und sympathisch – und stark. Denn kaum ist es raus, geht es Ihnen auch schon viel besser. Wir haben noch niemals schlechte Erfahrungen damit gemacht. Im Gegenteil, manches Mal war dieses Eingeständnis der Ausgangspunkt für eine wirklich offene und konstruktive Auseinandersetzung mit der Gruppe.

Erste Hilfe

Was Sie in der Situation tun können:

▶ Die Sache ernst und gelassen nehmen
▶ Die Lage einschätzen
▶ Hintergründe klären
▶ Keinen Hehl aus der eigenen Unsicherheit machen
▶ Alternativen finden

▶ Tipp 5:
Finden Sie Alternativen.

… und zwar gemeinsam mit dem / den Betreffenden. Überlegen Sie gegebenenfalls mit der ganzen Gruppe, wie es weiter gehen kann. Handelt es sich um einen Einzelnen, ist es wichtig, eine Lösung zu finden, die es dieser Person ermöglicht, Teil des Geschehens und der Gruppe zu bleiben. Klären Sie, was der Teilnehmer braucht, damit ihm das möglich ist. Geht es um den Bühnenauftritt, kann manchmal schon ein Kostümwechsel oder eine leichte Umgestaltung bewirken, dass er sich mit seiner Rolle doch anfreunden kann. Oder Sie suchen eine neue Rolle im Geschehen, die der Teilnehmer akzeptieren kann.

Möglichkeiten sind z.B.:

▶ Rollentausch mit anderen Gruppenmitgliedern
▶ Regieassistenz
▶ Bühnengestaltung
▶ Technik (Beleuchtung, Akustik)
▶ Organisation (Catering, Abendgestaltung, Kontaktpflege zum

Hotelpersonal ...)
▶ Zeitmanagement und Koordination zwischen den Gruppen
▶ Fotodokumentation
▶ Berichterstattung / Protokollführung
▶ Beobachtung
▶ ...

Zu Ihrer schnellen Orientierung finden Sie nachfolgend noch einmal mögliche Hintergründe von Widerständen und jeweils dazu passende Lösungsvorschläge gegenüber gestellt:

Mögliche Hintergründe	Lösungsvorschläge
Bühnenangst – Angst sich zu ‚verwandeln', die Kontrolle zu verlieren, sich zu blamieren usw.	▶ Alternative Aufgabe finden ▶ Rolle anpassen ▶ Verstecken, z.B. sich bis zur ‚Unkenntlichkeit' verkleiden
Angst aufgrund schlechter Vorerfahrungen	▶ Mut machen ▶ Für Erfolgserlebnis sorgen
Unsicherer Stand in der Gruppe; Befürchtungen, sich zu blamieren	▶ Klärung in der Gruppe vorantreiben
Mitgebrachter Ärger	▶ Raum geben, den Ärger los zu werden
Im Seminar entstandener Ärger oder Kränkungen	▶ Klärung herbeiführen ▶ Gemeinsam eine Lösung entwickeln
Unsicherheit / Orientierungslosigkeit über den Sinn des Ganzen	▶ Orientierung geben, Nutzen herausstellen
Energielosigkeit / Traurigkeit	▶ Aufgabe oder Rolle finden, die die Energie aufgreift
Sich wo hingedrängt fühlen, wo man nicht hin will	▶ Alternative Rolle oder Aufgabe finden

Widerständen im Nachhinein begegnen

Alle schwierigen Situationen, auch Widerstände von Teilnehmenden, sind immer eine Chance, für das nächste Mal daraus zu lernen. Deshalb sind sie im Nachhinein Anlass …

▶ … für eine sorgfältige Auswertung mit der Gruppe.
Fragen Sie dazu die Gruppe: Was hätte es Ihnen leichter gemacht, sich einzulassen? Oder: Was würden Sie mir raten, beim nächsten Mal anders zu machen? Oder: Wann und wodurch ist die Situation gekippt?

▶ … das Konzept und Vorgehen zu überdenken.
Überlegen Sie aus der Erfahrung heraus, wie Sie beim nächsten Mal an die Sache herangehen würden. Notieren Sie sich Ihre Ideen, um später auch darauf zurückgreifen zu können.

▶ … den eigenen Anteil an der Situation anzugucken.
Was haben Sie selbst durch Ihre Art oder Ihre Interventionen dazu beigetragen, dass es Teilnehmenden schwer war, sich einzulassen? Was haben Sie getan oder unterlassen, was wichtig gewesen wäre?

▶ … an Ihrer inneren Einstellung zu Widerständen zu arbeiten.
Hat Ihre Einstellung (s.o.) Ihnen einen zusätzlichen Streich gespielt und es Ihnen erschwert, mit der Sache souverän umzugehen?

▶ … die Situation in einem Coaching oder einer Supervision noch einmal in den Blick zu nehmen.
Der Blick von außen und das Betrachten der Angelegenheit aus der Distanz mit Unterstützung eines Supervisors oder eines Coaches bringt häufig noch interessante und überraschende Erkenntnisse zutage, die aufschlussreich für Sie selbst und wertvoll für die Planung und Gestaltung Ihrer nächsten Veranstaltungen sein können.

Szenenapplaus

Wie Sie gutes Theater schaffen und auswerten

Der Platzanweiser empfiehlt:

Amelie Funcke, Maria Havermann-Feye: Training mit Theater

Wie macht man eine Szene?
Wie entwickelt man ein Stück?

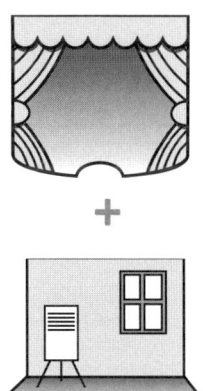

‚Eine Szene machen' – das kennt man sowohl von Autoren / Regisseuren als auch von verärgerten Mitmenschen. Gibt es zu der sprachlichen auch eine inhaltliche Parallele? Vermutlich ja. Denn in beiden Fällen – im einen Fall bewundert, im anderen gefürchtet – geht es um gekonnte Dramaturgie und eine überzeugende Inszenierung mit dem Ziel, beim Publikum Eindruck zu hinterlassen.

Wer in seinem Leben viele Märchen und Geschichten gehört oder gelesen hat, wer im Kino und Fernsehen Krimis, Abenteuer-, Actionfilme und Seifenopern verfolgt, hat den dramaturgischen Bauplan eines Stückes wahrscheinlich weitgehend verinnerlicht und kann ihn intuitiv auch umsetzen. Aus diesem Grund sind viele spontan und in kurzer Zeit entwickelte Szenen recht gelungen, ohne dass den Erfindern die dahinter stehenden Theorien und Gesetzmäßigkeiten bekannt waren.

Wer in seinem Leben viele Märchen und Geschichten gehört oder gelesen hat, wer im Kino und Fernsehen regelmäßig Filme verfolgt, hat den Bauplan eines Stückes wahrscheinlich weitgehend verinnerlicht und kann ihn intuitiv auch umsetzen.

Für wen ist dieser Abschnitt interessant?

Die Hinweise zu Dramaturgie und Inszenierung in diesem Kapitel sind daher für Sie vor allem dann interessant, wenn für den Erfolg Ihrer Arbeit der Prozess und das Ergebnis (das fertige Stück) wichtig sind. Sie möchten z.B. mit entsprechend viel Zeit ein Stück mit Mitarbeiter/innen einer Firma entwickeln und einüben, mit dem Sie anschließend ein Publikum (z.B. die übrige Belegschaft) erreichen wollen.

Steht dagegen mehr der Inhalt im Vordergrund, d.h. wollen Sie das Entwickeln von Theaterszenen z.B. verfremdend zur Erarbeitung von Verkaufs- oder Lösungsstrategien nutzen, dann bauen Sie ruhig auf die Intuition Ihrer Teilnehmer/innen. Holen Sie sich die nötigen Tipps im Abschnitt: *Wie kann ich eine Gruppe unterstützen, selbstständig eine Szene zu entwickeln? (S. 243)* und in: *Wie setze ich eine Szene in Szene? (S. 262)*.

Der dramaturgische Aufbau

Beispiel

Klassisches Aufbauschema einer Komödie (2):

Akt 1
- ▶ Exposition
- ▶ Erregender Moment
- ▶ Irreführung des Publikums
- ▶ Beleidigung
- ▶ Steigerung (durch Erwartung, Zweifel, Nebenepisoden)

Akt 2
- ▶ Steigerung
- ▶ Nebenkampf
- ▶ Dramatische Phase, Konflikt
- ▶ (Vor-)Höhepunkt
- ▶ Wendepunkt
- ▶ Zwischenkämpfe

Akt 3
- ▶ Steigerung
- ▶ Aufschub der Entscheidung
- ▶ Vernichtungskampf
- ▶ Neue Verwicklungen
- ▶ Gipfelpunkt (= der eigentliche Höhepunkt)
- ▶ Lösung, Gag
- ▶ Umkehrung
- ▶ Schluss

Es gibt ein paar einfache Regeln:

▶ Ein Stück beginnt mit einer Anfangsszene, in der das Publikum mit den Begebenheiten (Ort, Zeit, Genre, Figuren) vertraut gemacht und die Problematik angerissen wird. Einen starken Anfang erreichen Sie durch ein *„erregendes Moment"* (2), z.B. jemand spricht eine Drohung oder eine Provokation aus.

▶ Die Handlung steigert sich dann bis zum Höhepunkt. Es kommt vor, dass Stücke mehrere Höhepunkte haben. Der eigentliche Höhepunkt, die entscheidende Situation, kommt aber immer kurz vor dem Schluss. Alle anderen Höhepunkte werden eingesetzt, um die Spannung zu erhöhen oder die Zuschauer irrezuführen.

▶ Ein kurzer Ausklang leitet das Ende ein und bringt den Zuschauer wieder in die Wirklichkeit.

▶ Dann folgt der Schluss. Der Schluss ist der Moment mit der stärksten Wirkung. Er bringt die Lösung, die Entscheidung.

So einfach sieht die Grundstruktur einer Theaterszene oder eines Stückes aus.

Zwei Handlungen: Spiel und Gegenspiel

Sieht man etwas genauer hin, sind die meisten Stücke in sich etwas differenzierter: Häufig verfügen sie über zwei parallele Handlungsstränge (Spiel und Gegenspiel), die im Wechsel erzählt werden, sich parallel entwickeln (oder verwickeln), und die hin und wieder, spätestens zum Höhepunkt, aufeinander treffen. Sie können dieses Phänomen im Krimi beobachten (Taten des Verbrechers, Suche des Kommissars), in Märchen (z.B. Schneewittchen: Die Königin mit dem Spiegel, Schneewittchen bei den Zwergen), in Opern, Spielfilmen, Verwechslungskomödien, usw.

Wie entsteht Dramatik?

Spannung und Dramatik erzeugen – vor dieser Aufgabe steht jeder, der ein Stück oder eine Szene schreiben oder spielen will. Denn Sie wollen das Publikum ja vom ersten bis zum letzten Moment fesseln und in Atem halten. Welch' ein Alptraum, die Zuschauer/innen zu langweilen ...!

Auch das Grundmuster einer dramatischen Handlung ist schlicht:

▶ Einführung in das Geschehen
▶ Entwicklung und Verwicklung des Geschehens
▶ Zuspitzung und Auflösung des Geschehens

,Die Lösung aber halte man zurück, so lange bis die letzte Szene kommt, denn wenn die Leute wissen, wie es ausgeht, so schauen sie gleich schon nach der Tür und wenden sich ab vom Ziel dreistündiger Erwartung.'
Nach Lope de Vega (2)

Dieses simple Schema finden Sie selbst in den kompliziertesten Handlungskonstruktionen wieder. Sie erkennen es intuitiv wieder und nutzen es als eine (von mehreren) Orientierungshilfen. Wenn Sie z.B. mitten in einem bereits laufenden Krimi den Fernseher einschalten, haben Sie sich meistens innerhalb kürzester Zeit orientiert und wissen, worum es geht.

Grundsätzlich dramatische Themen sind z.B.:

▶ der Machtkonflikt
▶ das Spannungsfeld zwischen Wissen und Nichtwissen
▶ die Veränderung

„Klassischer Höhepunkt eines Dramas ist oft der Umschlag von Nicht-wissen zum Wissen, das plötzliche Informiert-werden oder Erkennen. Ödipus erkennt, dass er seinen Vater getötet hat, und verliert die Macht. Alles bisherige Wissen erscheint falsch, alle Annahmen, Erwartungen, Hoffnungen illusionär, auf einmal stimmt nichts mehr, alles zerbricht, der scheinbare Gewinner ist auf der Verliererseite."

(2)

Sie können Dramatik durch die Anwendung verschiedener Spielelemente erzeugen.

Beliebte Mittel sind:

► Rückschläge, Umschläge
► hohes Tempo
► haarscharfes Versäumen, Verpassen
► Vergessen, Verlegen, Verwechseln, Vertauschen, Verschärfen
► Missverstehen, Missdeuten
► Verzögern, Retardieren
► erwartete Personen / Ereignisse treffen nicht oder anders ein
► Zeitdruck, Suspense, Kampf gegen die Uhr
► Nichtwissen, dass man ...
   ... eine Bombe transportiert
   ... gerade einen Hauptgewinn weggeworfen hat
   ... den Liebhaber der eigenen Frau eingeladen hat
► ein Ziel wird angestrebt, es kommt aber immer was dazwischen
► Zweideutigkeiten
► Wiederholungen, auch gesteigert und verändert
► Kontraste zwischen Wissen und Tun, Reden und Meinen. (2)

Haarscharf versäumt ...

Zwei Gestalten schleichen umher, gehen rückwärts aufeinander zu, bleiben aber im letzten Moment stehen, um zu lauschen.

A hat sich versteckt, B fängt an zu suchen, erst in der falschen Richtung, dann in der richtigen, kommt näher und näher, um im letzten Moment abzudrehen.
(2)

Atemraubend: die ‚Vorahmung'

Ein weiteres dramaturgisches Strukturelement vor allem in spannungsbetonten Stücken ist die ‚Vorahmung' (= zeitlich umgekehrte Nachahmung): Das ist der Moment, in dem der Verbrecher dem Kommissar noch einmal entkommt, obwohl er schon fast geschnappt war (im Jargon: ‚Parallelvorahmung'), oder der Punkt, an dem der Bösewicht den Helden, der sich zu weit vorgewagt hat, fast erwischt (‚spiegelbildliche Vorahmung').

Skizze nach Herbert Giffei (1)

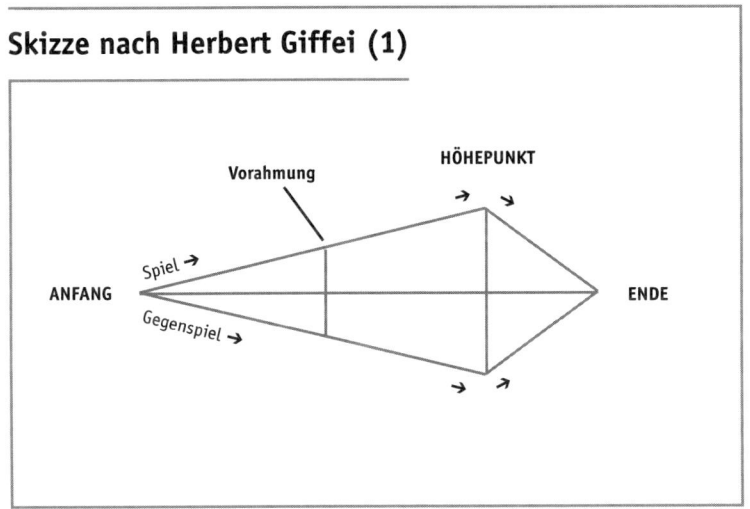

Das Geschehen in der Schlussszene wird sozusagen umgekehrt vorweggenommen, *„die Spannung wird auf diesen Vorhöhepunkt hin angelegt. Aber nichts ist entschieden; der Zuschauer holt erneut Atem, und im zweiten – kürzeren! – Anlauf führt die wiederum sich steigernde Handlung zur Lösung."* (1) Nicht nur für Bühnenhandlungen wird das Prinzip der ‚Vorahmung' genutzt, sondern es tritt auch – häufig sogar mehrfach verwendet – in spannenden Erzählungen und in fast jedem Märchen auf. Überall dort jedenfalls, *„wo eine geradlinige Spannung ‚durchhängen' würde".* (1)

Ein Rhythmus, ‚wo jeder mit muss'

Um das Publikum vom ersten bis zum letzten Augenblick zu fesseln, braucht Ihr Stück einen Rhythmus. Erst durch ihn erhält die Szenenfolge ihren Reiz. Wie in der Musik trägt er das Stück und auch die Zuschauer. Mit seiner Hilfe sorgen Sie dafür, dass der Spannungsbogen hält und nicht abflacht.

Das Geheimnis eines mitreißenden Ablaufs ist der Rhythmus. (1)

„Die Ordnung des
Szenariums als
Szenenfolge mit genau
festgelegten
Darstellungsabläufen
entsteht (...) unter dem
Regelanspruch von Zeit
und Rhythmus, der sich
an Gewicht und
Bedeutung der Szene, an
deren dynamischer
Intensität und an der
Aufeinanderfolge von
Personen orientiert. Das
alles im Hinblick auf
einen gespannten Verlauf
bis zur Scheitelhöhe." (1)

Einen mitreißenden, dynamischen Rhythmus erzeugen Sie durch
den Wechsel ...

▶ im Geschehen und in der Handlung,
▶ der Standorte und der Bewegung,
▶ in der Intensität des Spielgeschehens,
▶ des Tempos und der Zeitdauer,
▶ der auftretenden Personen.

Beachten Sie aber: Mit dem Spannungsbogen verhält es sich auch
wie mit einem Geigenbogen – wichtig ist, dass Sie ihn hin und
wieder lockern, damit er seine Spannkraft nicht verliert. Aus Zu-
schauersicht betrachtet, bedeutet das: Zur Dynamik und zum
‚Sich- mitreißen-lassen' gehört auch das Atemholen – und das sollten Sie dem Publikum unbedingt gönnen. Die Zuschauer/innen
brauchen hin und wieder den ‚Ruhepunkt', um sich neu zu orientieren und das Geschehene zu verarbeiten.

Bauen Sie also in Ihr Stück auch ...

▶ Pausen und Verzögerungen,
▶ Ruhemomente

als rhythmische Strukturelemente mit ein. Und: holen Sie sich Unterstützung durch den Einsatz von passender Musik *(siehe auch:
Wie setze ich eine Szene in Szene?, S. 262)*.

Ein Stück entwickeln

Beim ‚Szene bauen' sind Sie und die Gruppe gewissermaßen
voneinander abhängig. Ohne die Gruppe geht gar nichts, denn die
Entwicklungsarbeit braucht immer wieder Momente der praktischen Erprobung, um Ideen auf ihre Umsetzbarkeit zu überprüfen.
Das kann nur die Gruppe leisten. Aber auch ohne Sie geht es
nicht. Herbert Giffei misst der Rolle des Baumeisters als Führungs-
person eine große Bedeutung zu, weil die Gefahr besteht, dass die
Gruppe ohne Meister ins Diskutieren gerate statt ins Bauen (1).

Die anzustrebende Arbeitsbeziehung und Ihre (Meister-)Rolle darin beschreibt er so: *„Glücklich die Werkstatt, die über viele erfahrene Gesellen verfügt. Ob es soweit kommt, hängt vom pädagogischen Geschick des Meisters ab, der nicht autoritär verfügt, aber die Verantwortung für den kreativen Prozess nie aus der Hand gibt und die letzten Entscheidungen in Formfragen behält."* (1)

Wir teilen diese Auffassung, jedoch bedeutet das für uns nicht, dass Sie in der Werkstatt immer leibhaftig anwesend sein müssen. Vielmehr ist es wichtig, dass Sie Vorkehrungen treffen, die die gezielte Arbeit der Gruppe in der Werkstatt während Ihrer Abwesenheit unterstützen. Dazu gehören:

▶ die Festsetzung eines Rahmens (Zeit, Aufgabe),
▶ klare Anweisungen zum Vorgehen,
▶ evtl. das Verabreden von Verantwortlichkeiten.

(Weitere Anregungen in: Wie kann ich eine Gruppe unterstützen?, S. 243). Haben Sie hier gut vorgesorgt, dann können Sie Ihren Part wirklich auf die Prozessverantwortung und die letzten Formfragen beschränken.

Sieben Schritte zum fertigen Stück

Die folgenden sieben Planungsschritte können Sie gemeinsam mit der Gruppe durchführen. Es ist aber auch möglich, den Teilnehmenden die sieben Schritte als Handlungsanweisung mit in die Gruppenarbeit zu geben.

Um das Geschehen dann besser in der Hand zu halten, können Sie kurze Zwischenstopps einbauen, in denen die Gruppen ihre bisherigen Ergebnisse präsentieren, ihren Arbeitsprozess reflektieren und sich Unterstützung und Feedback holen können. Unsere Empfehlung: Stopp nach Schritt 2, Ergebnisse präsentieren und reflektieren, Schritt 3 im Plenum mit Feedback, Stopp nach Schritt 5, Ergebnisse aus 4 + 5 präsentieren und reflektieren, usw. *(Weitere Handlungsanweisungen für Gruppen in: Wie kann ich eine Gruppe unterstützen, eine Szene zu entwickeln?, S. 243 ff.).*

Wird ein fertiges Stück gewählt, um es zu inszenieren, müssen Spieler für Rollen gesucht werden, beim selbst gebauten Stück sucht man Rollen für Spieler.
(1)

Zunächst brauchen Sie aber einen Stoff, der sich für eine Szene oder ein Stück eignet. Neben literarischen, geschichtlichen oder musikalischen Vorlagen können Improvisationen, Erlebnisse, alltägliche Beobachtungen, Erinnerungen, Träume, Themen, Notizen aus Zeitungen usw. das Material sein, aus dem Szenen oder Stücke gebaut werden. Ein und derselbe Stoff bietet natürlich Möglichkeiten für die unterschiedlichsten Handlungsabläufe.

Standard-Themen (2)

▶ Liebe	▶ Macht	▶ Verlust
▶ Hunger	▶ Karriere	▶ Geschäft
▶ Laster	▶ Suche	▶ Sex
▶ Glück	▶ Dummheit	▶ Geld
▶ Krankheit	▶ Befreiung	▶ Kampf
▶ Eifersucht	▶ Arbeit	▶ Gefahr
▶ Unterdrückung	▶ Ehre	▶ Erfolg
▶ Tod	▶ Verbrechen	▶ Schuld

Um ein Stück daraus zu bauen, können Sie im Einzelnen so vorgehen:

Schritt 1: Den Stoff kennen lernen und kritisch befragen

Der Stoff wird vorgetragen. Alle hören mit großen Ohren:
▶ Welche Stellen in der Handlung faszinieren mich?

Sie können die Gruppe auch anleiten, aus verschiedenen Perspektiven zuzuhören, z.B.:
▶ Wo erinnert mich etwas an den Firmenalltag?
▶ Welche Bilder von Orten / Personen / Dingen entstehen während des Zuhörens?

Orientieren Sie die genauen Fragestellungen an dem Kontext, in dem das Stück entstehen soll.

Kritische Fragen an den Stoff

▶ Haben Sie genügend Distanz zum Stoff (Hemmungslos verliebt oder ausweglos verwoben erschweren ein gutes Spiel)?

▶ Besitzt Ihr Stoff neben Aktualität und Interessantheit auch den Geschmack des Rätsels, des Geheimnisses, der Ironie, der Leichtigkeit? Elektrizität?

▶ Können Sie sich Ihren Stoff auch unter anderen Verhältnissen und Umständen vorstellen? Bleibt er interessant?

▶ Ist im Stoff bereits Handlung angelegt, Aktion, oder erschöpft er sich vorwiegend im Atmosphärischen?

▶ Wie viele von den theatralischen Grundelementen (Machtkonflikt, Wissen/Nichtwissen, Veränderung, Held, Figuren) sind schon vorhanden?

▶ Sind Kontraste zu sehen? Oder etwa zu viele Kontraste?

▶ Ist der Stoff allgemein bekannt bzw. leicht verständlich?
(nach (2))

Schritt 2: Den Höhepunkt planen

Nicht der Anfang, sondern der Höhepunkt eines Stückes ist das Fundament. Und deshalb ist es sinnvoll, wenn Sie auch hier mit der Arbeit beginnen:

▶ Initiieren Sie eine Ideensammlung: Auf welche Höhepunkte könnte das Stück zulaufen bzw. angelegt sein?

▶ Treffen Sie eine Wahl. Entscheiden Sie sich gemeinsam mit der Gruppe für das Highlight unter den Ideen. Damit die Wahl nicht zur Qual wird, können Sie einige Auswahlkriterien zu Hilfe nehmen, z.B.:
  • Welche Idee macht am meisten Lust, Spaß, Freude, Faszination?
  • Welche Idee ist so richtig stimmig und passt genau zum Thema, zur Situation, zum Unternehmen oder anderen

Aspekten aus dem Kontext, in dem das Stück entwickelt
werden soll?
- Welche Idee fällt aus dem Rahmen, ist besonders
außergewöhnlich?
- Welche Idee lässt sich einfach oder effektvoll oder
überhaupt umsetzen?

▶ Bauen Sie den Höhepunkt inhaltlich aus. Spinnen Sie Ideen zu
den Fragen:
- Was genau soll geschehen?
- Was könnte ein Überraschungseffekt sein?
- Welche Personen treffen aufeinander?

▶ Entwerfen Sie nun einen oder mehrere mögliche Abläufe für die
Kernszene.

Schritt 3: (Er-)Proben und experimentieren

Testen Sie durch improvisierendes Anspielen, ob Ihre Ablaufidee
die beabsichtigte Wirkung zeigt und mit den gegebenen Bedingungen umsetzbar ist. Sie können auch mehrere Einfälle ausprobieren,
um eine Entscheidungshilfe für die Auswahl zu erhalten. Oft entwickeln sich auch während des Experimentierens weitere Ideen
oder es entsteht Situationskomik, die später ein wertvoller Bestandteil des Stückes wird.

Schritt 4: Zündstellen einbauen

„Zündstellen" (1) sind Handlungen und Vorgänge, die unbedingt
notwendig sind, um auf den Höhepunkt bzw. den Schlussvorgang
hinzuführen. Ohne Zündstellen wird das Stück für das Publikum
nicht verständlich. Gehen Sie hier ähnlich vor wie in Schritt 2:

▶ Tragen Sie durch ein Brainstorming alle Ideen zusammen.
▶ Wählen Sie die besten aus.
▶ Arbeiten Sie die Zündstellen inhaltlich aus.
▶ Spielen Sie die Szenen an, um zu erproben, wie ein solcher
Vorgang auf der Bühne dargestellt werden könnte.

Schritt 5: Rollen fixieren

Nun geht es daran, über die Rollen nachzudenken und diese anschließend festzulegen.

▶ Welche Typen und Charaktere passen gut, welche sind sogar für
den Erfolg des Stückes erforderlich?
▶ Welche Typen und Charaktere ergänzen sich gut – bilden
vielleicht einen interessanten Gegensatz, der dem Stück zugute
kommt?
▶ Welche Rollen sind die Schlüsselrollen, die besonders viel
Aufmerksamkeit (und Talent) brauchen, welche sind
Nebenrollen?
▶ Wie können die Rollen ausgestaltet werden? Wodurch werden
sie interessant?
▶ Wer hat Lust / das Talent, welche Rolle zu übernehmen?

Koppeln Sie die Entscheidung über die Typen und Charaktere auf
jeden Fall mit der Frage, welche Personen zur Verfügung stehen.
Denn es bringt nichts, einen Charakter in ein Stück einzubinden,
wenn später niemand da ist, der die Rolle einigermaßen glaubwür-
dig spielen kann (oder möchte). Sind die Rollen verteilt, können
es sich die Darsteller durch drei einfache Fragen erleichtern, sich
mit ihren Rollen zu identifizieren:

1. Wer bin ich? (Rolle)
2. Wo bin ich? (Situation)
3. Was will ich? (Handlungsaufgabe)

Schritt 6: Rohbau errichten

Beginnen Sie nun mit dem dramaturgischen Rohbau des Stückes.
Wichtig ist, den zeitlichen Ablauf zu planen und einen Rhythmus
im Wechsel der Vorgänge (Intensität, Tempo, Zeitdauer, wechseln-
der Auftritt der Personen) zu finden.

▶ Starten Sie wieder am Höhepunkt. Wichtig ist Ihr geistiger
Standpunkt. Stellen Sie sich also geistig parallel zum
Höhepunkt auf *(s. Skizze unten)* und denken Sie von hier aus
über den Anfang nach.

Skizze nach Herbert Giffei (1)

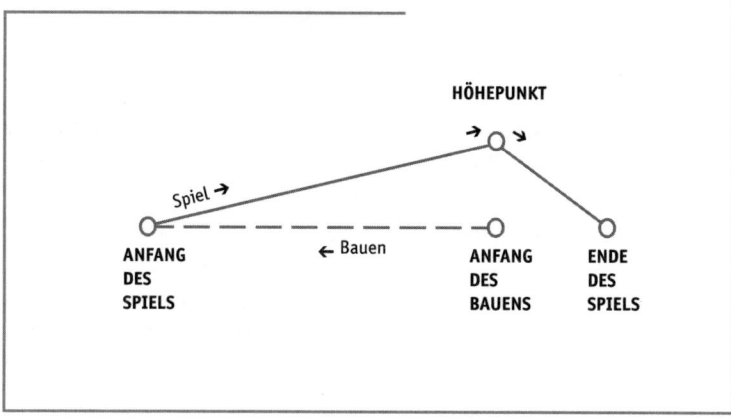

- ▶ Planen Sie von vornherein eine Zeitachse mit ein.
- ▶ Entwickeln Sie nun den Handlungsablauf oder die Szenenfolge bis zum Höhepunkt.
- ▶ Achten Sie auf einen abwechslungsreichen – und Spannung aufbauenden – Rhythmus. Vergessen Sie aber nicht die Pausen und Verzögerungen (s.o.).

Beachten Sie (2):

▶ Jede Handlung braucht eine Begründung. Was löst sie aus, welche Motive gibt es für Personen und Handlungen?

▶ Die Abwicklung ist deutlich und klar: nicht durcheinander, sondern nacheinander.

▶ Alle Handlungen stehen in Wechselbeziehungen zueinander. Es darf nichts aus dem Zusammenhang fallen.

Schritt 7: Stück fertigstellen

Jetzt steht das Szenarium, der Rohbau des Stückes. Das ‚Fleisch‘ kriegen Sie am besten dran, indem Sie die einzelnen Szenen nacheinander durch Improvisieren durcharbeiten. Dies kann gemeinsam im Plenum geschehen, Sie können aber auch verschiedene Szenen zur Bearbeitung in unterschiedliche Gruppen geben und anschließend präsentieren lassen. Da Sie sich immer noch im kreativen Prozess befinden, ist es nämlich noch nicht entscheidend, ob die Rollenbesetzung stimmt. Überlegen Sie auch, ob und an welchen Stellen Sie Musik einsetzen wollen. Ideal ist es, wenn Sie die Musik schon da haben und in die Improvisationen integrieren können *(siehe Musikliste, S. 306)*.

Durch das Experimentieren und anschließende Reflektieren (Paroli) bekommt das Stück sein Profil. Nun können die Proben beginnen *(siehe auch: Wie setze ich eine Szene in Szene?, S. 262)*.

Musik (Beispiele):
- Klassik, bearbeitete Klassik
- Tuschs und Fanfaren
- TV- und Filmmusik, Musical, Circus
- Populäres Internationales
- Deutsche Pop-Musik
- Instrumentales
- Meditationsmusik oder Naturgeräusche

(siehe auch: Liste Musiktitel, S. 306)

Und die Dialoge?

Sofern Sie nicht an einem pantomimischen Stück arbeiten, gehören zu einem fertigen Stück natürlich auch Dialoge. Machen Sie sich und den Teilnehmenden da bloß keinen Stress. Am besten entwickeln Sie die Dialoge spontan aus den Improvisationen.

Machen Sie sich und der Gruppe keinen Stress mit den Dialogen.

Das Problem ist natürlich, dass die Darsteller/innen häufig danach den genauen Wortlaut wieder vergessen haben. Abhilfe schaffen können Sie, indem Sie z.B. Beobachter bitten, während der Improvisationen auf Dialoge zu achten und besonders gelungene Schöpfungen schriftlich festzuhalten, damit sie nicht verloren gehen.

Das anschließende Bestehen auf diesen Dialogen ist jedoch ein Eiertanz: Denn es kann die Schauspieler auch völlig nervös machen und aus der Rolle bringen, wenn sie sich zu sehr auf genau die richtigen Wortlaute konzentrieren sollen. Häufig ist das kontraproduktiv und geht zu Lasten des Auftritts. Wir verzichten daher lieber auf zuviel Feinschliff und vertrauen auf die Intuition der Darsteller/innen, die ihre Rolle und damit auch den ungefähren Text kennen.

Manchmal allerdings ist es extrem wichtig, dass ein Satz in dem genau richtigen Wortlaut kommt, sonst geht der Witz verloren.

Vielleicht fragen Sie sich schon die ganze Zeit, wieviel Zeit Sie eigentlich veranschlagen sollen, um ein Stück zu bauen. Das ist wahrlich schwer zu beantworten. Es kommt nämlich, wie so oft, darauf an. Eine Kleingruppe kann theoretisch nach einer Stunde damit fertig sein (natürlich ohne die oben empfohlenen Zwischenstopps). Der Prozess kann aber auch auf ein Wochenende, ein 3-Tages-Seminar, eine Workshop-Woche oder, z.B. bei wöchentlichen Treffen, auf noch längere Zeit hin angelegt sein.

Wieviel Zeit brauchen Sie für die sieben Schritte? – Zwischen einer Stunde und drei Monaten ...

Die Größe und der Anspruch des Projekts bestimmt den Zeitplan. Vielleicht fragen Sie sich auch gerade, mit wem man kooperieren könnte, besonders bei größeren Projekten mit hohem Anspruch und ebenso hohem Aufwand. Professionelle Unterstützung holen können Sie sich bei Anbietern von Unternehmenstheater. Im Internet steht Ihnen eine PDF-Checkliste mit Tipps zur Verfügung, die Ihnen bei der Suche nach dem geeigneten Kooperationspartner Orientierung bieten. Der Link zum kostenfreien download lautet: *www.managerseminare.de/pdf/theater.pdf.*

Quellen:

(1) GIFFEI, Herbert in: Herbert Giffei, Herbert (Hrsg.), Theater machen. Otto Maier Verlag, Ravensburg.
(2) BATZ, Michael und SCHROTH, Horst: Theater grenzenlos, Rowohlt Taschenbuch Verlag GmbH, Reinbek.

Wie kann ich eine Gruppe unterstützen, selbstständig eine Szene zu entwickeln?

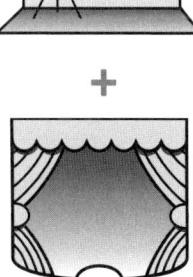

Wenn Sie Theaterelemente im Training einsetzen, kommen Sie irgendwann an den Punkt, an dem erste Spielszenen entwickelt werden sollen. Je nach Situation, räumlichen Bedingungen und Größe der Gruppe gibt es verschiedene Varianten, wie das geschehen kann *(siehe auch: Wie macht man eine Szene?, S. 229)*.

Haben Sie mit einer größeren Zahl Teilnehmender zu tun, empfehlen wir Ihnen, Teams zu bilden (ideal: 3 bis 6 Personen) und darauf zu vertrauen, dass diese die Aufgabe selbstständig bewältigen. Sie haben ohnehin keine andere Wahl, denn Sie können nicht in allen Gruppen gleichzeitig sein. Sie können aber schon im Vorfeld einige Maßnahmen ergreifen, die geeignet sind, die Kleingruppen vorzubereiten und bei der Szenenentwicklung zu unterstützen.

Dazu gehören:
▶ Die Nutzung und Förderung von Kreativität durch geeignete Übungen und Techniken,
▶ Eine klare und begrenzte Aufgabenstellung mit
  ▶ Zeitvorgabe,
  ▶ anregenden Vorgaben,
  ▶ Strukturierungshilfen.

Über diese Hilfen hinaus wird Ihre Aufgabe sein, sich unterstützend bereit zu halten und den Teams als Regisseur mit Rat und Tat zur Seite zu stehen.

Die Nutzung und Förderung von Kreativität

Für die Entwicklung von Szenen braucht eine Gruppe in erster Linie Ideen. Aus der Einfallsflut gilt es dann, das Beste auszuwählen und zu einer Szene zu verknüpfen bzw. zu ‚verspinnen'.

Wie komme ich auf Ideen?

Mancher Gruppenfrust könnte vermieden werden, wenn die Teilnehmenden um einige einfache Regeln und Techniken wüssten und diese auch beherzigen würden.

Wenn Ideenfindung und Szenenentwicklung in einer Gruppe scheitern, dann liegt es nach unserer Erfahrung meist weder am fehlenden Willen noch an mangelnder Kreativität der Einzelnen, sondern an der Unkenntnis darüber, wie diese Kreativität freigesetzt und genutzt werden kann und wie kreative Prozesse funktionieren. Mancher Gruppenfrust könnte vermieden werden, wenn die Teilnehmenden um einige einfache Regeln und Techniken wüssten und diese auch beherzigen würden.

Kreativitätsfördernde Grundfähigkeiten und -haltungen können analog zu vier unterschiedlichen gesellschaftlichen Rollen beschrieben werden:

▶ Die Neugierde und die analytischen Fähigkeiten eines Forschers.
▶ Die schöpferische, verbindende Kraft einer Künstlerin.
▶ Die Schaden abwendende Entscheidungsweisheit einer Richterin.
▶ Die Handlungskompetenz und Durchsetzungskraft eines Kriegers. (1)

Kreative Arbeitstechniken (s.u.) sind Werkzeuge zur Freisetzung und Nutzung von Kreativität. Sie unterliegen klaren Regeln und bewirken ein schnelles, konzentriertes und strukturiertes Arbeiten an der Sache. Denkblockaden werden umgangen und eine konstruktive Ideendynamik in der Gruppe in Gang gesetzt. Mehr noch: Kreative Vorgehensweisen haben weitere entscheidende Vorteile, auf die Sie nicht verzichten sollten:

▶ Ressourcen werden optimal genutzt, denn das kreative Potenzial jeder am Prozess beteiligten Person wird abgerufen.

▶ Alle sind gleichermaßen gefordert und werden zum Mit- und Weiterdenken motiviert (Wirkung: Große Identifikation mit dem Ergebnis und Wille zur Umsetzung).

▶ Gedankliche Grenzen werden gesprengt, das Unterbewusstsein wird aktiviert und arbeitet mit (Wirkung: Neue, außergewöhnliche Ideen und Lösungen entstehen, Überraschungen sind möglich).

Deshalb unser Tipp: Sprechen Sie das Thema Kreativität auf jeden Fall an – natürlich im angemessenen Rahmen.

Das kann z.B. in Form eines kleinen, vorangestellten Kreativitätstrainings geschehen, sofern für die Entwicklungsarbeit ein längerer Zeitrahmen vorgesehen ist. In ganz schnellen Prozessen reicht eine kurze Information oder das Aufgreifen des Themas in einer schriftlichen Handlungsanweisung.

Freie Fahrt im Kopf ... bei der Szenenentwicklung

Wichtiges, häufig verlerntes Element kreativen Denkens ist die Fähigkeit, im Kopf ‚loszulassen' und Gedanken schnell und einfach kommen und fließen zu lassen. Ein Merkmal ist der flexible Charakter: das ‚Fahren gegen die gedankliche Einbahnstraße', der sprunghafte Wechsel bzw. das ausufernde, freie, (scheinbar!) nicht an das Thema gebundene Hin- und Herspringen der Ideen.

Wenn Ihnen zum Beispiel zum Thema ‚Unsere Unternehmenskultur' spontan das Wort ‚Eisbär' einfällt, hat das wahrscheinlich auf den ersten Blick nichts miteinander zu tun. Es gibt aber eine Verbindung – ihr Unterbewusstes kennt sie und es lohnt sich, diese zu suchen, denn hinter diesen ‚Schrottideen' verbergen sich oft die besten, weil brauchbarsten und originellsten Einfälle *(wie Sie selbst Schrottideen umnutzen, erfahren Sie auf Seite 249)*.

Im Ideenfindungsprozess kommen solche Einfälle leider häufig nicht zum Zuge: Entweder sie werden gar nicht erst ausgespro-

Kreatives Vorgehen

... sorgt für ein schnelles, konzentriertes, strukturiertes Arbeiten an der Sache.

... umgeht Denkblockaden.

... setzt eine konstruktive Ideendynamik in Gang.

... nutzt Ressourcen optimal.

... motiviert zum Mitdenken.

... fördert die Identifikation mit dem Ergebnis.

... fördert den Willen zur Umsetzung.

... sprengt gedankliche Grenzen.

... macht überraschende Ideen möglich.

chen, weil schon vorher gedanklich aussortiert – oder aber Sie werden spätestens durch die Gruppe fallen gelassen.

Daher sind für die Förderung von Kreativität und ihre Nutzung für die Szenenentwicklung vier Dinge besonders wichtig:

1. Das Kennenlernen und Einüben der sieben goldenen Regeln im Umgang mit sich selbst und in der Gruppe.
2. Das Training von assoziativem, flüssigem und flexiblem Denken.
3. Das Einüben der Weiterentwicklung von ‚Gedankenschrott'.
4. Der Einsatz von kreativen Techniken bei der Ideenproduktion und Szenenentwicklung.

Sieben goldene Regeln für Kreative

Ob im Training zum kreativen Denken oder in der Ideenfindungsphase einer Szenenentwicklung – ob allein oder in einer Gruppe: Gehen Sie auf jeden Fall auf der Basis der nachfolgenden Regeln vor. Denn sie erleichtern den kreativen Prozess bzw. machen ihn erst möglich.

▶ **Regel 1:**
Entwickeln Sie so viele Ideen wie möglich.
Um aus dem Vollen zu schöpfen und eine möglichst große Bandbreite zu gewinnen, müssen ganz viele Einfälle auf den Tisch. Quantität geht hierbei vor Qualität. Natürlich wird dabei auch eine Menge geistiger ‚Abfall' produziert. Das macht jedoch gar nichts, im Gegenteil, es gehört einfach dazu. Wegwerfen können Sie später immer noch. Und: ‚Viel Abfall bringt viel Humus' – und dieser bildet einen guten Nährboden für die ‚geistigen Früchte'.

▶ **Regel 2:**
Jede Idee ist erlaubt.
Kein Einfall ist zu banal, zu verrückt, zu blöd, zu weit weg, zu einfach, zu schwierig usw. Sortieren Sie nicht verfrüht aus, auch nicht im eigenen Kopf! Es wäre schade, denn vielleicht wäre gerade diese Idee der Auslöser für einen zündenden Geistesblitz gewesen.

▶ **Regel 3:**
Killerphrasen und Kritik sind strengstens verboten.
Denn sie hemmen sofort den Ideenfluss. Der Faden reißt ab, weil Gefühle von Ärger, Kränkung oder sogar Beschämung nach vorne drängen. Die Stimmung leidet, die kritisierte Person bekommt Stress und schottet ab – Denkblockaden entstehen und machen ein kreatives Arbeiten unmöglich.

▶ **Regel 4:**
Einfälle zügig sammeln, nicht zerreden.
Auch das verfrühte Diskutieren von Ideen behindert ein flüssiges Brainstorming. Günstiger ist es, zunächst einfach nur zu sammeln und sogar Verständnisfragen für später aufzuheben.

▶ **Regel 5:**
Es gibt kein geistiges Eigentum.
Alle dürfen alle Ideen aufgreifen und weiterentwickeln. Niemand kann eine Idee für sich in Beschlag nehmen und sagen: *„Das ist meine Idee und die bleibt auch so."*

▶ **Regel 6:**
Trennen Sie die Ideensuche von der Ideenbewertung.
Arbeiten Sie unbedingt in sauber voneinander abgegrenzten Phasen. Es macht Sinn, dazwischen eine Pause zu machen. Auch ein Orts- und damit Perspektivwechsel kann sich förderlich auswirken.

▶ **Regel 7:**
Halten Sie den formalen Rahmen ein.
Vielfach wird Kreativität mit Freiheit, Spiel bis hin zu Chaos verbunden. Und – es hat ja auch viel davon. Diese Freiheit und Losgelöstheit der Gedanken, die eine konstruktive Ideendynamik in Gang setzt und ungewöhnliche Lösungen möglich macht, funktioniert jedoch nur dann, wenn gleichzeitig Strukturen verabredet und eingehalten werden. Dazu gehören insbesondere:

▶ Die Einhaltung der sieben Regeln.
▶ Die Planung und das Durchlaufen der Phasen (z.B. Ideenfindung, Ideenbewertung, Auswahl, Bearbeitung und Weiterentwicklung, Überprüfung, Umsetzung).

Sieben goldene Regeln

... für Kreative:

▶ Entwickeln Sie so viele Ideen wie möglich.

▶ Jede Idee ist erlaubt.

▶ Killerphrasen und Kritik sind strengstens verboten.

▶ Einfälle zügig sammeln, nicht zerreden.

▶ Es gibt kein geistiges Eigentum.

▶ Trennen Sie die Ideensuche von der Ideenbewertung.

▶ Halten Sie den formalen Rahmen ein.

Wie trainiere ich kreatives Denken?

Es gibt unzählige Möglichkeiten, kreatives Denken zu trainieren. Hierzu sei auf die zu diesem Thema umfangreiche Literatur hingewiesen *(S. 293)*. Im Seminar ist es durch einige einfache und wirkungsvolle Übungen, Spiele und Denkstrategien möglich, die Teilnehmenden für kreatives Denken zu sensibilisieren und es einzuüben.

Das Loslassen der Gedanken ist vor allem an den Merkmalen *Flexibilität* und *Flüssigkeit* trainierbar. Beispielhaft stellen wir Ihnen zu jedem dieser Merkmale je eine ganz einfache Übung vor.

Flexibilität – Gemeinsamkeiten finden

▶ Bilden Sie Kleingruppen à 2 bis 6 Personen.

▶ Nennt Sie zwei Begriffe, die auf den ersten Blick wenig miteinander zu tun haben, z.B.: das englische Königshaus und belgische Pommes frites.

▶ Die Gruppen haben die Aufgabe, innerhalb einer vorgegebenen Zeit (5'-15') möglichst viele Gemeinsamkeiten herauszufinden und zu notieren.

▶ Anschließend werden die Gruppenergebnisse präsentiert.

ACHTUNG! Ausgeschlossen sind Verneinungen, z.B. beide sind KEINE Katze.

Flüssigkeit – Tempo 30

▶ Weisen Sie die Gruppe zunächst darauf hin, dass konsequent ALLE Einfälle aufgeschrieben werden sollen, die den Teilnehmenden in den Kopf kommen, egal, ob sie zum Thema passen oder nicht.

▶ Nennen Sie der Gruppe ein Thema.

▶ Alle schreiben möglichst flüssig alle Einfälle auf.

▶ Brechen Sie nach einer Minute ab. Jede/r zählt seine Ideen.

▶ Wiederholen Sie die Übung mit einem neuen Thema.

▶ Vergleichen Sie die Zahl der gefundenen Ideen mit dem ersten Mal – es werden garantiert mehr sein.

Ziel der Übung bei täglicher Anwendung: 30 Einfälle in einer Minute.

Übungen

Für das Training von Flexibilität und Flüssigkeit:

▶ **Gemeinsamkeiten finden**
Kleingruppen à 2-6 Personen haben die Aufgabe, innerhalb einer vorgegebenen Zeit (5'-15') möglichst viele Gemeinsamkeiten zwischen zwei Begriffen herauszufinden.

▶ **Tempo 30** (2)
Ein Thema wählen. Möglichst flüssig alle Assoziationen zu dem Thema aufschreiben. Ziel: 30 Einfälle pro Minute.

Wie verwandle ich ‚Gedankenschrott' in ‚Goldideen'?

Haben die Teilnehmenden durch Assoziationsübungen oder Spiele das Loslassen der Gedanken eingeübt, kommt von nun an in den Brainstormings eine Menge (scheinbarer!) ‚Gedankenschrott' zusammen. Es werden also Einfälle produziert, die auf den ersten Blick überhaupt nichts mit dem Thema zu tun haben. Gut so, denn dieser ‚Gedankenschrott' birgt häufig die besten Ideen, aus ihm lässt sich am meisten machen – jedoch wie? Ohne Hilfe gelingt es einer ungeübten Gruppe meist nicht, ihre Schrott-Ideen auf das Thema zu übertragen und in ‚Goldideen' zu verwandeln. Eine wunderbare Technik dazu ist das *„Umnutzen"* (2):

Die folgende Tabelle dient als Hilfskonstruktion. Rechts oben wird das Thema eingetragen, links in die Spalten die Schrottideen (pro Zeile eine Idee). Beginnen Sie mit der Idee in der ersten Zeile. Suchen Sie irgendeine beliebige Verbindung zwischen der Schrottidee und dem Thema und tragen Sie diese als Hilfsaufhänger in die mittlere Spalte ein. Nun beziehen Sie ihren verbindenden Hilfsaufhänger auf das Thema und entwickeln daraus eine (oder mehrere) konkrete Idee(n). Fahren Sie mit den weiteren Schrottideen nach dem selben Muster fort usw.

Die Tabelle eignet sich hervorragend, um den Umgang mit den Schrottideen vorzustellen und einzuüben. Später spielt sich die Sache im Kopf ab.

Umnutzen

Schrott-Idee	Hilfs-Aufhänger	Thema (Ideen für eine Szene: „Unsere Unternehmenskultur")
Alter Rosenstock	Duft	Führungskräfte/ Mitarbeiter setzen Duftmarken …, Abteilungen anhand von verschiedenen Düften vorstellen …
Eisbär	Eis, Kälte, polares Klima	Dinge präsentieren, die im Unternehmen auf Eis gelegt sind …, Wer oder was soll auftauen / aufgetaut werden? …, Ort der Szene: Polarkreis …
Ihre Schrott-Idee: …………………	Ihr Hilfsaufhänger: …………………	Ihre konkrete Idee: …………………

Welche weiteren Techniken nutzen der Gruppe zum Ideenproduzieren und Szenenentwickeln?

Um Arbeitsgruppen bei der Ideenproduktion und Szenenentwicklung zu unterstützen, können Sie ihr zum Vorgehen weitere wirksame und einfach nachvollziehbare Techniken an die Hand geben. Im Folgenden werden einige schnelle, animierende Methoden, die sich gegenseitig ergänzen können, beispielhaft näher beschrieben:

1. Das Mose-Brainstorming

Diese einfache Brainstorming-Technik (2) eignet sich wegen der vorgegebenen Kategorisierung sehr gut für die erste Ideenfindung bei der Szenenentwicklung.

Brainstorming-Struktur

M	O	S	E

Den Teilnehmenden einer Kleingruppe wird je ein Bogen mit nebenstehender Tabelle ausgehändigt. Je eine Minute lang werden in den vier Spalten alle Einfälle zum Thema, unter der Berücksichtigung der jeweiligen Rubrik (Mensch – Ort – Sache – Ereignis) notiert. Wichtig: Die Spalten dienen als Hilfe, als Kategorisierung, sollen aber nicht zum Zwang werden. Gehen Sie also auch hier nicht dogmatisch vor. Wenn Ihnen in der Spalte Mensch z.B. das Wort ‚Vernissage‘ (= Ereignis) einfällt, dann bremsen Sie sich nicht. Schreiben Sie das Wort einfach hin und machen Sie weiter.

Anschließend wählt jede Person aus ihren Spalten ein bis drei der pfiffigsten Ideen aus und überträgt sie auf Karten oder Klebezettel (pro Karte eine Idee).

Leiten Sie die Gruppe an, dass Sie dabei:
- nicht zuviele Ideen auswählt. Mut zur Lücke. Richtzahl: 12 bis 20 Einfälle.
- darauf achtet, dass jede/r Teilnehmer/in der Kleingruppe Ideen beisteuert.

Nun können die Einfälle zusammengefügt, sortiert, miteinander kombiniert und weiter entwickelt werden. Wichtig ist, dass auch die weiterführenden Ideen und Kombinationen sofort visualisiert werden. Denn der Blick auf bereits Produziertes regt noch einmal neu an, Umsortierungen und vielfältige Kombinationen werden möglich. So entstehen Verbindungen und Verknüpfungen, die sich nach und nach zu einer Szene zusammenfügen.

2. Die Walt-Disney-Methode

Von Walt Disney, dem berühmten Figurenerfinder, Erzähler und Filmemacher, heißt es, er habe sein Team jeden Tag aufs Neue überrascht. Denn niemand wusste genau, in welcher Rolle er heute zur Tür hereinkommen würde. Es gab Tage, da sprühte er vor Ideen, jeden Einfall sog er auf, setzte noch einen drauf, alle Verrücktheiten waren willkommen. Am nächsten Tag konnte er unerbittlich kritisch sein, alles peinlichst genau unter die Lupe nehmen, jede Idee prüfen, bewerten, gutheißen oder verwerfen. An anderen Tagen wiederum kam er mit hochgekrempelten Ärmeln, bereit und motiviert loszulegen, zur Tat zu schreiten, die Sache anzupacken und umzusetzen.

Von drei unterschiedlichen Vorgängen und Rollen im kreativen Prozess ist hier die Rede, die Walt Disney offensichtlich einzunehmen und, was noch wichtiger ist, voneinander zu trennen verstand:

▶ Der Träumer (oder Spinner, Visionär).
▶ Der Denker (oder Kritiker, Konzeptionist).
▶ Der Macher (oder Handelnder, Produzent).

Leiten Sie die Gruppe oder Kleingruppen an, diese Rollenwechsel für die Szenenentwicklung nachzuvollziehen. Die große Chance dieses Vorgehens liegt in der strikten Trennung der Rollen und ihrer Aufgaben. Förderlich für den kreativen Prozess ist es, die unterschiedlichen Perspektiven durch einen Ortswechsel und/oder durch die Verwendung von Symbolen zu unterstützen.

Leitfragen für den *Träumer*:
▶ Was wäre möglich?
▶ Was wäre wenn?
▶ Welche Ideen gibt es zum Thema X ?

Rollenwechsel

à la Walt Disney:

▶ Als Träumer hemmungslos und wild drauflos Ideen spinnen – Brainstorming.

▶ Als Denker, Kritiker Schaden abwenden – Ideen prüfen und bewerten, konzipieren.

▶ Als Produzent handeln und zu Potte kommen – Vorhaben konkretisieren, Schritte festlegen, umsetzen.

Leitfragen für den *Denker / Kritiker*:
- ▶ Was steckt dahinter?
- ▶ Was ist brauchbar?
- ▶ Was könnte verändert / verbessert / verknüpft werden?
- ▶ Wie konzipieren wir den Ablauf?

Leitfragen für den *Macher*:
- ▶ Was muss getan werden?
- ▶ Was wird gebraucht?
- ▶ Wer macht was (ausprobieren und in die Tat umsetzen)?

Gerade wenn es um eine Szenenentwicklung geht, ist es sinnvoll, auch zwischen den Rollen hin und her zu hüpfen, besonders zwischen dem Denker und dem Produzenten. Denn was im Kopf z.B. witzig wirkt, kann in der praktischen Umsetzung überraschend langweilen und umgekehrt – und so lebt die Entstehung einer Szene eben durch Ausprobieren.

Walt-Disney-Regieanweisung

... für eine Kleingruppe zur Szenenentwicklung:

1. Notieren Sie Ihr Thema auf dem Flipchart oder einem Plakat und platzieren Sie es so im Raum, dass alle es immer vor Augen haben.

2. Wählen Sie sich je ein Symbol für die Rollen des Träumers, des Denkers und des Machers.

3. Platzieren Sie die Symbole an drei verschiedenen Stellen des Raums.

4. Gehen Sie nun nacheinander diese drei Orte ab:

   ▶ *Träumer:*
   Spinnen Sie hemmungslos und wild drauf los. Notieren Sie jede Idee. Achten Sie auf die sieben goldenen Regeln. (10')

   ▶ *Denker / Kritiker:*
   Prüfen und bewerten Sie Ihre Ideen. Wählen Sie die besten aus und entwickeln Sie sie weiter. Konzipieren / skizzieren Sie einen Ablauf. Beachten Sie: Es geht nicht darum abzuwerten, sondern Schaden abzuwenden. (20')

   ▶ *Macher:*
   Kommen Sie zu Potte. Bringen Sie Ihren Szenenentwurf in Form. Klären Sie die Zuständigkeiten. Probieren Sie aus, setzen Sie um. (20')

3. Die Osborn-Checkliste

Die Osborn-Checkliste nach Alexander Osborn ist eine Kreativitäts-
technik, die z.B. gut für die Findung von Namen, neuen Produkten
(z.B. die Entwicklung eines Flyers) oder im kontinuierlichen Ver-
besserungsprozess (KVP) geeignet ist. Für die Szenenentwicklung
ist sie interessant, weil Sie diese als Hilfsmittel zum Brainstorming
nutzen und die Gedanken in die unterschiedlichsten Richtungen
treiben können.

Zum Vorgehen: Ein Thema oder eine schon vorhandene Grundidee
wird mit Hilfe manipulativer Verben befragt. Dabei entsteht eine
Ideenflut mit einer Vielzahl von sehr originellen Einfällen, die es
dann durch gezielte Auswahl wieder einzudämmen gilt.

Für die (Weiter-)Entwicklung von Ideen für Theaterszenen suchen
Sie sich aus den von Osborn vorgegebenen manipulativen Verben
die für Ihr Thema passenden heraus oder erfinden neue dazu.

Beispiel
Eine Gruppe (Trainerinnen und Trainer) möchte eine Theaterszene
entwickeln mit dem Titel *„Kundenakquise 2022"* und sammelt mit
Hilfe einer (leicht angepassten) Osborn-Checkliste Ideen:

▶ **Was ist ähnlich?**
Jagd; Schmetterlingsfang; Aktienspekulationen; Geldfälscherwerk-
statt; Schmuckverkauf; Perlenfischerei; ...

▶ **Welche anderen Anwendungsmöglichkeiten?**
Kontaktforum; Statussymbol; Geburtstagsgeschenk; Druckmittel;
...

▶ **Anpassen?**
Volkszählung; Steuereintreibung; Werbeaktionen der Bundeswehr;
Der König und der Bettler; ...

▶ **Übertreiben?**
Jahr der Akquise ausrufen; zu jeder Akquise gehört ein Gratis-
Workshop; Akquisetätigkeit wird in Rechnung gestellt; Akquiselob-
by aufbauen, an der kein Politiker vorbeikommt; sich marktschrei-

erisch anbieten; sich meistbietend verkaufen; Leistungen versteigern; ...

▶ Ersetzen? Versetzen?

Banküberfall; Große Erbschaft; Lottogewinn; am ,Guruprofil' feilen; an andere Orte setzen, z.B. Mond, Bundeswehr, unter Tieren, im Märchen, ...; in andere Zeiten setzen, z.B. im Mittelalter, in der Zukunft, in der Steinzeit; ...

▶ Ins Gegenteil verkehren?

Kunden akquirieren Trainer; Ziel: möglichst wenig Kunden, möglichst zahlungsunwillige Kunden; Kunden präsentieren Trainern, warum sie genau die Richtigen sind; jeder reißt sich drum, sich akquirieren zu lassen, es gehört zum guten Ton; ...

▶ Verfremden?

Akquirierte Kunden akquirieren neue Kunden; Akquise in Zeitlupe / Zeitraffer; das Produkt akquirieren lassen; Tierwelt; ...

▶ Kombinieren?

Akquise verbinden mit Einladungen, Ausflügen, Preisverleihungen, Jubiläen, Sportfesten, ...

Die Osborn-Checkliste

▶ Was ist ähnlich?
Gleiche Funktion? Ähnliches Aussehen? Ähnliches Material? Welche Parallelen lassen sich ziehen? ...

▶ Welche anderen Anwendungsmöglichkeiten?
Neue Anwendungsmöglichkeiten? Für andere Personen? Andere Anwendungsmöglichkeiten durch Veränderung des Objektes? ...

▶ Anpassen?
Wem ähnelt es? Welche anderen Ideen suggeriert es? Gibt es in der Vergangenheit Parallelbeispiele? Was könnte man davon übernehmen? Was könnte man zum Vorbild nehmen? ...

▶ Verändern?
Ihm eine neue Form geben? Den Zweck verändern? Die Farbe, die Bewegung, den Ton, den Geruch, das Aussehen ändern? Sind andere Änderungen denkbar? ...

Die Osborn-Checkliste (Fortsetzung)

▶ Vergrößern?
Was kann man hinzufügen? Soll man mehr Zeit darauf verwenden? Die
Frequenz erhöhen? Es widerstandsfähiger machen? Größer? Länger?
Schwerer? Dicker? Ihm einen zusätzlichen Wert geben? Die Anzahl der
Bestandteile vergrößern? Es verdoppeln? Vervielfachen? Es übertreiben?
Teurer machen? ...

▶ Verkleinern?
Was ist daran entbehrlich? Kann man es kleiner machen? Kompakter? En
miniature? Niedriger? Kürzer? Flacher? Aerodynamischer? Leichter? Kann
man es in Einzelteile zerlegen? ...

▶ Ersetzen?
Wen oder was könnte man an seine Stelle setzen? Welche anderen Bestandteile sind möglich? Welche anderen Materialien, Herstellungspro-
zesse, Energiequellen, Standorte? Welche anderen Lösungsmöglichkei-
ten? Welchen anderen Ton? ...

▶ Umformen?
Die Bestandteile neu gruppieren? Neue Modelle entwickeln? Die Reihenfolge verändern? Ursache und Wirkung vertauschen? Die Geschwindig-
keit ändern? ...

▶ Ins Gegenteil verkehren?
Das Positiv statt das Negativ nehmen? Das Gegenteil erreichen? Das un-
tere nach oben bringen? Die Rollen vertauschen? Die Position der Personen ändern? Die Reihenfolge des Ablaufes neu ordnen? ...

▶ Kombinieren?
Mit einer Mischung versuchen? Einen Verbund machen? Eine Auswahl?
Neu gruppieren? Mehrere Objekte zu einem verbinden? Mehrere Anwen-
dungsbereiche für einen? Mehr Ziele? Wenig Ziele? ...

Die Eingrenzung der Aufgabenstellung

Zeitvorgaben

Eines der einfachsten Mittel, der Gruppe die Aufgabenstellung einzugrenzen und so die Bewältigung zu erleichtern, ist die Zeitvorgabe. Gute Erfahrungen machen wir mit eher knapp bemessenen
Zeiten. Sie bringen die Gruppe zwar in Stress, führen aber auch
dazu, dass nicht endlos diskutiert, sondern Entscheidungen zügig
getroffen werden. Wenn das letzte Viertel der verabredeten Zeit
anbricht, ist ein guter Zeitpunkt, durch die Arbeitsgruppen zu gehen und den Stand der Dinge zu klären. Evtl. können Sie dann
auch noch Verlängerung geben.

Sie können Zeitvorgaben sehr allgemein auf das fertige Ergebnis
hin oder sehr detailliert auf jeden Arbeitsschritt hin formulieren.
Wir empfehlen: Je unerfahrener die Gruppe, desto genauer und detaillierter die Zeitvorgaben.

Anregende Vorgaben

Mit den anregenden Vorgaben können Sie der Kleingruppe einen
eingrenzenden Fokus geben, auf den sie ihre Ideen hin ausrichten
kann. Die Teams schweben dann nicht im luftleeren Raum, sondern die Gedanken bewegen sich zielgerichtet in einem klar abge-
steckten Feld. Das erleichtert die Szenenentwicklung ungemein,
besonders dann, wenn sie schnell gehen muss.

Anregende Vorgaben können sich auf unterschiedlichste Faktoren
beziehen und dürfen auch ruhig völlig verrückt sein, denn dann
wirken sie so richtig herausfordernd, motivierend und sehr kreati-
vitätsanregend.

Einige bewährte Beispiele aus unserer Praxis:

Ein **'Stichwort'**, z.B.:
▶ Ein Thema, z.B. 'Ihre Unternehmenskultur'.
▶ Ein Motto, eine Schlagzeile oder ein Sprichwort, z.B. 'Ist der Ruf erst ruiniert, lebt's sich gänzlich ungeniert'.
▶ Ein Ort, z.B. 'Auf der Chefetage'.
▶ Eine Situation, z.B. 'Im Mondschein'.
▶ ...

Das Stichwort bildet dann die Grundlage für die zu entwickelnde Szene – um es herum ranken sich die Ideen *(eine Liste mit Orten und Situationen finden Sie im Fundus, S. 310)*.

Ein **Foto**, das den Anfang oder das Ende der Szene markiert. Jede Kleingruppe bekommt ein Foto für ihre Vorbereitung. Sie können dann die auf dem Bild zu erkennende Situation (z.B. eine Beerdigung) oder aber schlicht die Körperhaltung der abgebildeten Personen zueinander zum Anfangs- oder Schlusspunkt der Szene machen. Achten Sie im zweiten Fall darauf, dass die Personenzahl auf dem Bild und die Mitgliederzahl der Kleingruppe übereinstimmen müssen.

Eigenschaften / Gegensätze, z.B.
▶ mutig – ängstlich
▶ großzügig – knauserig
▶ langsam – schnell
▶ klein – groß
▶ unzufrieden – zufrieden
▶ dumm – schlau
▶ schön – hässlich
▶ stark – schwach
▶ ...

Die Kleingruppen können sich die Gegensatzpaare aus einem verdeckten Stapel ziehen oder aber bewusst aussuchen, z.B. zu der Frage: *„Welche Gegensätze passen in unser Unternehmen / werden in unserem Unternehmen sichtbar?"* Das Spiel mit den Eigenschaften und Gegensätzen können Sie auch gut mit einer Ortsvorgabe kombinieren, z.B. 'An der Tankstelle' mit 'großzügig – geizig' ...

Eine **Kombination von Faktoren**, z.B.:

▶ Ort – Eigenschaft – Beruf – Gegenstand
▶ Genre – Ort – Titel – Bild
▶ ...

(Eine Genreliste finden Sie als Anregung im Fundus, S. 309)

Sie können auf folgende Weise vorgehen: Jede Person bekommt
vier Zettel (Zahl entsprechend der Faktoren) und schreibt auf jeden dieser Zettel einen Faktor auf. Dies kann ganz frei geschehen
oder aber an die Gegebenheiten des Auftraggebers angepasst werden. Auf diese Art und Weise kommen viele Orte, Eigenschaften,
Berufe und Gegenstände zusammen. Nun werden die Zettel innerhalb ihrer Kategorie gemischt und für jede Kleingruppe (2 bis 6
Personen) eine Kombination gezogen. Der Reiz des Verfahrens liegt
in der Zufälligkeit, es kommen die verrücktesten Variationen zustande. Gerade das aber ist für die Teilnehmenden die Herausforderung, die sie gewöhnlich gerne annehmen. In den Szenen, die nun
entstehen, müssen alle gezogenen Faktoren eine Rolle spielen –
wie, bleibt der Kleingruppe überlassen.

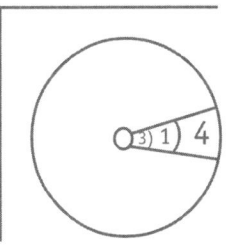

Zur (zufälligen) Kombination von Faktoren können Sie auch eine
Drehscheibe nutzen, bestehend aus drei unterschiedlich großen
Scheiben, die aufeinander gelegt und gedreht werden können.

Die Gruppe kann sich ihre anregenden Vorgaben natürlich auch
selbst erstellen – analog zum kleinen *Handlexikon für Theater in
Unternehmen (siehe auch: Fundus, S. 313)*.

Veranstalten Sie dazu im Vorfeld der Szenenentwicklung ein Brainstorming von A-Z und erstellen Sie gemeinsam ein möglichst fre-
ches ‚Kleines Handlexikon zu unserem Unternehmen' oder ‚Kleines
Handlexikon des erfolgreichen Verkaufsgesprächs', je nach Kontext, in dem die Szenen entwickelt werden sollen. Garantiert finden die Gruppen hier genügend Anregungen ...

Anweisungsszenarien als Strukturierungshilfen

Über die schon beschriebenen strukturierten Vorgehensweisen hinaus machen wir gute Erfahrungen mit detaillierten Anweisungsszenarien, die sich auch aus den weiter oben vorgestellten Methoden speisen können. Sie unterstützen die Gruppe, Schritt für Schritt zu agieren und dabei immer einen Plan zu haben.

Das folgende Beispiel zeigt Ihnen, wie ein Anleitungsszenarium aussehen kann. Geben Sie den Teams den Plan am besten schriftlich mit in die Gruppenarbeit.

Beispiel: Anweisung zur Szenenentwicklung

Thema:	Wie können wir mit Widerständen im Veränderungsprozess umgehen?
Ort:	Im Fitness-Center (beim Kieser-Training)
Genre:	Krimi
Vorgehen:	Sie haben eine Stunde Zeit! 1. Regisseur/in bestimmen 2. Brainstorming zur Botschaft ▶ Botschaft auswählen 3. Brainstorming zur Handlung / Szene ▶ Was könnte passieren? 4. Rollen verteilen, Kulisse festlegen 5. Proben, improvisieren ▶ einfach drauf zu ...!

Ebenfalls als eine Art Anweisungsszenarium können Sie das nebenstehende ‚Rad der Arbeitsfunktionen' nutzen. Das Rad ist eigentlich Bestandteil des TeamManagementSystem (TMS), ein psychosoziologisches Modell für Personal-, Team- und Organisationsentwicklung, das von Margerison und McCann entwickelt wurde.

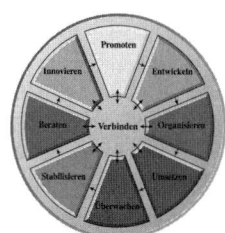

Sie können es aber problemlos abwandeln, gezielt für die Szenenentwicklung befragen und dann der Gruppe als ‚Ablaufgeländer' für ihr Vorgehen mitgeben.

Das Team Management Rad ist ein eingetragenes Warenzeichen (3)

Szenenentwicklung rund ums Rad

Schritt 2:
▶ Welche Ideen / Assoziationen fallen uns ein?
▶ Wie können wir übertreiben / verfremden / die Umgebung wechseln / ... ?
▶ ...

Schritt 3:
▶ Welche der bisherigen Ideen macht an / setzt Energien frei / ist überzeugend?
▶ Welche würde das Publikum / die anderen am ehesten entzücken?
▶ ...

Schritt 4:
▶ Auf welche Idee gehen wir zu?
▶ Wie entwickeln wir sie weiter? Wie konzipieren wir den Ablauf?
▶ Wie gestalten wir das ‚drumherum'?
▶ ...

Schritt 1:
▶ Was ist unser Thema?
▶ Welche Erlebnisse / Erfahrungen / Meinungen / welches Wissen gibt es dazu?
▶ Was denken die anderen dazu / unterschiedl. Abteilungen / die Chefetage / die Raumpflegerinnen / ...?
▶ ...

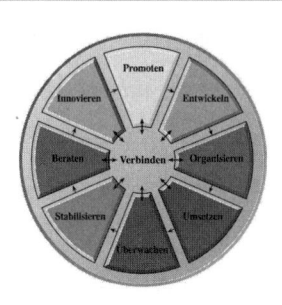

Schritt 5:
▶ Was ist zu tun / zu organisieren?
▶ Wer macht was? Wer übernimmt welche Rolle?
▶ Was sind die nächsten Schritte?
▶ ...

Schritt 8:
▶ Wie war die Zusammenarbeit?
▶ Was können wir für unser gutes Gruppen-Klima tun?
▶ Welche Rahmenbedingungen brauchen wir?
▶ ...

Schritt 7:
▶ Ist es das?
▶ Wo gibt es noch Dinge zu verbessern?
▶ ...

Schritt 6:
▶ Experimentieren, proben
▶ Aufgaben / Schritte erledigen
▶ ...

Zu guter Letzt: Hier sind Ihre Anweisungsszenarien zur Unterstützung von Gruppen bei der Szenenentwicklung.

a. Kleine Variante
Ist die Zeit knapp und nicht die Qualität, sondern der Inhalt wichtig, versorgen sie die Teams mit ...

▶ den sieben goldenen Regeln (visualisiert),
▶ einer Brainstorming-Technik, z.B. den MOSE-Bögen,
▶ einer knappen (mündlichen) Handlungsanweisung mit Zeitvorgabe.

b. Große Variante
Ist die Zeit großzügig bemessen und geht es um etwas Größeres, dann ...

▶ führen Sie vorab Übungen und Spiele zum kreativen Denken durch,
▶ präsentieren Sie die Technik des Umnutzens,
▶ erläutern Sie die sieben goldenen Regeln,
▶ geben Sie der Gruppe ...
  • Brainstorming-Methoden,
  • Umnutztabellen,
  • Techniken (evtl. auch zur Auswahl),
▶ verteilen Sie ein ausführliches Anweisungsszenarium mit Zeitvorgaben.

Quellen:

(1) VON OECH, Roger: Der kreative Kick. Junfermann Verlag, Paderborn.
(2) nach THOMAS, Carmen.
(3) TeamManagement Rad nach MARGERISON und MCCANN.

Szene drei

Wie setze ich eine Szene in Szene?

Eine Szene in Szene setzen ist so etwas wie eine Verkaufssituation. Denn um genau das geht es: Dem Publikum muss die Geschichte schmackhaft gemacht, verkauft werden. Und zwar nach allen Regeln der Kunst und genau so, wie es gewiefte Verkäufer tun:

▶ Tusch und Brimborium und ‚viel Lärm um nichts' machen ...
▶ Mit allergrößter Selbstverständlichkeit die alltäglichsten Dinge als etwas Neues oder Ungewöhnliches präsentieren ...
▶ Kurz: Mit möglichst wenig Aufwand den größtmöglichen Eindruck hinterlassen ...

Einfachste Mittel reichen im Prinzip aus, je einfacher, desto genialer und prägnanter.

Aber das ist noch nicht alles. Die folgende Zusammenstellung ist eine Mischung aus Ideen, Gedanken, Erfahrungen und Einblicken in die Mittel der Inszenierung. Jedoch ist Bescheidenheit angesagt: Denn beim ‚In-Szene-setzen' sind der Fantasie und Kreativität wenig Grenzen gesetzt. Und so ahnen wir noch gar nicht, was sich kreative Regisseure oder geniale Trainer in Zukunft noch alles ausdenken werden.

Holen Sie sich also in diesem Kapitel einige (auf unseren Horizont beschränkte) Gedankenanstöße und Tipps, die Sie bei der Inszenierung unterstützen.

Anfang und Schluss

Ob ein Theaterstück, eine kleine (Einzel-)Szene oder eine theatralische Präsentation – alle brauchen sie einen klaren Beginn. Er dient nicht nur der Eröffnung des Geschehens, sondern auch der Einleitung des Rollenwechsels: Schauspieler sind nicht mehr Privatpersonen, sondern Darsteller; Zuschauer werden zum Publikum.

Widmen Sie Anfang und Schluss die Aufmerksamkeit, die ihnen gebührt.

Doch der Beginn hat noch eine weitere wichtige Funktion: Ein guter Anfang bricht das Eis. Er holt die Zuschauer aus dem Alltag und öffnet sie für das Geschehen auf der Bühne. Er sichert Ihnen Aufmerksamkeit und Wohlwollen und entscheidet sowohl für die Darsteller, als auch für das Publikum ganz wesentlich mit darüber, wie das Stück sich weiter entwickelt.

Ein guter Schluss rundet die Sache ab und entlässt die Zuschauer sanft in die Realität. Er bestimmt mit, wie die Darstellung im Gedächtnis bleibt und wie anschließend darüber geredet wird. Unterschätzen Sie daher nicht die Wirkung dieser beiden Komponenten, sondern widmen Sie ihnen die Aufmerksamkeit, die ihnen gebührt. Gerade am Ende ist in vielen von Nicht-Profis gezeigten Szenen plötzlich die Luft raus, so als hätte dafür eine gute Idee oder die ‚Liebe zum Gegenstand' nicht mehr gereicht. Das ist schade, kann es doch den Eindruck der gesamten Darbietung überschatten.

Ideen, um den **Anfang** in Szene zu setzen:
▶ Ein Überraschungseffekt, z.B. eine Panne gleich zu Beginn (der Vorhang geht nicht auf …)
▶ Musik und ein langsam durch Licht veränderndes Bühnenbild
▶ Eine humorvolle Ansage / Anmoderation
▶ Putzfrauen, die Bühne und Bühnenraum säubern und sich über das Stück unterhalten
▶ Eine humorvolle oder interessante Vorstellung der darstellenden Personen
▶ Eine Stimme / ein Gespräch aus dem Off

Ideen, um den **Schluss** in Szene zu setzen:
▶ Ein (positiver) Überraschungseffekt
▶ Die unvergessliche Pointe, die das Publikum in Lachen auflöst
▶ Ein Denkanstoß (bitte nichts Moralisches!)
▶ Musikalischer Ausklang, Abdimmen des Lichtes, langsames Schließen des Vorhangs
▶ Inszenierung des Abgangs der Darsteller
▶ Eine zusammenfassende / überleitende / verabschiedende Abmoderation

Von A-Z:

Die Mittel des ‚In-Szene-setzens'

▶ Anfang und Schluss
▶ Akustische Untermalung
▶ Beleuchtung, Licht- und Farbeffekte
▶ Bühne und Bühnengestaltung
▶ Bühnengesetzmäßigkeiten
▶ Dramaturgische Mittel
▶ Kostüme, Maske, Requisiten
▶ Timing

Akustische Untermalung – Musik und Geräusche

Musik kann:

- ▶ Einstimmung bieten
- ▶ Eine Situation erzählen
- ▶ Überleitungen schaffen
- ▶ Spannung erzeugen, Stimmungen unterstreichen, Atmosphäre schaffen
- ▶ Geschehen begleiten und steuern

Natürlich ist Theater, sind auch Theaterszenen ohne Musik oder andere akustische Untermalung denkbar. Die Akustik, und besonders die Musik, ist jedoch ein zu starkes Mittel, um es nicht in Inszenierungsüberlegungen mit einzubeziehen. Sie kann die verschiedensten Funktionen haben, zum Beispiel:

Einstimmung bieten

Im optimalen Fall beginnt die Einstimmung des Publikums schon beim Einlass. Dazu eignet sich Musik sehr gut. Sie erleichtert den Zuschauenden den Übergang in die Theaterwelt, das Abschalten vom Alltag, damit sich das Publikum, wenn das Stück beginnt, direkt voll einlassen kann. Die Musik bewirkt, dass die Einzelnen im Vorfeld weitgehend auf einen ‚gemeinsamen Level' gebracht werden. Die Hektischen beruhigen sich, Erschöpfte spüren neue Lebensgeister und alle Anwesenden geraten gemeinsam in eine erwartungsvolle Haltung und beginnen ein Publikum als Ganzes zu werden. Den Schauspielern verschafft die Musik eine ‚ritualisierte Konzentrationsphase', die ihnen hilft, den Stress der Vorbereitungen zu vergessen und sich auf das nun folgende Geschehen einzustellen.

Eine Situation erzählen

Durch allgemein bekannte Musik können Sie eine bestimmte Situation zitieren: Sitzen z.B. zwei Personen auf einer Bank zur Musik „Yesterday" (The Beatles), weiß das Publikum sofort, dass die beiden sich entweder von früher kennen oder über alte Zeiten nachdenken. Wird der Hochzeitsmarsch gespielt, steht eine Hochzeit (oder Fusion) an – das ist auch dann klar, wenn Braut und Bräutigam noch nicht sichtbar sind. Es gibt bekannte Musikstücke, bei denen Sie davon ausgehen können, dass sie mit einiger Sicherheit eine bestimmte Assoziation oder Erinnerung wecken. Dazu gehören vor allem Filmmusiken (z.B. Titanic – Untergang; Spiel mir das

Lied vom Tod – Tod; Love Story – Liebe; Der Entertainer – schlaues Ganovenstück) und vereinzelt auch Pop-Musik (z.B. Es lebe der Sport – Fitness; Bruttosozialprodukt – Arbeit). Einige klassische Stücke sind zwar berühmt, aber schon nicht mehr ganz so eindeutig (z.B. Grieg – Morgenstimmung; Mozart – Kleine Nachtmusik). Halten Sie Augen und Ohren auf. Aktuelles kommt ständig nach.

Überleitungen schaffen

Musik kann z.B. als roter Faden zur nächsten Szene überleiten oder Umbauphasen begleiten. Machen Sie sich dabei den Wiedererkennungseffekt zu nutze. Wenn für die gleiche Situation das gleiche Musikstück gespielt wird, ist das Publikum immer orientiert, was gerade passiert. Die Musik ersetzt dann den Moderator, sie übernimmt seine Aufgabe, die Zuschauer zu informieren.

Spannung erzeugen, Stimmungen unterstreichen und Atmosphäre machen

Musik erzählt ihre eigenen Geschichten. Sie erleichtert den Schauspielern ihre Arbeit, weil sie die darzustellende Atmosphäre unterstützt. Auch wenn sich das Musikstück nicht auf eine bestimmte Situation beziehen lässt, vermittelt es eine grundlegende Stimmung. Zum Unterstreichen von z.B. einer feierlichen Atmosphäre, Traurigkeit, Freude, Ausgelassenheit, Angst – können Sie etliches auf dem Markt finden. Geeignet sind vor allem wieder Klassik und Filmmusiken *(Eine Musikliste finden Sie im Fundus, S. 306).*

Geschehen begleiten und steuern

Pantomimische oder clowneske Szenen lassen sich durch musikalische Untermalung enorm aufwerten. Sie dienen doppelt: Sie verstärken den Effekt, machen ihn manchmal sogar erst möglich, und sind den Schauspielern Signal und Rhythmus: Die Länge des Musikstücks oder die Zusammenstellung der Musik bestimmen und steuern das Geschehen in der Szene. Eine bestimmte Musik kann auch Erkennungsmelodie für den Auftritt einer bestimmten Person, für einen Gedanken oder eine Situation sein.

Auch Geräusche lassen sich in der Szenenarbeit gut einsetzen. Manchmal bilden erst sie den Schlüssel zum Verständnis von Situationen, mit ihnen können Sie Komik erzeugen, eine Pointe platzieren, Spannung auslösen. Geräusche aller Art bekommen Sie im Fachhandel auf speziellen CDs *(siehe Musikliste, S. 306)*.

Beleuchtung, Licht- und Farbeffekte

Man ist heute einiges gewohnt – die Erwartungen an professionelle Licht-Technik und -Effekte sind recht hoch. Und das Spiel mit Licht und Schatten erfordert auch einige Kenntnis und Erfahrung. Und schon müssen wir passen, denn wir sind keine Expertinnen für Bühnen-Beleuchtung! Die Lichttechnik war außerhalb der professionellen Bühnen immer ein kritischer Punkt, denn sie ist eine Frage des Budgets und der Möglichkeiten. Eine gute Ausstattung ist teuer, muss für die in diesem Buch besprochenen Zwecke flexibel und transportabel sein und muss gelagert werden können. Und die schönsten Farb- und Lichteffekte wirken nicht, wenn der Raum nicht verdunkelt werden kann. Spots oder Scheinwerfer können im hellen Raum allenfalls die Bühnenatmosphäre unterstützen, sie können aber nicht oder nur eingeschränkt ihren eigentlichen Zweck erfüllen: die Erzeugung oder Unterstützung einer Stimmung, die Fokussierung auf ein bestimmtes Geschehen, kurz, eine Person, ein Spielobjekt oder eine Situation ins richtige Licht zu setzen.

Die Grundausstattung der Profis besteht im Wesentlichen aus drei verschiedenen Elementen:

▶ Breitstrahler, deren Licht ungebündelt in den Raum strahlt. Mit mehreren dieser Strahler kann eine Bühne(-nlandschaft) gleichmäßig ausgeleuchtet werden. Dazu sind sie meist oberhalb des Bühnenrands angebracht, das Licht fällt schräg nach unten.

▶ Vorbühnenscheinwerfer mit gezieltem und gebündeltem Licht, die vor der Bühne platziert werden. Frontal eingesetzt, werfen Sie Schatten, mit verschiedenen Standorten experimentierend können Sie unterschiedliche Effekte erzielen.

▶ Verfolgerspot, mit dem Gruppen oder Einzelne besonders hervorgehoben werden können.

Das ist schon eine Menge Technik. Und je nachdem, in welchem Zusammenhang Sie Theater einsetzen, auch eine Nummer zu hoch bzw. eine Spur zu dick aufgetragen.

Fragen Sie sich also:
▶ Was ist für meine Zwecke angemessen?
▶ Was ist zu meinen Rahmenbedingungen möglich?

Den Glücklichen unter Ihnen, die neben dem angemessenen Zweck auch über ein entsprechendes Budget und die Möglichkeiten verfügen, möchten wir zum Studium weiterer Details einschlägige Fachliteratur (z.B. Giffei: „Theater machen", siehe Literaturliste) empfehlen und Ihnen viel Freude beim Experimentieren wünschen.

Eine mittlere Lösung könnten zwei (ausgeliehene) Scheinwerfer sein, mit denen Sie von rechts und links die Bühne ausleuchten. Dazu evtl. ein Spot, mit denen die Personen, die im Zentrum des Geschehens stehen, extra angestrahlt werden.

Wenn Sie aber zu denjenigen gehören, die zwar gerne würden, aber den hohen Ansprüchen ohnehin nicht genügen können, raten wir, es gelassen und mit Humor zu nehmen. Wenn notwendig, bescheiden Sie sich mit Tageslicht und vielleicht einem Spot – oder machen Sie auf humorvolle Art und Weise auf den Mangel aufmerksam, etwa indem Sie einen Darsteller oder gar jemanden aus dem Publikum mit einer Taschenlampe als ‚Beleuchter' ausrüsten. Vielleicht nutzen Sie sogar den Overhead-Projektor als Lichtquelle oder um bunte Lichteffekte, z.B. mittels Transparentpapier, an die Wand zu zaubern.

Für die Darsteller ist der Verzicht auf Beleuchtung im Übrigen angenehmer. Es ist nämlich gar nicht so einfach, angestrahlt auf der Bühne zu stehen. Die Scheinwerfer entwickeln Hitze, blenden und nehmen Ihnen, wenn das Licht von vorne kommt, die Sicht zum Publikum. Dieses ist nämlich nur noch schemenhaft zu erkennen – eine Kontaktaufnahme ist kaum noch möglich.

Farbeffekte

Für den Fall, dass Sie über Scheinwerfer mit Farbscheiben verfügen, haben wir Ihnen eine kleine Tabelle der Farbwirkungen (3) erstellt. Sie soll als Anhaltspunkt dienen und ersetzt nicht das Ausprobieren und Experimentieren. Je nach Zusammenstellung, Hintergrundfarbe, Helligkeit, Größe der auszuleuchtenden Fläche können die Farben nämlich sehr unterschiedlich wirken. Außerdem lassen sich durch Mischungen interessante Effekte erzielen.

Farbwirkungen [3]

Farbe	Assoziationen
Gelb Gelbgrün Gelborange	Licht, Leichtigkeit, Wärme, Weite, Wachstum, strahlende Energie, festliche Heiterkeit
Rot	kräftig, aktiv, pulsierend, glühende Leidenschaft, Kampfbereitschaft, heiße Liebe, flammender Zorn, blutende Herzen
Violett	Neutralität, diskrete Würde, fromme Rituale, noble Zurückhaltung
Blau	Eis, Schnee, kalt, unbestechlich, hart
Grün • Mit Gelbstich • Mit Blaustich	beruhigend, problemlos • hoffnungsvoll, frühlingshaft • frostig, abweisend

Bühne und Bühnengestaltung

Sorgen Sie, um den Charakter der Theateraufführung zu unterstreichen, für eine kleine Bühne – sie ist auch für schnelle Auftritte und kurze Improvisationen unverzichtbar. In einigen Seminarhotels und Veranstaltungshäusern sind Theaterbühnen, manchmal sogar kleine Theater vorhanden, die genutzt werden können. Oder das Veranstaltungshaus verfügt über eigene Bühnenelemente, die schnell zusammengebaut sind. Doch Achtung! Eine große Bühne flößt Respekt ein und kann die Teilnehmenden entmutigen. Häufig bevorzugen wir daher in unseren Veranstaltungen kleine, improvisierte Bühnen mit einfacher Ausstattung, die sich mit wenigen Handgriffen schnell im Seminarraum realisieren bzw. aufbauen lassen. Einige Ideen haben wir hier zusammengetragen:

Die einfachste (allerdings auch etwas ‚popelige') Form ist die kleine, mittels eines Seils abgetrennte, freie Fläche. Diese kann sich an der Stirnseite, an der langen Seite oder auch mitten im Raum befinden – oder es gibt mehrere dieser Bühnenflächen im Raum. Besser: statt des Seiles einen Teppich verwenden. Ein Paravant als Hintergrund oder Raumteiler eingesetzt, vermittelt sofort Bühnenbildcharakter und lässt sich vielseitig verwenden: etwa als Projektionsfläche oder Plakatwand sowie als Sichtschutz für den Kostümwechsel, für sich nicht in der Szene befindliche Schauspieler oder für Requisiten, die erst später ins Spiel kommen sollen. Eine Variante ist ein einfacher Sonnenschirm mit Ständer, an dem ein Vorhang angebracht oder auch nur angedeutet wird. Auch zwei Säulen oder Garderobenständer, rechts und links außen platziert, eignen sich, um eine Bühnenfläche anzudeuten und einzurahmen.

Grundsätzlich sehen wir uns um und nutzen die Möglichkeiten, die der Raum von sich aus bietet.

Die detaillierte Ausgestaltung der Bühne, die Bühnenbildnerei, ist im richtigen Theater nicht umsonst ein Arbeitsbereich für sich. Wir haben schon manches Stück erlebt, bei der die Leistung der Schauspieler als mäßig empfunden wurde, die Bühnengestaltung aber so überzeugt hat, dass anschließend doch begeistert über die Vorstellung gesprochen wurde. Wichtig ist, den Platz, der Bühne sein soll, so zu verändern, dass er nicht mehr Alltagsraum ist. Dabei können durchaus die unterschiedlichsten Aspekte begeistern:

► das Bombastische,
► das Minimalistische,
► das Stimmungsvolle,
► das Farbenprächtige,
► eine konsequente Form,
► Witz und Humor,
► gelungene Anspielungen,
► usw.

Bühnengestaltung

Vorschläge für eine einfache und schnelle Bühnengestaltung:

► Freie, eingerahmte Fläche
► Paravant
► Sonnenschirm mit Ständer und Vorhang
► Zwei einfache Außensäulen oder Garderobenständer
► Teppich, der den Bühnenraum vorgibt

Eine sehr originelle Bühnengestaltung präsentierte z.B einmal eine Gruppe, deren Aufgabe es war, das Seminarfeedback in theatralischer Form darzustellen. Die Gruppe stellte einfach zwei Pinwände nebeneinander auf die Bühne, mit ca. einem Meter Abstand dazwischen. Diesen Zwischenraum bespannten sie mit einem Bogen Packpapier, wie er für die Pinwandbespannung genutzt wird. Auf das Packpapier war ein großer Bildschirm gemalt, der an drei Seiten so ausgeschnitten war, dass er sich hochklappen ließ. In der Szene stand vor den Pinwänden ein Moderator als ,Reporter', der durch die Szene führte und immer wieder durch Aufklappen des Bildschirms die Aufmerksamkeit der Zuschauer auf das Geschehen hinter den Pinwänden lenkte ... Allein diese Idee sicherte den Erfolg der Darbietung.

Natürlich erwartet im Zusammenhang mit Unternehmenstheater – oder gar beim Einsatz von Theater im Seminar niemand eine kostenaufwendige, professionelle Bühnengestaltung, dennoch lassen sich häufig schon durch einfache Mittel gute, die Darstellung unterstützende Effekte erzielen.

Beherzigen Sie dabei vor allem diese immer wieder nützlichen Tipps:

► Weniger ist mehr.
► Mehr als die Perfektion zählt die pfiffige, witzige Idee.
► Machen Sie Ihre Schwäche zur Stärke, wenn Sie nicht professionell ausgestattet sind.

Bühnengesetzmäßigkeiten

Die Standorte, die Gänge, die Richtung der Bewegung auf der Bühne allein drücken schon etwas aus und können eine Aussage unterstützen, unterlaufen oder sogar ad absurdum führen.

Werner Müller macht dazu in seinem Buch „Spielmann, Clown,
Theatermacher" (2) einige interessante und einleuchtende Ausführungen: So sind alle Linien, die parallel oder im rechten Winkel
zum Bühnenrand verlaufen, statische Linien, während die Diagonalen dynamischen Charakter haben. An einigen einfachen Beispielen erläutert Müller diese Regeln und macht ihre Wirkung
deutlich:

Alle Linien, die parallel oder im rechten Winkel zum Bühnenrand verlaufen, sind statische Linien. Die Diagonalen haben dynamischen Charakter.

▶ Der Wartende z.B. bewegt sich hin- und hergehend vorne
  parallel zum Bühnenrand. Der Eindruck des Wartens wird durch
  das Hin und Her auf der statischen Linie noch unterstützt.
  Wendet nun der Schauspieler nur einen Blick in die Diagonale
  der Bühne, verändert sich das Warten in ein Erwarten. Geht der
  Darsteller mit dem ganzen Körper in die Diagonale, wird aus
  dem Warten ein Suchen. Beinahe unerträgliche Spannung
  können Sie erzeugen, wenn Sie die Szenerie statisch anordnen
  und das Publikum schon weiß, dass gleich etwas schreckliches
  Geschehen wird (z.B. ein Überfall), die Darsteller aber nicht.

(statische Linien)

▶ Auch der Eindruck von Feierlichkeit, z.B. bei einer Zeremonie,
  lässt sich über die Parallele zum Bühnenrand und den rechten
  Winkel beim Gehen unterstützen bzw. verstärken. Auch die
  Verletzung dieser Regel können Sie nutzen: Wird nämlich der
  von der Atmosphäre geforderte Weg nicht eingehalten, entsteht
  Komik oder Tragik.

▶ Der diagonale Weg (dynamische Linie) vom Hintergrund der
  Bühne in Richtung Bühnenrand wirkt mächtiger und
  bedeutungsvoller, als vom Bühnenrand zum Hintergrund der
  Bühne. Beim Entwurf einer Szene werden Sie deshalb den
  Mächtigen immer von hinten nach vorn gehen lassen. Das
  hierarchische Verhältnis zwischen einem Chef und einem
  Angestellten wirkt also noch hierarchischer, wenn der Chef
  (vom Zuschauer aus betrachtet) hinten links, der Mitarbeiter
  vorne rechts, zum Teil mit dem Rücken zum Publikum, platziert

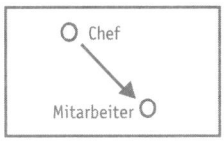

(dynamische Linie)

ist. Soll jedoch z.B. der Angestellte in einem Dialog mit dem Chef als Sieger hervorgehen, so können Sie ihn entweder von vornherein auf der mächtigeren Position platzieren, oder aber ihn diese Position langsam erobern lassen. Auch hier lässt sich allein durch das Platzgerangel Komik erzeugen, wenn aus der versuchten Eroberung dieses Platzes eine Art Zweikampf zwischen Chef und Angestellten wird.

▶ Interessante und wirkungsvolle Standorte sind der statische und der dynamische Bühnenmittelpunkt *(s. Skizze auf Seite 18)*: Der statische Mittelpunkt befindet sich genau im Zentrum der Bühne, dort wo sich die Raumdiagonalen überschneiden. Wer hier steht, zieht die Aufmerksamkeit des Zuschauers auf sich, kann gut ,aussenden', wirkt selbst aber dabei statisch. Die dynamischen Mittelpunkte sind etwa im ,Goldenen Schnitt' (= Verhältnis 2:1), links und rechts des Bühnenrandes. Von hier können Sie auf das Publikum ausstrahlen und kommen gut in Kontakt. Betritt nun z.B. in einer Szene ein Sprecher vor das Publikum und tut das im statischen Mittelpunkt, so wird er unnahbar wirken. Geht er jedoch vom Bühnenhintergrund diagonal auf einen der dynamischen Punkte am Bühnenrand und spricht von dort, so wird er sich wie freundschaftlich / kumpelhaft an das Publikum wenden können *(Nutzung dieser Punkte im Training, siehe: Künstlerische Freiheit – Wie kann ich in jedem Training vom Theater profitieren?, S. 15 ff.)*.

Zum Schluss sei (auch durch Müller) betont: Ein Falsch und ein Richtig gibt es bei den Wegen im Raum nicht. Die Ausführungen sollen Sie vielmehr dazu anregen, bei der Erarbeitung einer Szene den beschriebenen Phänomenen Bedeutung zu geben und möglichst viel auszuprobieren, um Ihre Szene in Szene zu setzen und zu einer stimmigen Raumnutzung zu kommen.

Dramaturgische Mittel

,Ach der Tugend schöne Werke, gerne möcht' ich sie erwischen. Doch ich merke, doch ich merke, immer kommt mir was dazwischen!'
(Wilhelm Busch)

Dramatik ist das, was Ihnen die geballte Aufmerksamkeit des Publikums sichert. *„Wenn die Zuschauer mit den Augen rollen, die Zähne knirschen, sich den Schweiß wischen, die Fäuste ballen, die*

Fingernägel knabbern, die Luft anhalten, Aufschreie unterdrücken, dann dürfte das Stück wohl ausreichend dramatisch sein." (1)

Wie Dramatik und damit auch Komik entstehen und welche dramaturgischen Mittel Sie dafür einsetzen können, können Sie im Abschnitt: *Wie macht man eine Szene? Wie baut man ein Stück?, S. 229 ff*, nachlesen.

Im Zusammenspiel mit der Nutzung der Bühnengesetzmäßigkeiten (s.o.) lässt sich Spannung – und, durch die bewusste Verletzung der ‚Regeln' – Komik (oder Tragik) erzeugen. Viel Spaß beim Experimentieren!

Egal, womit Sie letztlich arbeiten, ob mit dem berühmten Running-Gag, dem Spiel mit den alltäglichen Schwierigkeiten oder Knauserigkeiten, Verwechslungen, Missverständnissen, Überraschungen, Anspielungen und Andeutungen oder mit der Erwartung der Zuschauenden – wichtig ist, dass die Situation nicht ‚totgespielt' wird. Denn durch Kürze wird Komik deutlicher und auch die Spannung steigt.

Running-Gag als dramaturgisches Mittel: „Da waren sie wieder, meine drei Probleme ..." (aus: Otto, Der Film)

Kostüme, Maske, Requisiten

Kostüme, Maske und Requisiten erfüllen eine wichtige Funktion: Sie erleichtern den Darstellern die Verwandlung, den Rollenwechsel. Details zur Bedeutung und Wirkung, sowie Anregungen für die Ausstattung eines Verkleidungs- und Requisitenkoffers finden Sie im Abschnitt: *Wie bereite ich eine Gruppe auf das Theaterspielen vor?, S. 187.*

Aber auch Komik und Humor lassen sich über diese Mittel transportieren. Vor allem witzige Kostüme und Requisiten können Überraschungseffekt, Anspielung, Andeutung, aktueller Bezug bis hin zur unausgesprochenen Frechheit sein und den Zuschauenden große Freude machen. Solche gekonnten Effekte werden als Qualitätsmerkmal erlebt, dies sind die Dinge, über die Monate später noch anerkennend gesprochen wird.

Beispiele:

▶ Ein Chef, der von den Mitarbeitern als Paragraphenreiter oder Rechthaber erlebt wird, trägt bei jedem Auftritt das BGB unter dem Arm.

▶ Eine Klobürste dient als Mikrofon bei der Ansprache eines Politikers.

▶ usw.

Die Respektlosigkeiten werden nicht ausgesprochen, sie entstehen in der Fantasie der Zuschauer – ein Schelm, der Böses dabei denkt ...

Für den Fall, dass Sie Theaterszenen als eine von vielen Methoden im ‚normalen‘ Training einsetzen, fragen Sie sich vielleicht, ob eigentlich der Aufwand noch angemessen ist, wenn Sie den Kostüm- und Requisiten-Koffer sowie die Schminkutensilien mitschleppen. Und Sie haben Recht – es geht durchaus auch ohne. Freuen Sie sich auf die Einfälle und das Improvisationstalent der Teilnehmer, die dann häufig auf die Idee kommen, aus Moderationskarten und sonstigem herumliegenden Material auf die Schnelle Requisiten zu basteln ...

Rhythmus, Timing

Alle angesprochenen Mittel, um eine Szene in Szene zu setzen, können ihre Wirkung nur dann entfalten, wenn es einen Rhythmus *(siehe: Wie macht man eine Szene? S. 229)* gibt und das Timing stimmt. Wenn die Musik zu spät einsetzt, ein Schlüsselrequisit zu früh oder zu spät präsentiert wird, der Gag nicht auf dem Punkt kommt, dann kommt die Szene nicht gut rüber. (Ausnahme: Die Pannen sind geplant und Bestandteil des Stücks.)

Sie können ein Stück vor Publikum nicht einfach so ‚runterspielen‘, wie Sie es in der Probe geübt haben. Das Publikum braucht Zeit zum Mitdenken und zum Lachen. Jedes Publikum reagiert dabei anders. Deshalb geht es nicht nur um das richtige Timing innerhalb der Szene und zwischen den Darstellenden, sondern auch immer wieder darum, es an das Publikum anzupassen.

Auch ein Rhythmus trägt dazu bei, dass die Szene ihren ganzen Reiz entfalten kann. Dazu gehören auch Unterbrechungen und Pausen, die den Zuschauern ermöglichen, Atem zu holen und das Geschehen zu verarbeiten.

Sie können den Rhythmus in der Szene anlegen – aber auch von außen steuern, z.B. durch Zwischenmoderationen, die Verbindungen und Überleitungen schaffen, oder Ansagen, durch die Sie die Szene ins richtige Licht rücken.

Womit wir wieder beim Anfang des Kapitels wären ...

Quellen:

(1) BATZ, Michael und SCHROTH, Horst: Theater grenzenlos. Rowohlt Taschenbuch Verlag GmbH, Reinbek.
(2) MÜLLER, Werner: Spielmann, Clown, Theatermacher. Verlag J. Pfeiffer/E. Wewel, München.
(3) Frei nach GIFFEI, Herbert (Hrsg.): Theater machen. Otto Maier Verlag, Ravensburg.

Szene vier

Wie werte ich Szenen aus?

+

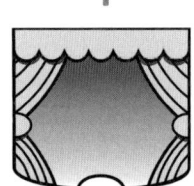

Jede ‚offizielle' Auswertung einer Theaterszene beginnt mit dem Schlussapplaus. Eine ‚inoffizielle' Auswertung aber findet schon vorher statt: Bereits während des Ablaufs der Szene spiegelt sich das Urteil der Zuschauer schon in ihren Gesichtern, in ihrer Mimik, Gestik und Haltung, im Gelächter wie auch im ausbleibenden Lachen, im Räuspern und Raunen, Gähnen, auf den Stühlen herum rutschen, im Zwischenapplaus. Die Schauspieler nehmen dies laufend wahr und natürlich hat die Art, wie das ‚Urteil' ausfällt, erheblichen Einfluss auf die weitere Spielfreude und Leistung des Bühnenensembles. Positive Resonanz beflügelt, potenziert sich zur Höchstleistung, fehlende Resonanz schnürt ein, lässt den Atem stocken und fordert die gesamte Distanzierungsfähigkeit und Professionalität der Akteure.

Diese ‚inoffizielle' Auswertung gibt Aufschluss über die direkte Wirkung des Stücks und der Darstellung auf die Zuschauer. Sie bezieht sich auf den Moment, ist spontan und noch unreflektiert, und geht vielleicht sogar am eigentlichen Zweck des Stückes vorbei, wenn es beispielsweise um die innewohnenden Lösungsansätze geht. Dennoch verfehlt sie nie ihre Wirkung und daher gilt für Sie:

Je ernüchternder die inoffizielle Auswertung, desto mehr wird es Ihre Aufgabe als Trainer/in sein, für die emotionale Entlastung der Darsteller zu sorgen und gemeinsam mit der Gruppe aus der Szene die noch nicht wahrgenommenen positiven Aspekte und die Lern- und Transfermöglichkeiten würdigend herauszuarbeiten.

Der Schlussapplaus leitet die emotionale Entlastung von Darsteller und Zuschauer ein.

Ihr Part beginnt schon mit der Sorge für den Schlussapplaus. Denn er leitet die emotionale Entlastung der Darsteller und auch der Zuschauenden ein.

Auf den folgenden Seiten finden Sie Vorgehensweisen zur Auswertung von Theaterszenen, wenn Sie sie als eine Trainingsmethode zum Zweck der Inhaltsbearbeitung eingesetzt haben.

Beispiel: Sie wollen im Verkaufstraining über das Mittel der Theaterszene weitere kreative Wege ermitteln, Ihre Produkte ‚an den Mann' zu bringen.

Über die Nachbearbeitung von Theaterszenen im Kontext von Unternehmenstheater-Projekten können Sie sich im Abschnitt: *Wie werte ich Theaterprojekte aus?, S. 281*, informieren.

Auswertungsszenarien

Spaß beiseite: Erst die Auswertung rechtfertigt den Einsatz des Mittels Theater im Training – erst durch die hier gewonnenen Erkenntnisse und Lernerfolge erschließt sich dem Teilnehmenden und gegebenenfalls auch dem Auftraggeber im Nachhinein die Sinnhaftigkeit des Ganzen. Schon deshalb ist eine sorgfältige Reflexion geboten.

Erst die Auswertung rechtfertigt den Einsatz des Mittels Theater im Training...

Grundsätzlich lohnt es sich, zwei Ebenen auseinander zu halten: Die der Innensicht (die Ansicht aus den Rollen heraus) und die der Außensicht.

Beginnen Sie mit der Innensicht und bleiben Sie dazu mit den Darsteller/innen zunächst am Ort des Geschehens (auf der Bühne), um die Erinnerung an Gefühle, Erlebnisse, Abläufe und Prozesse zu unterstützen.

Halten Sie Innen- und Außensicht auseinander und unterstützen Sie das Abstreifen der Rollen durch einen Ortswechsel.

Die Auswertung der Außensicht kann im gleichen Setting beginnen. Mit wachsender Distanzierung sollten Sie jedoch unbedingt im Verlauf einen Ortswechsel vornehmen, damit die Darsteller/innen aus ihren Rollen herauskommen. Evtl. können Sie das Verlassen der Rollen auch rituell unterstützen, durch eine Berührung oder, sehr schön, durch eine Drehung um sich selbst.

Die Auswertung der Innensicht hat (mindestens) zwei Ziele:

1. die emotionale Entlastung der Darsteller,
2. der Erkenntnisgewinn im Hinblick auf das Thema.

(Eine Reflexion in bezug auf die Darstellung und die Weiterentwicklung der Schauspieler selbst ist in unserem Kontext nicht erforderlich.)

Lassen Sie zunächst die Darsteller aus ihren Rollen heraus zu Wort kommen. Fragen können z.B. sein:

<table>
<tr><td>

Innensicht

Ziele der Innensicht-Auswertung:

▶ emotionale Entlastung der Darsteller

▶ Erkenntnisgewinn im Hinblick auf das Thema

</td><td>

▶ Mit welchen Gedanken und Gefühlen gehen Sie jetzt aus der Situation heraus?
▶ Was haben Sie erlebt? Wie haben Sie Ihre Mitspieler erlebt?
▶ Wie hat sich das Geschehen entwickelt? Wie war der Prozess? (Gefühls- und Sachebene)
▶ Welche Veränderungen haben Sie erfahren? Welche Erkenntnisse gewonnen? An welchen Stellen? Wodurch?

</td></tr>
</table>

Anschließend folgt die Auswertung der Außensicht. Dazu ist das Publikum gefragt. Mögliche Fragen:

▶ Welche Entwicklungen und Lösungsansätze haben die Zuschauer/innen gesehen?
▶ Welche ‚faszinierenden Ideen‘ enthielt die Szene?
▶ Gab es für Sie persönlich wesentliche Erkenntnisse?

Protokollieren Sie aus der Innen- und Außensicht alle genannten Lösungsansätze und Ideen sowie die weiteren, für Ihr Thema relevanten Aspekte einzeln auf Moderationskarten. Diese können anschließend zunächst nach Themenbereichen sortiert oder direkt auf die Ausgangsfragestellung hin übersetzt werden.

Hilfreich dazu ist eine Idee von Erika Herrenbrück: Sie arbeitet bei Auswertungen mit zwei Moderationswänden. Auf der einen werden die ausgewerteten Aspekte gesammelt, auf der anderen die Übertragungen und Übersetzungen im Hinblick auf das Thema visualisiert.

In der gelungenen Übertragung und Übersetzung sowie dem, was daraus entwickelt wird, zeigt sich der Lerngewinn. Die Übersetzungsarbeit selbst ist ein ‚künstlerisch-kreativer Akt‘, für den Sie ausreichend Zeit und Muße einplanen sollten.

Wichtig:
Die Übersetzung des
Gespielten, denn hier
zeigt sich der Lerngewinn.

Förderlich für die Freisetzung der benötigten Kreativität ist die Einhaltung von Regeln sowie eine heitere, anregende und konzentrierte Atmosphäre, bei der in den Köpfen Gedankenverbindungen entstehen können *(Anregungen, wie Sie Kreativität fördern: Wie kann ich eine Gruppe unterstützen, selbstständig eine Szene zu entwickeln?, S. 243)*. Zur Demonstration oder Förderung des Übersetzens können Sie sich auch der Technik des ‚Umnutzens‘ *(vgl. S. 249)* bedienen.

Natürlich sind wieder einmal zahlreiche Varianten dieses Vorgehens möglich. Variieren und damit das Ganze an Ihren Bedarf anpassen können Sie:

▶ durch die Auswahl der Fragen an Darsteller/innen und Publikum.

▶ durch die Vergabe von Beobachtungsaufträgen an Einzelne, z.B.: Achten Sie besonders auf nonverbale Signale ...; Körperlügen ...; den Subtext (Text hinter dem Text) ...; faszinierende Ideen ...; sofort umsetzbare Lösungen ...; etc.

▶ durch die Vergabe von Beobachtungsrollen, z.B.: Was sagt anschließend der Genießer ...; der Schauspielerkollege ...; der kritische Journalist ...; die Regisseurin ...; die Konkurrentin ...; die Mutter ...; die Hausmeisterin ...; ein früherer Klassenlehrer; ...?
Grundlage für Beobachtungsrollen können dabei auch die Teamrollen aus TMS *(TeamManagementSystem, vgl. S. 259)* sein: Kreativer Innovator ...; auswählender Entwickler ...; systematischer Umsetzer ...

▶ durch das Beobachten und Protokollieren aus unterschiedlichen räumlichen Perspektiven, z.B. aus der Sicht des Bühnenpersonals (von hinten) ...; des Beleuchters (von oben) ...; des Orchesters (von unten) ...

DeBono´s Denkhüte

Beobachten aus verschiedenen Perspektiven: De Bono's Denkhüte – zweckentfremdet:

▶ Roter Hut: Auf Gefühle achten.
▶ Grüner Hut: Weiterführende Ideen und Lösungsansätze sammeln.
▶ Weißer Hut: Inhalt und Ablauf der Szene skizzieren.
▶ Schwarzer Hut: Schwierigkeiten und Stolpersteine notieren.
▶ Gelber Hut: Positives, Erfreuliches protokollieren.

▶ durch das Beobachten und Protokollieren aus unterschiedlichen gedanklichen Perspektiven. Hierzu zweckentfremden können Sie z.B. das Modell der Denkhüte des Kreativgurus Edward DeBono. Es handelt sich dabei um unterschiedlich farbige Hüte, die für verschiedene Denkrichtungen stehen. Verteilen Sie Hüte aus Pappe oder ersatzweise farbige Kärtchen mit einer Beobachtungsanweisung an einzelne Zuschauer:

• Roter Hut: Achten Sie auf Gefühle und wie sie sich ausdrücken.
• Grüner Hut: Sammeln und protokollieren Sie alle weiterführenden Ideen und Lösungsansätze.
• Weißer Hut: Skizzieren Sie ganz sachlich Inhalt und Ablauf der Szene.
• Schwarzer Hut: Notieren Sie Schwierigkeiten und Stolpersteine, die Ihnen in der Szene auffallen.
• Gelber Hut: Protokollieren Sie alles, was Sie erfreut und Ihnen gefällt.

Amelie Funcke, Maria Havermann-Feye: Training mit Theater

Wie werte ich Unternehmenstheater-Projekte aus?

Die Frage der Auswertung von Unternehmenstheater-Projekten wird in der Branche kontrovers diskutiert. Die einen halten die spontanen Reaktionen der Zuschauer für vollkommen ausreichend. Manche bezeichnen Nachbereitungen in angeleiteter Form sogar als überflüssig. Sie begründen dies mit ihrem Vertrauen in die konstruktiven Kräfte, die, durch das Projekt ausgelöst, in den Beteiligten zu wirken beginnen – die Auswertung erledigt sich dann wie von selbst. Andere stehen auf dem Standpunkt, dass der wirkliche Gewinn aus dem Unternehmenstheater verschenkt ist, wenn auf die begleitende Auswertungsarbeit durch Profis verzichtet wird.

Die Diskussion ist noch nicht entschieden; insgesamt ist aber eine gewisse Zurückhaltung bei dieser Thematik zu spüren. Sie hat vielleicht damit tun, dass es zum Thema Auswertung für Unternehmenstheater nur wenige Hinweise in der Literatur und kaum Erfahrungsberichte gibt.

Für uns jedenfalls gilt: Kein Unternehmenstheater ohne Auswertung! (Ausnahme: Aktionen, die einen rein unterhaltenden Charakter haben sollen.)

Kein Unternehmenstheater ohne Auswertung!

Gewagt, diese Aussage, denken Sie vielleicht. Wir können uns Unternehmenstheater aber ohne professionell angeleitete Nachbereitung nicht vorstellen bzw. wir plädieren dafür, den größtmöglichen Nutzen zu suchen und damit Kontinuität in der Personalentwicklung und Weiterbildung zu gewährleisten.

Und das ist der Grund: Durch den persönlichen Bezug zum Inhalt und der Inszenierungsform wertet der Zuschauer das Gesehene und Erlebte spontan während der Aufführung für sich aus. Ein Höchstmaß an Wirkung einer Aufführung ist dann erreicht, wenn sich der Zuschauer auf der persönlichen Wahrnehmungsebene angesprochen fühlt. Die Verteilung der Wertigkeit hängt vom Grad des Berührtseins durch das Geschehen auf der Bühne ab. Dieser persönliche Bezug ermöglicht das ‚Sich-öffnen' des Betrachters.

Wenn das Erlebte ohne professionelle Nachbereitung unausgesprochen bleibt oder nicht weiter gedacht wird, bleibt es in der Regel für die Weiterentwicklung ungenutzt. Schlimmer noch: Bleibt diese Öffnung unreflektiert, kann der Erfolg einer Veranstaltung sogar ins Gegenteil umschlagen. Aufführungen wecken idealerweise bei Zuschauern und Teilnehmern das Gefühl, ein Teil des Prozesses zu sein. Wird dieser Impuls nicht aufgegriffen und auf ein Meinungsbild in Form einer Auswertung und auf daraus abgeleitete Initiativen verzichtet, kann das ganze Projekt als unglaubwürdig und als nutzlose Geldverschwendung wahrgenommen werden.

Wonach werden Unternehmenstheater-Projekte bewertet?

Bewertungsfaktoren:
• *Unterhaltungswert*
• *Informationsgehalt*
• *Selbsterfahrungs-Nutzen*

Der Vorhang ist noch geschlossen. Das Publikum sitzt gespannt und erwartungsvoll im Zuschauerraum. Was sind die Erwartungen und wonach werden sie bewertet? Die Bewertungsskala setzt sich aus folgenden Faktoren zusammen:

▶ Wie ist der Unterhaltungswert?
▶ Wie steht es mit dem Informationsgehalt? Was lässt sich daraus lernen, welche Schlüsse lassen sich ziehen?
▶ Was habe ich persönlich davon? Wie ist mein ‚Selbsterfahrungs-Nutzen'?

Die erste Messlatte wird vom Publikum beim Unterhaltungswert eines Unternehmenstheater-Projektes angelegt. Wird dieser als hoch bewertet, lassen sich Informationen und Botschaften nicht nur leicht vermitteln, sondern anschließend auch leicht herausarbeiten. Schwieriger ist es, durch ein Unternehmenstheater-Projekt das Bewusstsein auf die persönliche Ebene zu lenken.

Wann erfolgt die Auswertung?

Um das so wichtige Thema Auswertung von Projekten transparenter zu machen, bilden wir typische Auswertungskategorien. Sie sind nach der Reihenfolge ihres zeitlichen Einsatzes unterteilt. Es handelt sich um:

▶ Die spontane Auswertung
▶ Die Anschlussauswertung
  … im ‚Miniformat'
  … im ‚Maxiformat'
▶ Die zeitversetzte Auswertung durch nachbereitende Veranstaltungen

Jede (nachfolgend näher erläuterte) Form hat ihren Platz und ihren Sinn: Die spontane Auswertung gibt impulsiv und unmittelbar ein vor allem emotional gefärbtes Feedback. Anschlussauswertungen stellen den Themenbezug her, initiieren Weiterentwicklung und vertiefen das emotionale Erlebnis. Zeitversetzte Auswertungen greifen die Weiterentwicklungen auf, steuern sie und schreiben sie fort. Sie dringen in tiefere Sphären (Einsichten, Fragen, …) vor und machen sie bewusst – denn vieles erschließt sich erst, wenn eine Nacht drüber geschlafen oder eine Zeitspanne vergangen ist.

Grundsätzlich gilt aber: Möglichst zeitnah auswerten, damit die Themen und der Prozess ‚noch warm' sind.

Grundsätzlich gilt: Möglichst zeitnah auswerten, damit die Themen und der Prozess ‚noch warm' sind.

Außerdem ist es sinnvoll, frühzeitig zu entscheiden, in welcher Phase des Unternehmenstheater-Projektes Sie mit Reflexionen ansetzen, ob und wann Sie Zwischenauswertungen einbauen und wie Sie dabei methodisch vorgehen. Mit einer strukturierten Auswertung sind Sie immer auf der sicheren Seite. Vorgehensweisen und Methoden finden Sie in: *Wie werte ich Szenen aus?, Seite 276,* und auf den folgenden Seiten.

Die spontane Auswertung

Die erste persönliche Auswertung beginnt beim Publikum bereits während des Anschauens der Vorstellung. Sie erfolgt spontan und unmittelbar und zeigt sich in der bestätigenden oder ablehnenden Reaktion auf das Bühnengeschehen. Wird sie nicht angeleitet, sprechen wir hier von der ,inoffiziellen' Auswertung *(siehe: Wie werte ich Szenen aus?, S. 276)*. Sie endet in der Regel mit dem Schlussapplaus, spätestens aber mit dem Ende des persönlichen Austausches der Zuschauer untereinander.

Die Anschlussauswertung

Machen Sie am besten ohne Zeitverzögerung direkt nach der Aufführung oder im Laufe des Tages die Anschlussauswertung. Das bietet sich bei Aufführungen im Rahmen von Tagungen, Kongressen usw. an. Diese zeitnahe Auswertungsform verspricht großen Nutzen und wird bevorzugt gewählt. Denn die Inhalte und Erlebnisse sind noch präsent. So lassen sich leicht Verbindungen zum Thema herausarbeiten und Entwicklungen im Sinne des Projektziels in die Wege leiten.

Wieviel Raum für die Auswertung zur Verfügung steht, hängt von den Rahmenbedingungen und den Wünschen des Auftraggebers ab. Von der Auswertung im ,Mini'- bis zum ,Maxiformat' ist alles möglich.

Auswertung im ,Miniformat'

Für Aktionen mit rein unterhaltendem Charakter (Weihnachtsfeier, Jubiläum, Sommerfest, Aktionstage) ist der Verzicht auf eine intensive Reflexion sicherlich denkbar. Eine Auswertung im ,Miniformat' als eine Art ,inszeniertes Feedback' erscheint uns allerdings bei jedem Projekt sinnvoll. Denn immer ist es z.B. zweckmäßig zu prüfen, ob die gewählten Ziele erreicht wurden und ob Kommunikationsbedarf besteht. Mögliche Empfehlungen für den Auftraggeber sind in diesen Fällen:

▶ Eine begleitende Projektzeitung erstellen
▶ Eine Film- und Fotodokumentation fertigen
▶ Einholen des Meinungsbilds mit Feedbackbogen und Abfragen des Kommunikationsbedarfs
▶ Internetforum, Chat oder Seiten im Intranet des Auftraggebers einrichten
▶ Feedbackgespräch mit dem Kunden führen
▶ usw.

Prüfen Sie in jedem Fall, ob die Ziele erreicht wurden und ob Kommunikationsbedarf besteht.

Ein positives Feedback macht darüber hinaus den Weg für weitere Projekte beim Auftraggeber frei. Ebenfalls können Sie es als Referenz bei anderen Auftraggebern anführen.

Auswertung im ‚Maxiformat'

Mit der Auswertung im ‚Maxiformat' schaffen Sie eine fundierte Grundlage für die weitere Arbeit. Sie eignet sich hervorragend zur Vertiefung der Thematik. Je nach Projektziel werden Inhalte, Meinungen, Gefühle und Eindrücke, Lösungsansätze, Ergebnisse, nächste Schritte etc. herausgearbeitet, gezielt übersetzt, transferiert und dokumentiert.

Anschlussauswertungen im ‚Maxiformat' stellen den Themenbezug her, initiieren Weiterentwicklung und vertiefen das emotionale Erlebnis.

Wie immer gibt es dazu viele Vorgehensweisen und Möglichkeiten, die aufeinander aufbauen können oder sich verbinden lassen. Beispiele finden Sie in: *Wie werte ich Szenen aus?, S. 276,* und auf den folgenden Seiten. Einige Auswertungsmethoden und Szenarien stellen wir Ihnen nun vor. Probieren Sie aus, passen Sie die Methoden an Ihren Bedarf an und entwickeln Sie neue Varianten.

▶ Strukturierte Auswertungs-Checkliste

Die folgende beispielhafte Checkliste dient als Leitschnur und Anregung, um die Reflexion durch die Zuschauer strukturiert einzuleiten. Hilfreich ist die Trennung zwischen der Reflexion auf der persönlichen und auf der beruflichen Ebene. Die Fragen können ergänzt oder variiert werden. Die Checkliste kann als DIN-A-4-Bogen an alle Beteiligten verteilt oder z.B. auf einem Flipchart visualisiert in Kleingruppen oder im Plenum bearbeitet werden.

Strukturierte Auswertung

Strukturierte Auswertung eines (noch unklaren) Gefühls:
„Ich habe das Gefühl und die Fantasie, dass das Spiel / die Szene ..."

Persönliche Ebene:
▶ Was haben Sie gesehen?
▶ Wie erging es Ihnen?
▶ Was ist passiert?
▶ Was ist / war bedeutsam?
▶ Wo fing das Herz an, schneller zu schlagen?
▶ ...

Berufliche Ebene:
▶ Was hat die Aufführung mit Ihrer Abteilung / Ihrer Arbeit / Ihnen zu tun?
▶ Mit welcher Figur / Rolle können Sie sich am ehesten identifizieren? Aus welchen Gründen?
▶ Wenn Sie der Regisseur wären, wie würden Sie die Rollen gestalten?
▶ Was hat das Spiel mit eigenen Mustern und Rollen Ihres Berufsalltags zu tun?
▶ Welche Anregungen ziehen Sie für sich / das Team / das Unternehmen aus der Aufführung?
▶ Was für einen sozialen Anspruch verbinden Sie mit dem Gesehenen?
▶ Was verbinden Sie für Erwartungen mit dem betrachteten Stück?
▶ Wie könnte vor dem Hintergrund dieser Aufführung eine Vision für Sie / das Team / das Unternehmen aussehen?
▶ ...

▶ Die fünf Wahrnehmungsbrillen

Eine weitere Auswertungsmethode ist die Idee der Wahrnehmungsbrillen (angelehnt an die vier Seiten einer Botschaft von Schulz von Thun) (1). Der große Vorteil dieser Methode liegt in der strikten Trennung von Sachinformation, Gefühlen, Lösungsansätzen usw. Zukunftsrelevante Ergebnisse lassen sich auf diese Weise direkt herausfiltern und können leichter weiterverfolgt werden.

Sie brauchen fünf unterschiedlich farbige Brillen aus dem Requisitenkoffer. Stellen Sie diese den Zuschauern / Teilnehmern zunächst vor. Wichtig ist eine Visualisierung, damit die zu den Farben zugeordneten Fragestellungen allen immer präsent sind.

Die Teilnehmenden können zur Auswertung z.B. in Gedanken nacheinander jede Brille aufsetzen – Kleingruppen können einzelne Sichtweisen übernehmen und anschließend zusammentragen. Weitere Varianten, auch in der Zuordnung der Fragen, sind denkbar.

Ein besonderer Gag: Erfolgt die Auswertung direkt nach der Aufführung, verteilen Sie im Publikum farbige Vorlagen in Brillenform mit einer jeweils der Farbe passend zugeordneten Frage. Die ausgefüllten Brillenkarten werden thematisch zusammengefasst und im Forum präsentiert.

▶ Mit den Augen des Malers betrachtet

Die Gruppe (oder Kleingruppen) zeichnet auf einem großen Karton ein Szenenbild von der Aufführung, betitelt es und hängt es öffentlich aus. In einer Vernissage werden die entstandenen bildlichen Darstellungen präsentiert und auf Themen untersucht, aus denen dann Fragestellungen entwickelt werden. In Kleingruppen, evtl. auch mit der Open-Space-Methode, können die Fragen im Tagungsverlauf weiterführend bearbeitet werden.

▶ Die Drei-Affen-Methode

Diese Methode nutzt ein Bild aus dem shintoistisch-buddhistischen Glauben, das drei Affen zeigt, die den Göttern über die Menschen berichten. Aufgrund eines Zaubers nehmen die Affen die Dinge stets positiv wahr. So betrachten, hören und sprechen sie, was gut ist. Sie werden mit den entsprechenden berühmten Gesten (die Affen halten sich Augen, Ohren bzw. Mund zu) dargestellt.

Für die Reflexion benötigen Sie aus dem Requisitenkoffer Mundschutz, Augenbinde und Ohrenschützer. Führen Sie diese Requisiten bei den Teilnehmern mit der entsprechenden Zuordnung ein:

▶ nicht hören – Ohrenschützer
▶ nicht sehen – Augenbinde
▶ nicht sprechen – Mundschutz

Wahrnehmungs-Brillen

Die blaue Sachbrille
Welche sachlichen Informationen haben Sie dem Stück entnommen?

Die grüne Lösungsbrille
Welche Lösungsansätze / Appelle haben Sie dem Gesehenen entnommen?

Die rote Gefühlsbrille
Welches Gefühl würden Sie am ehesten mit den Gesehenen verbinden?

Die gelbe Meinungsbrille
Was glauben Sie kann mit der Aufführung erreicht werden?

Die violette Visionsbrille
Welche Zukunfts-Visionen hat die Aufführung bei Ihnen ausgelöst?

Nun können Sie die Rückmeldung in der Gruppe wie folgt einleiten: Geben Sie aus der Sicht der drei Affen das Wahrgenommene wieder. Der Blinde erzählt (evtl. mit geschlossenen Augen), der Gehörlose nutzt ausschließlich Mimik, Gestik und eine unverständliche Lautsprache, der Taubstumme gibt pantomimisch seine Eindrücke wieder.

Eine weitere Variante ist, dass in Kleingruppen die Sichtweisen der Affen erarbeitet und dann im Plenum vorgestellt werden ...

Welche Vorgehensweise Sie auch wählen: Im darauf folgenden Arbeitsschritt ist es wichtig, die Auswertungsergebnisse aufzugreifen und in die Tagung / den Kongress / das Projekt einzubinden. Dies kann z.B. geschehen in:

▶ Arbeitsgruppen,
▶ Angeleiteten Workshops,
▶ ‚Open Space',
▶ Bühnenarbeit, z.B. durch Nachspielen von Szenen oder durch Entwicklung und Darstellung neuer Szenen mit Lösungsansätzen.

Die zeitversetzte Auswertung durch nachbereitende Veranstaltungen

Zeitversetzte Auswertungen greifen Weiterentwicklungen auf, steuern sie und schreiben sie fort.

Von einer zeitversetzten Auswertung sprechen wir, wenn in Folge einer Kick-off-Veranstaltung zeitlich verzögert, d.h. nicht direkt im Anschluss, begleitende Seminare, Workshops oder andere Initiativen folgen. Evtl. diente die Aufführung als Einstiegsmodul in ein längerfristig angelegtes Projekt. Dann liegen meistens Wochen zwischen dem Kick-off und den Nachfolge-Veranstaltungen. Wie diese nachbereitenden Bausteine aussehen, wie sie konzipiert und eingebunden sind, hängt von der Thematik, der Zielsetzung und den Rahmenbedingungen Ihres Vorhabens ab. Deshalb können wir nur ganz allgemeine Vorschläge machen.

Wichtig ist es jedenfalls, immer wieder ...

▶ Standortbestimmungen vorzunehmen und Transparenz zu schaffen. Wo genau innerhalb des Vorhabens befinden wir uns gerade? Was hat sich verändert / weiterentwickelt / erledigt?

▶ Verbindungen zu knüpfen und eine Brücke zu schlagen zwischen der einleitenden Vorstellung und der nachfolgenden Veranstaltung bzw. zwischen vorherigen und anschließenden Aktionen.

Lassen Sie dazu z.B. schon während der Kick-off-Aufführung eine oder mehrere Kameras mitlaufen. Im Seminar ist dann die Video-dokumentation des Stückes ein prima Einstieg, um an das Gewese-ne ‚anzudocken': Die Inhalte werden aufgefrischt, positive Erinne-rungen geweckt, die Atmosphäre ist (in Ansätzen) wieder spürbar. Ein weiterer Vorteil ist dabei, dass Sie gleichzeitig auch die Teil-nehmer ins Bild setzen, die an der Aktion nicht teilnehmen konn-ten.

Wenn Sie keinen Film haben (und auch bevor Sie ihn einsetzen), ist es sinnvoll abzufragen, was bei den Teilnehmern von der vorhe-rigen Veranstaltung noch präsent ist und wie sich die Dinge weiter entwickelt haben. Hier seien nur einige methodische Beispiele er-wähnt:

▶ Verbales Feedback *(siehe strukturierte Auswertungs-Checkliste weiter oben).*
▶ Nonverbales Feedback durch Gesten / pantomimische Darstellung / Standbilder *(vergl. S. 78)* / Standpunkteinnahme auf einer Skala *(nebenstehender Kasten).*
▶ Feedback aus anderen Rollen, z.B.: ‚Ich als Prominente/r (Donald Duck, Prinz Eisenherz, Verena Feldbusch, Albert Einstein, Maria Stuart ...) bin der Meinung, dass ...'
▶ Interviewmethode: ‚Was sagen Sie zu ...?'
▶ Erinnerungs- / Feedback-Bilder zeichnen und betiteln.
▶ Bilder und Metaphern nutzen: ‚Für mich war die Aufführung wie ... (Gegenstände, Pflanzen, Märchen ...)'
▶ Darstellung durch spontane Theaterszenen / Werbespot /...
▶ usw.

Feedback-Skala

Standortbestimmung durch ‚Feedback-Ska-la': Auf dem Fußboden wird mit Klebeband eine Mess-Skala von 0-100 markiert. Nun werden Fragen ge-stellt. Entsprechend ihrer Meinung positi-onieren sich die Teil-nehmer im Raum.

Fragenbeispiele:
▶ Wo auf der Skala befinden sich Ihr Unternehmen, Ihre Abteilung, Sie in Be-zug auf den Change-prozess, den Erfolg in ..., die Zielerrei-chung /...?
▶ Wieviel Prozent der Vorhaben haben Sie in der Zwischen-zeit umgesetzt?
▶ Wie hoch ist Ihre Motivation für ...?
▶ ...?

Sind die Teilnehmen-den positioniert, können die Stand-punkte in Interviews erläutert und vertieft werden.

Bei allen Methoden können Sie durch die Art der Anweisungen und Fragestellungen steuern, dass vor allem die für das anstehende Thema / die Prozessentwicklung / die Zukunft des Unternehmens usw. bedeutsamen Aspekte aufgegriffen werden.

Ist die Brücke geschlagen und eine Standortbestimmung vorgenommen, kann die vertiefende Bearbeitung der Inhalte bzw. die Weiterführung des Projektes beginnen.

Quellen:

(1) SCHULZ VON THUN, Friedemann: Miteinaner reden, Bd. 1. Rowohlt Tb.

Fundus

Wie Sie das Spiel kreativ ausstatten

Der Platzanweiser empfiehlt:

▶ **Szene eins: Sachen zum Theater machen**

▶ **Szene zwei: Utensilien zum Theater spielen**

▶ **Info – weitere Zusatzlisten, Marktübersichen und Checks finden Sie im Internet zum kostenlosen download:**

www.managerseminare.de/pdf/theater.pdf

Wie komme ich an Sachen zum Theater machen?

Empfehlenswerte Literatur fürs Theaterspiel

Arlecchino & Co.
M. KUNZ, K. MARCHETTI
Klett und Balmer Verlag, Zug

Historische Einführung, didaktische Darstellung, Spielanregungen zur Commedia dell'arte. Ursprünglich für die Arbeit mit Schülern, z.B. im Fremdsprachenunterricht, entwickelt. Inhalte lassen sich auf andere Zielgruppen übertragen.

Atem und Stimme
H. COBLENZER, F. MUHAR
Österreichischer Bundesverlag, Wien

Anleitung zum guten Sprechen. Grundsätze der Sprecherziehung und der Schulung von Atem und Stimme mit dem Ziel größtmöglicher Ökonomie. Ganz praktisch aufbereitetes Buch, das viele gut beschriebene Übungen enthält.

Bodytalk
Desmond MORRIS
Wilhelm Heyne Verlag, München

Ein Lexikon der (internationalen) Gestik und Gebärden und ihrer Deutung.

Bühne frei!
Helene GATE & Kent HÄGGLUND
Verlag St. Gabriel, Mödling

Theaterspielen von der Idee bis zur fertigen Vorstellung.

Das Fünfzehnminutentheater
T. BUDENZ, E. J. LUTZ
Don Bosco Verlag, München

Anregungen und Spieltexte für das unterhaltsame Laienspiel von der Pantomime bis hin zum Sketch.

Das Feuer großer Gruppen
Hrsg.: R. KÖNIGSWIESER, M. KEIL
Klett-Cotta, Stuttgart

Konzepte, Designs, Praxisbeispiele für Großveranstaltungen (mit einem Beitrag von the company stage® über Unternehmenstheater)

Das große Rollenspielbuch
Roger SCHALLER
Beltz Verlag, Weinheim und Basel

Grundtechniken und Anwendungsformen der Methode. Viele Praxisbeispiele verdeutlichen die Vorzüge des Rollenspiels und machen den erfolgreichen Einsatz der Methode nachvollziehbar.

Das große Workshop-Buch
U. LIPP, H. WILL
Beltz Verlag, Weinheim und Basel

Konzeption, Inszenierung und Moderation von Klausuren, Besprechungen und Seminaren

Der kreative Kick
Roger VON OECH
Junfermann Verlag, Paderborn

Theoretische Überlegungen und sehr viele praktische Anregungen zum spielerischen Umgang mit unterschiedlichen Rollen im kreativen Prozess.

Der Mensch, mit dem wir leben
Desmond MORRIS
Droemersche Verlagsanstalt, München

Sehr interessante, lebendig geschriebene und erste allumfassende Zusammenstellung über all das, was über Körpersignale und die Sprache des menschlichen Verhaltens bekannt ist.

Der Phantasie eine Stimme geben
Nancy MELLON
Aurum Verlag, Braunschweig

Die Kunst des kreativen Erzählens. Dieses Buch macht Schritt für Schritt mit den Elementen vertraut, aus denen kraftvolle Geschichten bestehen.

Der Regenbogen der Wünsche
Augusto BOAL
Kallmeyer, Seelze

Theatertechniken und Spielvorschläge, vorgestellt in einer Mischung aus Übungsanleitung und Praxisbericht.

Die großen Clowns
HOCHE, MEISSNER, SINHUBER
Athenäum Verlag, Königstein

Einzelportraits der berühmtesten Clowns aus aller Welt. Die Portraits fügen sich zu einer Geschichte der Artistik und des clownesken Humors.

Die Macht der Metaphern
Stephen BACON
Verlag ZIEL, Augsburg

Grundlagentext für die Auseinandersetzung mit dem Transfermodell der metaphorischen Übertragung.

Die wortlose Sprache
Jean SOUBEYRAN
Orell Füssli Verlag, Zürich

Lehrbuch der Pantomime. Gute Erklärungen der pantomimischen Techniken mit einfachen, aussagekräftigen Zeichnungen zur Körperanatomie und Darstellungstechnik.

Drauflosspieltheater
Peter THIESEN
Beltz Verlag, Weinheim und Basel

Die wichtigsten Formen des darstellenden Spiels verpackt in 350 originelle Spielideen. Mit nützlichen Hinweisen für den didaktisch-methodischen Einsatz.

Einsatz theatraler Mittel in Organisationen

Magisterarbeit von Nadine BÜLTEL, Universität Potsdam

Entspannen Konzentrieren Darstellen
Martin WILLI
Breuninger Verlag, CH-Aarau

Spielerische Tipps, Übungen und praktische Beispiele rund um das Theaterspielen, nicht nur für das Amateurtheater.

Erfolgreich Ideen finden
Carmen THOMAS
Midena Verlag, München

Viele Anregungen für kreative Vorgehensweisen, die einfach und wirkungsvoll die Ideenproduktion unterstützen.

Europaweite Befragung zur Branche des Unternehmenstheaters

Ergebnisse sind ab 02/04 in Form eines Arbeitspapiers zugänglich im Institut von Prof. Georg SCHREYÖGG, Freie Universität Berlin

Geld allein macht nicht unglücklich
M. ZURBRIGGEN, H. WERTHMÜLLER
Caritas-Verlag, CH-Luzern / Meilen

Impulse und praktische Ideen, wie ein Thema (hier: Geld, Konsum und Schulden) mit Hilfe des TZT (Themenzentriertes Theater) lebendig und spannend gelehrt werden kann.

Improvisationstechniken
Viola SPOLIN
Junfermann, Paderborn

Über 200 Übungen, mit denen gezeigt wird, wie ein (dramatischer) Trainer die Freisetzung der inneren Kreativität fördern kann.

Improvisation und Theater
Keith JOHNSTONE
Alexander-Verlag, Berlin

Das Buch informiert über die Philosophie des Autors und Erfinders verschiedener Formen des Improvisationstheaters, z.B. Theatersport, und gibt anhand von praktischen Übungsbeispielen Einblick in seine Arbeit.

Impro for Storytellers (engl.)
Keith JOHNSTONE
Routledge, New York

Leitfaden, um Improvisationsspielern die Bühnenangst zu nehmen und positive Einstellungen zu wecken. Viele Tipps und Erläuterungen zu Impro-Spielen und wie sie ‚richtig' zu spielen sind.

Infotainment in Seminar und Präsentation
Axel KOCH
managerSeminare, Bonn

Mit Stand-Up Comedy witzig und informativ präsentieren. Der Autor analysiert die Techniken der Stand-Up Comedy für Präsentationssituationen. Sehr praxisorientiert mit vielen Beispielen.

Komödiantenfibel
M. BERTHOLD, O. ROSENLECHNER
L. Staackmann Verlag, München

Eine knapp gefasste Kulturgeschichte des Kasperl und seiner Vorfahren, kurzweilig und fundiert geschrieben und anschaulich illustriert.

Körpersprache
Samy MOLCHO
Mosaik Verlag, München

Ein Buch über Körpersignale und wie sie gedeutet werden können. Mit vielen Beispielen und Abbildungen.

Körpersprache im Beruf
Samy MOLCHO
Goldmann Verlag, München

Anhand konkreter Situationen aus Beruf und Alltag zeigt der Autor, wie die Sprache unseres Körpers funktioniert und wie sie gezielt eingesetzt werden kann.

Körpertheater und Commedia dell'arte
Werner MÜLLER
Verlag J. Pfeiffer, München

Eine Einführung für Schauspieler und Laienspieler mit vielen Übungen und Improvisationen.

Kreativ sein kann jeder
Otto Georg WACK u.a.
Windmühle, Hamburg

Kreativitätstechniken und Übungen für Leiter von Projektgruppen, Arbeitsteams, Workshops und Seminaren.

Ludus & Co. / Ludocards Axel RACHOW managerSeminare, Bonn	Eine Vielzahl anregender Übungen und spielerisch aktivierender Methoden für alle Phasen von Bildungsveranstaltungen.
Masken selbst herstellen Gabriella BERI ECON Taschenbuch, Düsseldorf	Anleitungen zu einer speziellen Technik des Maskenbaus, die einfach und preiswert umzusetzen sind. Ursprünge des Maskenbaus, Technik, Gestaltung und Form der Maske, Karnevalsmasken.
Mein Maskenmalbuch Helmar DIESSNER Verlag Junfermann, Paderborn	Durch vielfältige Anregungen sich selbst im Spiegel der Maske erkennen.
Menschlich Lernen Heinrich WERTHMÜLLER SITZT-Verlag, CH-Meilen	Basisbuch zum TZT: Woher es kommt, mit welchen Instrumenten es arbeitet und wie diese miteinander vernetzt werden.
Pantomime – Ausdruck – Bewegung Hans Jürgen ZWIEFKA edition aragon	Ein Buch sowohl für Anfänger der Pantomime wie auch für Profis, die ihre Technik verbessern wollen. Viele Beispiele und Übungen zur pantomimischen Gymnastik und zu klassischen Pantomime-Techniken.
Puppen & Theater Kurt SCHREINER DuMont Buchverlag, Köln	Der Autor beschreibt nach einer Einführung in das Wesen des Puppentheaters und die Charakterisierung der Typen anhand vieler Zeichnungen die Herstellung flacher und plastischer Spielfiguren. Überblick über Geschichte und Entwicklung des Puppentheaters.
Rezeptbuch für lebendiges Training Amelie FUNCKE, Axel RACHOW managerSeminare, Bonn	Die Autoren präsentieren „Rezepte", wie Trainings mit Spielen und anderen dramaturgischen Elementen höchst lebendig inszeniert werden können. Ein Feuerwerk von Praxis-Tipps, wie Teilnehmer motiviert werden können, in welcher Seminarphase welche Spiele mit welcher Wirkung passen, wie der Transfer sichergestellt und wie mit heiklen Situationen umgegangen werden kann.
Schatten- und Schemenspiel in einer Tischbühne Margrit FUGLSANG Frech-Verlag, Stuttgart	Broschüre mit Anregungen / Ideen / Möglichkeiten der Figuren- und Bühnengestaltung beim (Tisch-)Schattenspiel. Mit vielen erläuternden Bildern.
Schlapplachtheater Peter THIESEN Beltz Verlag, Weinheim und Basel	Comedy mit Kindern, Jugendlichen und Erwachsenen.

Show ab!
Doug NUNN
Buschfunk Verlag, Berlin

Ein praktischer Leitfaden gut durchdachter Übungen und Spiele, aus denen eine Comedy-Revue entwickelt werden kann.

Spielbar I + II
Axel RACHOW (Hrsg.)
managerSeminare, Bonn

Jeweils eine bunte Sammlung von Spielideen nicht vom Autor, sondern direkt vom Anwender. Erfahrene Trainer stellen Spiele und Übungen vor, die sich in der Seminarpraxis bewährt haben und die sie selbst häufig einsetzen.

Spielmann, Clown, Theatermacher
Werner MÜLLER
J. Pfeiffer/E. Wewel, München

Ein grundlegendes Buch, das neben einigen theatergeschichtlichen Aspekten in erster Linie praktische Übungen und anschauliche Darstellungen zu den wichtigsten Darstellungsformen des Körpertheaters enthält.

Spots an, Vorhang auf!
Erhard JÖST
AOL Verlag, Lichtenau

„Ich giere nach Satire!" Das Kabarett-Spielbuch: Sketche, Songs und Solostücke als Spielvorlage

Sprecherziehung des Schauspielers
Egon ADERHOLD
Henschel Verlag, Berlin

Theorie und Praxis der Sprecherziehung mit reichhaltigem Übungsmaterial.

Sprecherzieherisches Übungsbuch
Egon ADERHOLD, Edith WOLF
Henschel Verlag, Berlin

Praxisnahes Standardwerk mit vielen gut beschriebenen Übungen zu Atmung, Haltung, Entspannung, Lockerung, Resonanz. Zum Training von Stimmbildung, Artikulation und Sprechgeläufigkeit.

Storymanagement
Michael LOEBBERT
Klett-Cotta, Stuttgart

Der narrative Ansatz für Management und Beratung. Das Buch zeigt, wie Interventionen zur Führung, Strategie- und Unternehmensentwicklung mit und als Geschichten optimiert werden können.

Survival Kit Freie Theater
Stefan KUNTZ
Bundesverband Freier Theater e.V.

Wertvolle Tipps und Vorlagen für Verträge, Video-/Fotodokumentation, Checklisten, Rechnungen, Geschäftsbedingungen, GEMA, Urheberrecht usw.

Theater der Unterdrückten
Augusto BOAL
edition suhrkamp, Frankfurt a. M.

Das Buch gibt Einblick in die Arbeit von Augusto Boal in Brasilien. Es enthält Texte zur Theorie und Praxis der von ihm entwickelten Darstellungstechniken, sowie Protokolle und Erfahrungsberichte.

Theater der Unterdrückten
Augusto BOAL
edition suhrkamp, Frankfurt a. M.

Übungen und Spiele für Schauspieler und Nicht-Schauspieler.

Theater grenzenlos Michael BATZ, Horst SCHROTH Rowohlt, Reinbek	Ganz praktisches Handbuch für die Theaterarbeit.
Theater machen Herbert GIFFEI (Hrsg.) Otto Meier Verlag, Ravensburg	Handbuch für die Amateur- und Schulbühne. Ein Praxisbuch mit vielen interessanten Beiträgen und Informationen rund um das Theaterspiel.
Theaterpuppen P.K. STEINMANN Wilfried Nold Verlag, Frankfurt	Ein Handbuch in Bildern. Nachschlagewerk mit Bildern von 65 Techniken, 72 Gelenkverbindungen, 19 Bühnenformen und 29 Handpuppentechniken sowie zahlreichen Literaturnhinweisen.
Theaterspiele Keith JOHNSTONE Alexander-Verlag, Berlin	Improvisations- und Theaterspiele mit Kommentaren und Erklärungen – eine Fundgrube für Theaterpraktiker und all jene, die sich für die Geheimnisse zwischenmenschlicher Beziehungen und kreativer Prozesse interessieren.
Theater-Spiel **„Maskenbilden und Schminken"** Adalbert SERGER Meyer & Meyer-Verlag, Aachen	Anleitungen und Beispiele, wie man sich für eine Rolle schminken kann.
Theatersport und Improtheater Marianne Miami ANDERSEN Buschfunk Verlag, Berlin	Jede Menge Tipps und Anregungen zum Titelthema.
Theater-Werkstatt M. GRAU, W. KLINGAUF Don Bosco Verlag, München	Von der szenischen Improvisation bis zur Aufführung werden hilfreiche Praxistipps und über 100 Übungen angeboten.
Themenzentriertes Theater (TZT) **nach Heinrich Werthmüller** Robert LANGEN Edition SZH, Luzern	Am Beispiel eines Unterrichtsprojektes bei Jugendlichen wird das Potential des TZT in schwierigen Lehr- und Lernsituationen untersucht.
Transfer: **Damit Seminare Früchte tragen** Ralf BESSER Beltz Verlag, Weinheim und Basel	Strategien, Übungen und Methoden, die eine konkrete Umsetzung in die Praxis sichern.
Unternehmen nutzen Kunst Torsten BLANKE Klett-Cotta, Stuttgart	Das Buch geht den Spielarten und Fragen der Kombination von wirtschaftlicher Unternehmung und Kunst nach: Warum holen Unternehmer Künstler in ihr Unternehmen? Welchen Beitrag leistet Kunst zum Unternehmenserfolg? Welche Erfahrungen mit künstlerischen Projekten liegen vor? Usw.

Unternehmenstheater G. SCHREYÖGG, R. DABITZ Gabler Verlag, Wiesbaden	Formen – Erfahrungen – Erfolgreicher Einsatz
Unternehmenstheater in der Praxis FLUME, HIRSCHFELD, HOFFMANN Gabler Verlag, Wiesbaden	Praxisorientiertes Buch, das in Form eines Sachromans einen umfassenden Einblick in verschiedene Varianten des Unternehmenstheaters gibt.
Unternehmenstheater interaktiv BERG, RITSCHER, ORTHEY u.a. Beltz Verlag, Weinheim und Basel	Beispielhaft und praxisorientiert wird die Methode der Themenorientierten Improvisation (TOI) mit ihren Einsatzmöglichkeiten in der PE und OE beschrieben. Gute Mischung aus Einführungsband und Nachschlagewerk zur TOI.
Unternehmenstheater zur Unterstützung von Veränderungsprozessen Stefanie TEICHMANN Dr. Th. Gabler, Wiesbaden	Die Autorin untersucht, inwieweit ein maßgeschneidertes Unternehmenstheater einen sinnvollen Beitrag zur Durchführung geplanter Veränderungen leisten kann. Im Mittelpunkt ihrer Betrachtung steht die Analyse von zwei ausführlichen Fallbeispielen.
Workshop Improvisationstheater Radim VLCEK Auer-Verlag, Donauwörth	Übersichtlich zusammengestellte Sammlung mit zahlreichen Spielen und Übungen für die Theater- und Gruppenarbeit.
20 Masterplots Ronald B. TOBIAS Verlag Zweitausendeins, Frankfurt	Woraus Geschichten gemacht sind. In 20 Plots werden die zentralen Erzählmuster, von denen Menschen sich fesseln lassen, vorgestellt. Es wird gezeigt, wie diese aufgebaut sein müssen, damit sie erfolgreich sind.

Bezugsquellen für Requisiten, Spielmaterialien und Literatur

Hier finden Sie eine Auswahl aus einer großen Anzahl möglicher Anbieter. Alle Anbieter haben jeweils einen ausführlichen Katalog. Wenn Sie weitere Bezugsquellen, Firmen in Ihrer Nähe oder sogar etwas ganz Bestimmtes suchen, empfiehlt es sich, im Internet über eine Suchmaschine zu recherchieren. Das Stichwort ‚Theater- oder Bühnenbedarf‛ führt Sie zu professionellen Bühnen- und Veranstaltungsausstattern. In ‚www.kultnet.de‛ sind zum Beispiel verschiedene Firmen verzeichnet, die Theaterbedarf anbieten.

Bezugsquellen

Ballaballa	Artistik-, Theater-, Geschenkartikel	Tel.: 0221-9231245 Fax: 0221-9231246 laden@ballaballa.de www.ballaballa.de
Balloni	Deko-Accessoires, Stoffe, Ballons, Geschenkartikel	Tel.: 0221-510910 Fax: 0221-526052 info@balloni.de www.balloni.de
Bartl	Geschenkartikel, Werbemittel, Scherzartikel, Holzspielzeug	Tel.: 08634-98850 Fax: 08634-988595 hacki@bartlgmbh.com www.bartlgmbh.com
Der Zauberladen	Fachhandel für Spiel-, Zirkus- und Theaterbedarf	Tel.: 0681-9388948 Fax: 0681-9388949 www.derzauberladen.de
ff-Theaterbedarf	Theaterbedarf für die mobile Bühne, Tontechnik, Bühnenbau, Theaterbeleuchtung, Lichtsteuerung, Figurenbau	Tel.: 0711-8491494 Fax: 0711-8402052 info@theaterbedarf.com www.theaterbedarf.com
A.Haussmann Theaterbedarf GmbH	Nützliches zur Bühnengestaltung	Tel.: 04107-33370 www.haussmann.com
Maskenladen.de	Theaterschminke und Zubehör	Tel.: 05561-981355 Fax: 05561-981356 info@maskenladen.de www.maskenladen.de

Bezugsquellen

Pappnase & Co.	Jonglierbedarf, Scherzartikel, Requisiten für die Bühne, Musikinstrumente, Material für Bewegungsspiele	Tel.: 040-29810410 Fax: 040-29810420 info@pappnase-co.de www. pappnase-co.de
Robin Hood Versand	Spiel- und theaterpädagogische Literatur, Werkbücher, didaktische Literatur, Spielmaterialien, Musik-CDs	Tel.: 02191-794242 Fax: 02191-794243 rhv97@aol.com
Festartikel Schmitt	Deko, Karnevalsartikel, Kostüme, Stoffe, Requisiten, Perücken, Masken	Tel.: 0221-123687 Fax: 0221-137744
Simmerl	(Lern-)Spielmaterialien, Figurensets für Coaching, Trainingsliteratur, Scherzartikel	Tel.: 09571-4333 Fax: 09571-4303 kommunikationstraining@simmerl.de www.simmerl.de
Spider Berlin	Der 3-Minuten Bühnenhintergrund Bühne, Bühnenlicht, Bühnenvorhang usw.	Tel.: 030-78952719 Fax: 030-78952794 info@spider-berlin.com www.spider-berlin.com
Sport Thieme	Spiel- und Sportmaterialien, Lernspielzeug, therapeutische Hilfsmittel	Tel.: 05357-18184 Fax: 05357-18190 info@sport-thieme.de www.sport-thieme.de
TheaterbuchVersand	Theaterliteratur auf einen Blick. Großes Angebot an vergriffenen und antiquarischen Titeln.	Tel.: 069-21230608 Fax: 069-21232070 theaterbuchversand@gmx.de
trainerbuch Versandbuchhandlung	Fachliteratur, und zwar speziell die, die Trainer/innen für ihre Arbeit brauchen.	Tel.: 0228-9779110 Fax: 0228-9779199 info@trainerbuch.de www.trainerbuch.de
Villa bossa Nova	(Lern-)Spielmaterialien, Musik-CDs, Literatur, Moderationsmaterial	Tel.: 02191-80217 Fax: 02191-81387 info@villa-bossanova.de www.villa-bossanova.de
Wohlenberg & Co.	Theater- und Dekostoffe	Tel.: 04106-77600 Fax: 04106-776060 info@wohlenberg.de

Anbieter von Unternehmenstheater mit Kurzbeschreibung

Wir haben eine Auswahl von Unternehmenstheater-Anbietern mit einer Kurzbeschreibung ihres Dienstleistungsspektrums zusammengestellt. Wir bedanken uns bei den Anbietern für die freundliche Rückmeldung, durch die diese Zusammenstellung erst ermöglicht wurde. *Tipps zur Auswahl von Anbietern* finden Sie, ebenso wie eine erweiterte *Marktübersicht* mit zahlreichen Anbietern als pdf-Datei im Internet. Adresse: *www.managerseminare.de/pdf/theater.pdf.*

artiCulare®
Maria Havermann-Feye
Tel.: 02241-69532
info@articulare.de
www.articulare.de

artiCulare® fördert Menschen in Unternehmen bei der Entwicklung ihrer fachlichen und kommunikativen Fähigkeiten. Schwerpunkt ist das Improvisieren von neuen Handlungsoptionen mit unkonventionellen Trainings- und Theatermethoden. Theaterdidaktische Lösungen zu Teambildung, Personalentwicklung, Kick-off, Verkaufs- und Produktschulung.

Chaos & Partner
Innovatives Training e.V.
Dr. Werner Siegert
Tel.: 089-8571317
DrWerner.Siegert.plus@t-online.de
www.chaosundpartner.de

C&P ist Instrument der Personal-Entwicklung mit Hilfe von Humor und Satire. Kernaktivität: maßgeschneiderte Kabarett-Auftritte mit Sketchen, Songs, Solonummern. Zuvor: Feldarbeit zur Erkundung des Ziels der Maßnahme. Daraus entstehen die Nummern für das engagierende Unternehmen (Organisation, Verband) und den Anlass. Ferner im Angebot: „LernTheater".

die aparten
Peter Maier
Tel.: 0911-4318247
die-aparten@web.de
www.die-aparten.de

Mit einer großen Portion Humor erreichen „die aparten" seit 1997 Menschen in Unternehmen, motivieren Mitarbeiter, stärken Teams und begleiten Veränderungsprozesse in Führung und Zusammenarbeit. Die Stärken sind Improvisation und Interaktion.

Diebel Consulting
Paul Diebel und Gabriele Karst-Diebel
Tel.: 040-81979847
info@diebel-consulting.de
www.diebel-consulting.de

In Personalentwicklungs-Workshops, Verhaltens- und Verkaufstrainings, in Seminaren zur Persönlichkeitsentwicklung wird das vom Anbieter entwickelte und erprobte Konzept Change Performance für erfolgreiche, nachhaltige Unternehmens- und Persönlichkeitsentwicklung eingesetzt. Dazu gehören das Mitarbeitertheater, Rollenspiele und spielerisch-kreative Vorgehensweisen.

DKS-Akademie
Dagmar Kohlmann
Tel.: 089-8115895
info@dks-training.de
www.dks-training.de

Durch heitere, besinnliche und aufklärende Szenen werden fir-menintern Knackpunkte aufgezeigt. Oft mit (dargestellten) Lösungsansätzen. Selbst betroffene Betrachter können ohne Blamage und innere Widerstände Änderungsanregungen anneh-men. Danach folgen (auf das Theater) aufbauende Lösungs-maßnahmen.

Fleckenstein Training & Theater
Erna Anna Fleckenstein
Tel.: 089-7696179
fleckenstein@basic-instincts.de
www.basic-instincts.de

Das Unternehmenstheater unterstützt seit 1997 Veränderungs-prozesse über Prozessbegleitung von Veranstaltungen durch szenische Interaktion und Visualisierung von Themen und Zie-len. Training/Coaching: u.a. wirkungsvolle Kommunikation und Konfliktlösung, Zusammenschweißen von Teams, Führung und Kreativität, Mitarbeiter-Theater für lebendige und überzeugen-de Präsentationen.

GANGART Bewegungstheater
Frank Jäger
Tel.: 0221-9372533
info@gangart-theater.de
www.gangart-theater.de

GANGART Bewegungstheater gestaltet Auftritte. Mit und für Unternehmen entwickeln sie Eventkonzepte, inszenieren Stücke und spielen Theater mit Mitarbeitern. Sie nutzen Bewegungs-theater zur Persönlichkeitsentwicklung (Kommunikation, Kör-persprache, Teambuilding).

Good Vibrations Theater GmbH
Jan Ditgen
Tel.: 0221-93549080
info@good-vibrations-theater.de
www.good-vibrations-theater.de

Das Theaterensemble bietet Unternehmenstheater in vielen Va-riationen. Es erstellt individuelle Konzepte, die auf die Kunden und ihre Zielsetzung zugeschnitten sind. Mit effektiven Bildern – ob witzig oder seriös kommuniziert – das Good Vibrations Theater für Mitarbeiter oder Kunden.

Köhler-Coaching
Markus Köhler
Tel.: 09197-289
markus@koehler-coaching.de
www.koehler-coaching.de

Der künstlerische Anspruch ist eine professionelle Performance mit hohem Unterhaltungswert. Inhaltlich orientieren sie sich an den vorgegebenen Themen und Zielsetzungen des Auftrag-gebers bzw. der Veranstaltung. Einsatz auch für Großprojekte, z.B. im Zusammenhang mit der Umsetzung des Unternehmens-leitbildes von Konzernen.

Kolibri - Institut
Dr. Petra Klapps
Tel.: 0221-324243
info@kolibri-institut.de
www.kolibri-institut.de

Kolibri, gegründet 1998, richtet sich mit seinem Angebot an Unternehmen und Einzelpersonen. Das Institut nutzt den clownesken Humor als Mittel zur Förderung von Kommunikati-on, Motivation und Kreativität. Die respektvolle Grundhaltung und der spezielle Blick des Clowns führen zu neuen Perspekti-ven, Ressourcen und Lösungsstrategien.

kommunika
Elke Schlimbach
Tel: 08382-914802
e.schlimbach@kommunika.de
www.kommunika.de

Kommunika bietet u.a. „Management und Märchen" an (als Workshop-Thema oder inszeniertes Unternehmens-Event), eine Kommunikationstechnik zur Dokumentation von Unternehmens-konflikten. Mit Hilfe eines individuell geschriebenen Unterneh-mensmärchens werden Betroffene zur Abstraktion befähigt und die Basis für Veränderungsprozesse geschaffen.

Michael Vogel – Theater mit Masken
Michael Vogel
Tel.: 0172-6754803
vogelimnetz@gmx.de
www.michaelvogel.de

Quickborner Projekt-Forum GmbH
Katrin Schnelle
Tel.: 04123-928040
quickborner.project-forum@
t-online.de
www.quickborner-projekt-forum.de

Sollinger t&k
Irmgard Sollinger
Tel.: 07541-31233
sollinger@irmgard-sollinger.de
www.irmgard-sollinger.de

transico®
Jürgen Bergmann
Tel.: 0921-761946
j.bergmann@transico.de
www.transico.de

Visions Theater®
Brendt Wucherer/ Fritz Lesch
Tel.: 089-3077600
info@visions-theater.com
www.Visions-Theater.com

Visual Communication Group GmbH
Annett Steinbrück
Tel.: 0621-8769110
visual@business-theater.de
www.business-theater.de

VitaminT4change
Markus Berg
Tel.: 089-82909898
markus.berg@vitaminT4change.de
www.vitaminT4change.de

Michael Vogel hat seit 1989 eine besondere Art von Unternehmenstheater entwickelt: Mit der Veranstaltung spielen, das Event im Spiel begreifbar machen. Sowohl auf der Bühne als auch im Publikum schaffen die Maskenspieler außergewöhnliche Situationen und gute Unterhaltung.

In Prozessen des Wandels nutzt das Projket-Forum seit 1980 die Mittel des Theaters, um Fragen der Unternehmenskultur zu thematisieren. Szenenspiele werden in Workshops oder als Highlight einer Firmentagung eingesetzt. Die Mitarbeiter entwickeln mit Hilfe der Akteure die Drehbücher und spielen die Szenen selbst.

Unternehmenstheater und Business-Kino® verbinden die Intellektuelle mit der emotionalen Ebene. Sie helfen, Widerstände im Unternehmen, die vor allem im emotionalen Bereich angesiedelt sind, zu bearbeiten. Bilder und Geschichten haften im Gedächtnis und unterstützen interne Veränderungsprozesse. Spezialisiert auf Großunternehmen der Ingenieurs- und Technikbranche.

transico® realisiert international seit 1986 bedarfsorientierte Kunstprojekte und machte Unternehmenstheater in Deutschland durch die Foren Business goes Theater® bekannt. Durch qualitativ hochwertige Kunst- und Theaterarbeit gelingt transico® die zielgerichtete Kommunikation in komplexen Systemen.

Partizipative Theater- und Moderationsformen sind Lösungs- und Zukunftsmodelle im VisionsTheater®. Erkennen der Situation, Erfahren der Chancen sind die Bausteine der Entwicklung aller. Bewusstseinsbildung durch körperorientierte Ausdrucksarbeit, spielerische Kommunikationsüberprüfung, Konflikte in Szene setzen, Veränderungsfähigkeiten üben und erleben.

Business-Theater®, InterAct (Theater von Mitarbeitern selbst gespielt für Mitarbeiter), Open Space Conference, Business-Art, Visual Roadmap, Personality Coaching. Alle Leistungen sind in mehreren Sprachen möglich.

VitaminT4change beschleunigt seit 1997 Veränderungsprozesse mit Interaktivem Unternehmenstheater: Das „ChangeTheater" fördert simultanen Einstellungswandel bei bis zu 400 Personen gleichzeitig. Im „SeminarTheater" entwickeln Mitarbeiter ihre Kompetenzen in realen Alltagssimulationen. Alles auch in Englisch.

WASDAS – Theater
HaGe Schlemminger
Tel.: 04342-84477
schlemmi@wasdas-theater.de
www.wasdas-theater.de

Wolff trifft Jaeger GmbH
Bernhard Wolff
Tel.: 040-4142900
info@w-t-j.de
www.w-t-j.de

Schweiz

Emil Herzog live
Emil Herzog
Tel.: +41-1-7962273
Info@emil-herzog-live.ch
www.emil-herzog-live.ch

Österreich

Business Theater Wien
Wolfgang Kainz
Tel.: +43-1-2169748
office@businesstheater.at
www.businesstheater.at

Die SemiNarren
Bernhard Widhalm
Tel.: +43-1-47807190
bernhard.widhalm@seminarren.at
www.seminarren.at

the company stage®
Helga Sattler
Tel.: +43-1-4084662
h.sattler@usant.at

WASDAS Kultur/Events&Projekte bietet Aktions-, Improvisationstheater; konzeptionelle Beratung, Planung und Durchführung von Veranstaltungen; die Gestaltung von kompletten Rahmenprogrammen mit Gastgruppen; Trainingskurse für Führungskräfte, BusinessTheater, Motivationstraining, Incentives.

Think-Theatre ist Deutschlands erste Show zum Thema Denken und Gehirn. Shows für Events, Messen und Tagungen; 2-5 Künstler; 30-90 min. Programm. Think-Theatre lädt die Zuschauer zum Mitmachen ein, bietet Kurzweiliges sowie Handfestes über den eigenen Kopf.

Der langjährig tätige Marketing-Manager, Mental-Trainer und Theatersolist arbeitet mit einer breiten Palette an Unternehmenstheater-Methoden. Dabei bewirkt und verankert er mit seinem europaweiten Netzwerk spielerische Veränderung in Organisationen und in den Köpfen der Menschen.

Erlebnisorientierte Kommunikationsform. Der Umgang mit allen fünf Sinnen bildet die Basis für jede Kommunikationsform. Informationen werden maßgeschneidert, visualisiert und auf den Punkt gebracht. Die daraus resultierende Wahrnehmung führt zu höherer Merkfähigkeit und Nachhaltigkeit von Inhalten.

Die SemiNarren verbinden unterhaltsame Showelemente mit professioneller Trainingsmethodik. Ob bei Veränderungsprozessen, Leitbildgestaltung oder Produktpräsentation: nach einer kurzen methodischen Einführung, werden MitarbeiterInnen zu „Schauspielern/Akteuren" beteiligt.

the company stage® bietet maßgeschneiderte Theaterarbeit für die Wirtschaft, mit professionellen Teams und/oder mit MitarbeiterInnen des Unternehmens. Sie verbinden Theatererfahrung mit Know-how in Personal- und Organisationsentwicklung.

Szene zwei

Utensilien zum Theater spielen

Musikliste

Klassik / bearbeitete Klassik, z.B.:

- ▶ Adagio sostenuto / Beethoven
- ▶ Largo / Beethoven
- ▶ Adagio / Mozart
- ▶ Adagio / Grieg
- ▶ Kanon in D-Dur / Pachelbel
- ▶ Piano Concert Nr. 2 / Rachmaninov
- ▶ Klassik-Sampler
- ▶ Classic Rock Sampler
- ▶ Marek & Vacek, verschiedene CD'S

- ▶ Die Moldau / Smetana
- ▶ Eine kleine Nachtmusik / Mozart
- ▶ Serenade / Haydn
- ▶ Für Elise / Beethoven
- ▶ Verkaufte Braut (Ouvertüre) / Smetana
- ▶ Zigeunerbaron (Ouvertüre)
- ▶ Morgenstimmung (aus Peer Gynt) / Grieg
- ▶ Wilhelm Tell (Ouvertüre) /
- ▶ Bolero / Ravel
- ▶ Peer Gynt / Grieg
- ▶ Air / Bach
- ▶ Eurovisions-Melodie

Tuschs und Fanfaren, z.B.:

Klassisch:
- ▶ LesToreadeors
- ▶ Wilhelm Tell
- ▶ Aida Triumph Marsch
- ▶ Beethoven Sym. Nr. 5
- ▶ Freut Euch des Lebens
- ▶ Pomp and Circumstance
- ▶ Te deum
- ▶ Klassik-Sampler
- ▶ Filmmusik-Sampler
- ▶ Fanfaren-Sampler

Modern:
- ▶ Rocky Horror Picture Show
- ▶ Peter Gunn Theme
- ▶ Fanfare for the common man
- ▶ Star wars Theme
- ▶ Rocky Theme
- ▶ Saturdaynight Fever

TV, Film, Musical, Circus, z.B.:

- Die fabelhafte Welt der Amélie
- Charlie Chaplin Filmmusiken
- Titanic
- Herr der Ringe
- Spiel mir das Lied vom Tod
- My name is nobody
- Star Wars
- The Entertainer (Der Clou)
- The third man
- Western-Film-Music
- Once upon in America
- Bonanza
- Das Dschungelbuch
- König der Löwen
- Ich bin von Kopf bis Fuß auf Liebe eingestellt
- Goldfinger
- Theme from Lovestory
- Lara's theme (Dr. Schiwago)
- E.T.
- Cabaret
- Starlight-Express
- Cats
- Dallas
- Kojak
- Dirty Dancing
- French Kiss
- Jenseits der Stille
- Drowing by numbers
- Filmmusik-Sampler oder Originale
- Filmmusiken von Ennio Morricone
- James-Bond-Filmmusiken
- TV-Musik-Sampler
- Musical-Sampler oder Originale
- Circus-Musik mit dem Cirque du soleil
- Circus-Musik mit dem Roncalli-Orchester

Populäres Internationales, z.B.:

- Yesterday / The Beatles
- Satisfaction / The Rolling Stones
- Keep on running / Spencer Davis Group
- Paulchen Panther
- When a man loves an woman / Percy Sledge
- I did it my way / Frank Sinatra
- The wall / Pink Floyd
- Stand by me / The Drifters
- Those were the days my friend / Mary Hopkin
- We are the champions / Queen

Deutsche Pop-Musik, z.B.:

- Bruttosozialprodukt / Geiersturzflug
- Es lebe der Sport / Reinhard Fendrich
- Keine Zeit / Hermann Van Veen
- Feierabend / Peter Alexander
- Neue Deutsche Welle-Sampler
- Einzelne Interpreten
- Jeder Weg hat mal ein Ende / Marianne Rosenberg
- Das ganze Leben ist ein Quiz / Hape Kerkeling
- Major Tom / Peter Schilling

307

Instrumentalstücke, z.B.:

- Hochzeitsmarsch
- Ignacio / Vangelis
- Chariots of Fire / Vangelis
- December / George Winston
- Musik aus Zeit und Raum / Jean-Michel Jarre
- The Photographer / Philip Glass

- Signes / Rene Aubry
- Riverdance
- Das Engelkonzert / Hufeisen
- Sampler
- Einzelne Interpreten
- Geräusche-Sampler für Videofilmer

Meditationsmusik und Naturgeräusche:

- Terra Inhabiata / David A. Clark
- Earthbeat / Paul Winter
- Well balanced / Oliver Shanti
- Magical Ring / Clannad
- Forests of the Amazon / Pierre Huguet
- Songs from the Center of the earth / Barbara Thopson

Ein Wort zur GEMA

Sie sollten von den betreffenden Verlagen eine Genehmigung einholen, um sicherzustellen, dass Sie kein Copyright verletzen, wenn Sie ein bestimmtes Musikstück im Training oder im Unternehmenstheater verwenden. Wie man dabei am besten vorgeht, erläutert eine Information der Gesellschaft für musikalische Aufführungs- und mechanische Vervielfältigungsrechte (GEMA). Zu erreichen unter: *www.gema.de*. Dort können Sie auch prüfen lassen, ob der von Ihnen geplante Einsatz von Musik bereits als öffentliche Nutzung gilt.

Genre-Liste von A-Z
Bühne, Film, Fernsehen

Bühne	Film	Fernsehen	Gameshow	Sonstiges
Ballett	Abenteuerfilm	Arzt-Serie	Der große Preis, ...	Dramatisches Ge-
Bauernromanze	Actionfilm	Bericht aus ...	Deutschland sucht	dicht
Boulevardstück	Agententhriller	Comedy-Show	den Superstar	Gedicht
Drama	Bibelepos	Dienstboten-Serie	Dingsda	Hohelied
Gaunerkomödie	Dschungelfilm	Dokumentarfilm	Geld oder Liebe	Karaoke
Kabarett	Fantasy-Film	Doku-Soap	Herzblatt	Lied
Komödie	Heimatfilm	Krankenhaus-Serie	Ich bin ein Star –	Rap
Lustspiel	Historie	Krimi	hol mich hier raus	
Märchen	Horrorfilm	Live-Sendung	Wer wird Millionär?	
Musical	Komikerfilm	Magazine	Wetten dass	
Nonsense-Stück	Kung-Fu-Film	Modenschau		
Ohnsorgtheater	Liebesschnulze	Nachrichtensendung		
Oper	Mantel-und-Degen-	Politiksendung		
Operette	Film	Quizshow		
Pantomime	Monumentalfilm	Ratgeber Recht,		
Romantische Tra-	Piratenfilm	Reisen, ...		
gödie	Politthriller	Seifenoper		
Romanze	Psychothriller	Serie, bekannte		
Schauspiel	Ritterfilm	Science-Fiction-		
Schnulze	Romanze	Serie		
Schwank	Schocker	Skandal-Sendung		
Singspiel	Science-Fiction	Sportschau		
Slapstick	Seemannsfilm	Talk / Talkshow		
Sprechstück	Spionagefilm	Tierfilm		
Szenischer Bericht	Stummfilm	Travestieshow		
Tragikomödie	Thriller	Wahlsendung		
Tragödie	Vampirfilm	Werbespot		
Trauerspiel	Western	Wissenschaftsmagazin		
Verskomödie	Zeichentrickfilm			
Verwechslungskomödie				

Orte und Situationen für die Szenenentwicklung

a. Allgemein

- Auf dem Flohmarkt
- Am / im Meer
- Im Mondschein
- Auf dem Kölner Dom
- In einer Hafenkneipe
- In einer alten Klosterkirche
- Auf dem Motorrad vor einer Ampel
- Im Wachsfigurenkabinett
- An der Tankstelle
- Im Waschsalon
- Im Museum
- Auf der Straße
- In der Gefängniszelle
- Im Filmstudio
- Im Wartezimmer
- An der Haltestelle
- In der Sauna
- Am Bahnhof
- Am Strand
- Im Fitnesscenter
- Im Café
- In der Warteschlange
- Im Stau
- Im Rotlichtmilieu
- Auf der Beerdigung
- Am Flughafen
- Im Flugzeug
- Im feinen Restaurant
- In der Hotellobby
- An der Theke
- Im Auto
- Am Wühltisch im Schlussverkauf
- Am Swimmingpool
- Beim Pferderennen
- Auf dem Sportplatz
- Im Krankenhaus

- Auf der Polizeiwache
- In der Prüfung
- Vor dem Fernsehapparat
- Im Kino
- Auf der Fußballtribüne
- Im Zoo vor dem Affenkäfig
- Bei der Passkontrolle
- Auf dem Wochenmarkt
- Im Fundbüro
- In der Apotheke
- In der Badeanstalt
- Auf dem Schulhof
- Auf der Parkbank
- Beim Spaziergang
- In der Klinik / Kur / im Seniorenheim
- Auf dem Bahnsteig
- Beim Auszug / Wohnungswechsel
- Auf der Parkbank
- Vor dem Fernseher
- Im Raumschiff
- In der Autowerkstatt
- Auf dem Dachboden
- Beim Casting
- Familie am Frühstückstisch
- Zwei Fremde auf einer Parkbank
- Gerichtsvollzieher im Haus
- Vertreter an der Haustür
- Im Heiratsinstitut
- Lottogewinner in der Lottoannahmestelle
- Drei verschiedene Charaktere im Zugabteil

b. Firmenspezifisch

- In der Kantine
- Auf der Chefetage
- Ganz hinten im Lager
- Auf dem Fabrikhof
- Im Chefsekretariat
- Am Fließband
- In der Vorstandssitzung
- Auf der Betriebsversammlung
- Kurz vor Feierabend
- Kurz vor Dienstbeginn
- Am Wochenende in der Firma
- Erster Tag nach dem Urlaub
- Außendienstler unter sich
- Auf dem Firmenparkplatz
- An der Zeituhr
- Im Großraumbüro
- Im Archiv
- Dienst nach Vorschrift
- Beim Überstunden kloppen
- Auf dem Betriebsausflug
- Beim Pförtner
- In der Teeküche
- In der Raucherecke
- Auf dem Neujahrsempfang
- Auf der Tagung
- Auf Geschäftsreise
- Die Firmengründung
- Im Labor
- In der Werkstatt
- Im Aufzug
- Kollegentratsch in der Mittagspause
- Kunde will etwas umtauschen
- Angestellter soll Mehrstunden übernehmen

Amelie Funcke, Maria Havermann-Feye: Training mit Theater

Rollen und Requisiten

Diese Zusammenstellung kann eine Anregung für Ihren
Requisitenkoffer sein. Ergänzen oder verändern Sie die Liste
nach Belieben.

Rollen / Figuren	Requisiten
Arzt / Ärztin	Weißer Kittel, Stethoskop, Spritze, Arztkoffer aus Plastik
Aschenputtel	Schüssel mit Linsen, langer Rock
Astronaut	Einweg-Maler-Overall, Helm
Außerirdischer	Lackfolie gold / silber, Badehaube
Baby	Lätzchen, Schnuller, Mützchen, Rassel
Bäcker / Müller	Weiße Schürze, Nudelholz, mehliges Geschirrtuch
Bauer / Bäuerin / Marktfrau	Grobe Wollmütze / Korb, Kopftuch, großes Tuch als Rock
Bote / Melder	Fernglas, Wanderschuhe, Steckenpferd
Bürgermeister	Aktenmappe, Anzug, Krawatte, Bürgermeisterkette, Orden
Burgfräulein	Großes Tuch als langer Rock, umgedrehte Schultüte, Tüll
Chauffeur / Fahrer	Schirmmütze, Handschuhe
Christkind, Engel	Weißer Umhang, goldene Flügel, Heiligenschein
Clown / Harlekin / Minnesänger	Rote Nase, Samtmütze, weißer Kragen, rote Perücke
Concierge / Hausmeisterin	Kissen, Staubwedel, Kittel
Cowboy	Cowboyhut, Spielzeugcolt, Halstuch, Steckenpferd
Dachdecker / Zimmermann	Werkzeugtasche mit Hammer etc., Bierflasche
Direktor / Lehrer	Klassenbuch, grobes Jackett, Zeigestab, schlaue Brille
Enterprise / Star Wars	Laserschwert, Lackfolie gold / silber / transparent
Fee	Zauberstab, umgedrehte Schultüte, Tüll
Flieger	Skibrille, Chlorbrille o.ä., Lederjacke, enganliegende Kappe
Gärtner	Grüne Schürze, kleine Schaufel, Blumentopf aus Plastik
Hans im Glück	Holzstab, kariertes Tuch, Wanderschuhe
Hausmamsell	Staublappen, großes Tuch als Rock, Scheuerbürste
Hexe	Reisigbesen, dunkler, weiter Umhang, Kopftuch, Hexennase
Indianer	Stirnband, Federn, Plastik-Tomahawk, Steckenpferd
Journalist	Notizblock, Stift, Brille
Junge / Mädchen	Farbe für rote Bäckchen und Sommersprossen, kurze Hose
Kapitän	Fernglas, Kapitänsmütze, Pfeife
Kellner /in	Geschirrtuch, dunkle Weste, Bauchschürze, Schürzchen
Kindermädchen	Kleinkindspielzeug (Rassel o.ä.), Lätzchen
Knappe	Barett-Mütze, breiter Gürtel
Koch / Köchin	Kochlöffel, helle Schürze, Kochmütze
König / in	Papierkrone, rotes Tuch als Umhang, Zepter
Krankenschwester	Häubchen, weiße Schürze, Fieberthermometer, kleiner Arztkoffer

Künstler/in / Malerin	Fleckiger Kittel, Baskenmütze, Pinsel etc.
Lokführer	Alte Aktentasche, Thermoskanne, Brotdose, rußige Kleidung
Magd / Aschenputtel	Staublappen, Scheuerbürste, großes Tuch als Rock
Matrose	Ringelhemd, Matrosenmütze
Model / Feine Dame	Hochhackige Schuhe, kleines Täschchen, Federboa
Musketier	Plastikschwert, breitkrempiger Hut mit langer Feder, Steckenpferd
Nachtwächter	Taschenlampe / Laterne, großer Schlüsselbund
Narr / Eulenspiegel	Schellenstab, bunte Tücher, Narrenkappe
Nikolaus, Weihnachtmann	Nikolauskostüm
Oma / Opa	Stock, Pfeife, Brille, Hörrohr, graue Perücke
Pfarrer, Bischof, Papst, Abt	violetter Umhang, Bibel, Kreuz, Käppchen, Bischofsmütze
Pippi Langstrumpf	Bunte Strumpfhose, sehr große Schuhe, Sommersprossen, Perücke
Pirat	Kopftuch, Augenklappe, Fernglas, Weste
Pokerface / Zocker	Dunkle Sonnenbrille, dunkler Anzug, Kartenspiel
Polizist	Uniformmütze, Trillerpfeife
Pretty woman	Minirock, Stöckelschuhe
Prinz / Prinzessin	Samtmütze, Rüschenhemd / Kleine Krone, Stoff und Tüll als Kleid
Putzfrau	Kopftuch, Staubwedel, Scheuerbürste
Räuber	Kopftuch als Gesichtsmaske, Wollmütze, dunkle Kleidung
Rennfahrer	Sportliche Lederjacke, Helm
Reporter	Trenchcoat, Notizblock
Richter	Dunkler Umhang, kleiner Hammer, Aktenmappe, Gesetzbuch
Ritter / Landsknecht	Plastikschwert, glitzernder Stoff als Umhang
Rocksänger / Entertainer	Auffallendes Jackett und Brille, Gel für die Haare
Schaffner	Uniformmütze, Taschenrechner, Zange
Schmied	Schwerer Stoff als Schürze, Hammer, Hosenträger
Schüler / Schülerin	Kurzer Rock mit Schürze / Kurze Hose / Schultornister
Sportler	Turnschuhe, Sportdress
Straßenfeger	Kehrbesen, Schaufel, große Mülltüte
Talkmaster / Quizmaster	Mikrophon, große Fliege
Taucher	Badekappe, Taucherbrille mit Schnorchel, Flossen
Teufel	Schwarzer Umhang, rote Hörner und roter Schwanz, Dreizack
Tiere	Tiermasken
Tierpfleger / Dompteur	Dunkle Schürze, welkes Gemüse / Stab, Lederband als Peitsche
Tourist / Urlauber	Fotokamera, Hawaiihemd, Shorts, Birkenstockschlappen
Wassermann	Laubkranz, Dreizack, Schwimmflossen, grüne Kleidung
Wirt	Blaue Schürze, Hosenträger
Zimmermädchen	Häubchen, Schürze, Staubtuch, Bettwäsche
Zwerg / Bergmann	Zwergenmütze, Pickel / dunkle Kleidung, schwarze Farbe fürs Gesicht

Kleines Handlexikon für Theater in Unternehmen

Figuren, Charaktere, Eigenschaften, Gefühle und andere unverzichtbare Elemente (nach Belieben zu ergänzen):

A   Alte, Außenseiter, Adlige, Ausländer, Ausdruck, Anzüglichkeiten, Alkohol, Auszubildende, Akten, Archiv, Anschwärzen, Abteilungsleiter, Abteilungen, Aktienoption, Aktivist, ...

B   Bosheit, Besuch, Betroffenheit, Botschaft, Bürokraten, Bewerbung, Betriebsversammlung, Betriebsausflug, Bilanz, Besserwisser, Buchhaltung, Beziehungskiste, Befehlsempfänger, ...

C   Chefs, Charakterschweine, Chaos, Callcenter, Change-Prozess, Chefetage, Controlling, Computer, ...

D   Doktoren, Despoten, Dummheit, Derbheit, Dialekte, Dienst nach Vorschrift, Dienstanweisung, Dienstwagen, Denkverbot, ...

E   Edelmut, Einfachheit, Eifersucht, Erbhöfe, Erbsenzähler, Entlassungen, Einkauf, EDV, Ehrgeiz, Einschmeicheln, ...

F   Fieslinge, Feigheit, Frechheit, Feierabend, Frührentner, Firmenwagen, Faulheit, Fälschung, Fehler, Feiertag, Foyer, ...

G   Geizkragen, Gebrechen (geistig, körperlich), Gemeinheit, Geheimnis, Geld, Geschäftspartner (aus Amerika), Gehaltshöhe, Geschäftsbericht, Gleitzeit, Gehaltsabrechnung, ...

H   Herzensbrecher, Hausmeister, Habgier, Hass, Häme, Heuchelei, Herz, Handy, Hotline, Hierarchie, ...

I   Intrigen, Ignoranz, International, Ingenieure, ...

J   Ja-Sager, Juniorchef, Jäger, ...

K   Kranke (echte und eingebildete), Krankenstand, Krämer, Kaufleute, Klatsch, Kampf, Körper, Klischee (hemmungsloser

Umgang mit denselben), Kollegialität, Kantine, Kaffee kochen, Kernarbeitszeit, Kopien, Kunde, Kundenbedürfnis, …

L Laberkopp, Linie, Ladenhüter, Langeweile, Lehrling, …

M Maulhelden, Miesmacher, Meister, Mehrarbeit, …

N Nörgler, Naivität, Niedertracht, Nachrichten (extrem gute / schlechte), …

O Ordnungsliebe, Outsourcing, Organigramm, Organisationsentwicklung, Orga, …

P Pantoffelhelden, Pedanten, Papiere (geheime, Wert-), Parkplatz, Putzpersonal, Produktion, Personal, Pause, Projekt, Postenschacher, …

Q Querulanten, Qual, Qualitätskontrolle, …

R Reichtum, Rache, Rosinenpicker, …

S Schwarze Schafe, Sekretärinnen, Schwips, Sprachfehler (Lispeln..), Streber, Seniorchef, Sachbearbeiter, Schmeichler, Sozial-Tussi, Stab, Service, Schaumschläger, Sammler, …

T Trottel, Tiere, Treue, Täuschung, Tempo, Tick, Türen, Telefon, Tarif, Toscana, Teamleiter, Team, Telefonzentrale, …

U Unglück, Unfall, Unzulänglichkeit (charakterlich), Unheil, Urlaubsplan, Überstunde, Unterlagen, Überflieger, …

V Vorstand, Verbrechen, Verrat, Verirrungen, Verwirrungen, Verwechslungen, Vorruhestand, Verkauf, Verkaufsschlager, …

W Witz, Wahnsinn, Weisheit, wegloben, …

X X-Beine, X-Chromosom, …

Y Yeti, Yin und Yang, Yoga, Yuppie, …

Z Zufall, Zorn, Zielvereinbarung, Zeitung, Zeiterfassung, …

Vorhang zu

Nun sind wir am Ende des letzten Aktes. Der Vorhang fällt endgültig, die Bühnenbeleuchtung erlischt.

Ehe aber alle dem Theater(-Buch) wieder den Rücken kehren, soll noch jeder der Akteure mit ein paar persönlichen Worten berühmter Theaterschaffender seinen besonderen Abgang (und Auftrag) erhalten:

An die Teilnehmer:

„Ich liebe es Theater zu spielen. Es ist so viel realistischer als das Leben."
(Oscar Wilde)

An die Trainer und Regisseure:

„Ihr wisst, auf unseren deutschen Bühnen probiert ein jeder, was er mag!"
(Johann Wolfgang von Goethe)

An das Publikum:

„Das Stück war ein großer Erfolg. Nur das Publikum ist durchgefallen."
(Oscar Wilde)

An die Bühnentechniker:

„Wenn der Schauspieler stolpert, muss der Vorhang fallen."
(Werner Mitsch)

An den Auftraggeber:

„In einem Theater sollte Geld nie die Hauptrolle spielen."
(Erhard Horst Bellermann)

An die Autorinnen:

„Es gibt ein Leben nach dem Theater."
(Unbekannt)

Stichwortverzeichnis

Amelie Funcke, Maria Havermann-Feye: Training mit Theater